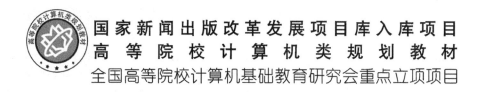

国家新闻出版改革发展项目库入库项目
高 等 院 校 计 算 机 类 规 划 教 材
全国高等院校计算机基础教育研究会重点立项项目

微机原理与接口技术

——基于 Proteus 仿真

朱有产　　刘淑平　　王桂兰　　秦金磊　编著

北京邮电大学出版社
www.buptpress.com

内 容 简 介

本书以 Intel 8086 微处理器和 IBM PC 系列微机为对象，从微型计算机系统的应用出发，系统地介绍了微型计算机的基本组成、工作原理、接口技术及应用。作者在总结教学经验，研究相关仿真技术和各类教材的基础上，以"项目为线，案例为点"的思路编写了各章节相关内容。本书共 10 章，包括微型计算机基础知识概述、微处理器、指令系统及汇编语言程序设计、存储器系统、输入/输出技术、可编程并行 I/O 接口芯片 Intel 8255A、可编程计数器/定时器 8253A、中断技术及 8259A、微机系统串行通信及接口、D/A 与 A/D 转换接口。本书以交通信号灯控制系统在 Proteus ISIS 仿真平台的实现为线，将其贯穿各章节内容，以在 Proteus ISIS 仿真平台中实现的案例为知识点。本书内容全面，实用性强，原理、技术与应用并重，以 Proteus ISIS 仿真实验方法进行讲述，有特点和新意。本书中提供的实例全部在 Proteus 中调试通过。

本书可作为高等院校理工科自动化、电气与电子类等相关专业本科以及成人高等教育或大专层次的教材，对研究生和从事微机测控及接口技术应用的工程技术人员也是一本很好的参考书。

图书在版编目(CIP)数据

微机原理与接口技术：基于 Proteus 仿真 / 朱有产等编著. -- 北京：北京邮电大学出版社，2021.2(2023.8 重印)

ISBN 978-7-5635-6328-9

Ⅰ. ①微…　Ⅱ. ①朱…　Ⅲ. ①微型计算机—理论—教材②微型计算机—接口技术—教材　Ⅳ. ①TP36

中国版本图书馆 CIP 数据核字(2021)第 027097 号

策划编辑：马晓仟　　责任编辑：孙宏颖　　封面设计：七星博纳

出版发行：北京邮电大学出版社
社　　　址：北京市海淀区西土城路 10 号
邮政编码：100876
发 行 部：电话：010-62282185　传真：010-62283578
E-mail：publish@bupt.edu.cn
经　　销：各地新华书店
印　　刷：北京虎彩文化传播有限公司
开　　本：787 mm×1 092 mm　1/16
印　　张：16.25
字　　数：438 千字
版　　次：2021 年 2 月第 1 版
印　　次：2023 年 8 月第 4 次印刷

ISBN 978-7-5635-6328-9　　　　　　　　　　　　　　　　　　定价：39.80 元

· 如有印装质量问题，请与北京邮电大学出版社发行部联系 ·

前　言

　　"微机原理与接口技术"是高等学校电子信息、自动化、电气工程等工科类各专业的基础核心课程。课程目标是使学生从系统的角度出发,掌握微机系统的基本组成、工作原理、接口技术及应用方法,具有微机系统的初步开发能力。作者在总结多年教学科研及实践经验的基础上,结合计算机仿真技术的发展,对课程相关资料进行了综合分析提炼,编写了本书。

　　本书在内容选取与组织上进行了革新,以 Intel 8086 微处理器和 IBM PC 系列微机为对象,从微型计算机系统的应用出发,系统地介绍了微型计算机的基本组成、工作原理、接口技术及应用。作者在总结教学经验,研究相关仿真技术和各类教材的基础上,以"项目为线,案例为点"的思路编写了各章节相关内容。本书共 10 章,包括微型计算机基础知识概述、微处理器、指令系统及汇编语言程序设计、存储器系统、输入/输出技术、可编程并行 I/O 接口芯片 Intel 8255A、可编程计数器/定时器 8253A、中断技术及 8259A、微机系统串行通信及接口、D/A 与 A/D 转换接口。本书以交通信号灯控制系统在 Proteus ISIS 仿真平台的实现为线,将其贯穿各章节内容,以在 Proteus ISIS 仿真平台中实现的案例为知识点。本书内容全面,实用性强,原理、技术与应用并重,以 Proteus ISIS 仿真实验方法进行讲述,有特点和新意。本书中提供的实例全部在 Proteus 中调试通过。

　　本书有如下特色。

　　① 以项目为线。本书以交通信号灯控制系统在 Proteus ISIS 仿真平台的实现为线,以经典的 Intel 8086 为主要对象,各章节内容基于项目连接成线,侧重微机系统的设计与实现。重点突出,内容全面。

　　② 以案例为点。本书从应用需求出发,在讲清基本原理的基础上,按难易程度讲解典型示例或案例及其 Proteus 实现,突出了对学生软硬件结合的思维方法和动手能力的培养。

　　③ 先进的实验手段。本书选用了适用于该课程教学和实践的 Proteus ISIS 仿真平台,书中案例和项目实现过程按照课程内容进行规划,既有理论设计又有仿真实现,使学生掌握知识的同时又可体会到技术的发展,本书较好地体现了从整体到局部又到整体的知识体系。

　　④ 可读性强。随着项目的一步步实现,课程内容由浅入深、分散难点。在接口部分,形成芯片结构、编程和项目实现的讲解体系,以便学生理解。

　　本书的编写采用了集体讨论、分工编写、再讨论修改、统稿的方式。本书的第 1、3 章由朱有产编写;第 2 章由刘淑平编写;第 4、8、9、10 章由王桂兰编写;第 5、6、7 章由秦金磊编写;附录由朱有产编写。本书由朱有产统稿并最后定稿。本书定稿后,由王振旗教授主审。

　　本书配有教辅《微机原理与接口技术辅导与实验》,包括 MASM 使用说明、Proteus 仿真平台使用说明、习题解答、MCS-51 简介及其仿真案例等内容。

　　本书的编写得到了华北电力大学专业建设平台领导的大力支持;得到了微机原理教学

团队全体老师的大力支持；得到了广州市风标电子技术有限公司的大力支持，公司技术人员指导了部分Proteus仿真实例的设计；得到了全国高等院校计算机基础教育研究会的大力支持。在此，全体编著人员向所有对本书的编写、出版等工作给予大力支持的单位和人员表示真诚的感谢！

由于作者水平有限，书中难免有错误和不妥之处，敬请广大读者提出宝贵意见。

作　者

2020 年 8 月于华北电力大学

目　　录

第1章 微型计算机基础知识概述

本章从介绍计算机的软硬件基本组成、数制、编码及数据类型开始,重点介绍计算机的基本结构及其整机工作原理。下面先从一个项目谈起。

基本项目:交通信号灯系统。

看到这个项目,大家可能会问系统是什么样子? 系统的功能要求是什么? 硬件系统、软件系统用什么? 开发环境选什么?

也许大家会想到这些:①使用已学过的知识;②收集项目相关资料;③需求分析;④软硬件系统设计(初步设计);⑤开发环境的学习;⑥硬件系统详细设计与调试;⑦软件系统详细设计与调试;⑧系统整体调试;⑨现场应用安装调试;⑩试用期间问题的解决与修改。

大家想想,模拟交通信号灯系统的基本需求可能是:假设 A 车道与 B 车道交叉组成十字路口,A 是主道,B 是支道,直接对车辆进行交通管理。①用发光二极管模拟交通信号灯。②正常情况下,A、B 两车道轮流放行,A 车道放行 m_1 秒,其中 n_1 秒用于警告;B 车道放行 m_2 秒,其中 n_2 秒用于警告。③有紧急车辆通过时,按下某开关使 A、B 车道均为红灯,禁行(或禁行 m_3 秒),紧急情况解除后,恢复正常控制。

大家想到的系统应该是什么样的呢? 不管怎样,先来回顾一下我们已学习过的相关知识。

1.1 微机的基本结构

微型计算机系统应由硬件系统和软件系统两大部分构成。大家回想一下"大学计算机基础"课程里介绍的微型计算机系统(外观、主要构成、常用部件等)。随着技术的不断进步,这些部件的功能与性能都在不断地发展,但微型计算机的基本结构没变,如图 1-1 所示。

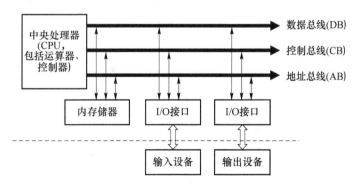

图 1-1 微型计算机的基本结构

首先要有能进行运算的部件,称为运算器;其次要有能记忆程序、原始数据和中间结果以及为了使机器能自动进行运算而编制的各种命令的器件,这种器件就称为存储器;最后要有控制器,能根据事先给定的命令发出各种控制信息,使整个计算过程能一步步地自动进行。原始的数据与命令要输入,要有输入设备;计算结果(或中间过程)要输出,要有输出设备。

目前,微型计算机都采用总线结构。所谓总线就是用来传送信息的一组通信线,分内总线和外总线。内总线将微处理器、内存储器和输入输出接口部件连接起来,分为地址总线、数据总线和控制总线。数据总线用来传送各种原始数据、中间结果、程序等。计算机的各种命令(即程序)以数据形式由存储器送入控制器,经过控制器译码后变为各种控制信号,由控制总线传送,以控制运算器按规定一步步地进行各种运算和处理,控制存储器的读和写,控制输入输出设备的启停。CPU从内存储器读数据、程序等信息时首先要给出信息所在的内存储器中的位置信息,即地址信息,由地址总线传送。微机与外设(包括其他计算机)的连接线称作外总线,其功能是实现计算机与计算机或计算机与其他外设的信息传送。

通常把运算器、控制器和内存储器合在一起称为微机的主机;把各种输入输出设备称为计算机的外围设备或外部设备(Peripheral);把运算器和控制器合在一起称为中央处理单元(CPU);把整个 CPU 集成在一个集成电路芯片上,称为微处理器(Microprocessor);整个微型计算机只安装在一块印刷电路板上,常称为单板计算机;把整个计算机集成在一个芯片上,称为单片机。不论计算机规模大小,必须同时具有 CPU、存储器和输入输出设备,才能构成一台计算机。

微机软件系统分系统软件和应用软件两大类。系统软件用来对构成微机的各部件进行管理和协调,使它们有条不紊高效率地工作,如操作系统、高级语言、数据库系统等;应用软件是针对不同应用、实现用户要求的功能软件,如 IE、MIS 程序、高校的综合教务管理等。

1.2　微型计算机的基本知识

1.2.1　计算机中的常用数制

人们通常用十进制数来计数和计算,而计算机只识别由"0"和"1"构成的二进制数。当一个较大的数用二进制来表示或人们在书写计算机程序时,数据位数既长又难记忆,常采用八进制、十六进制和十进制计数制。

表 1-1 列出了 4 种进位制中数的表示法,其中数后 B(Binary)表示二进制数;Q(Octal 的缩写为字母"O",为区别于数字"0",写为"Q")表示八进制数;H(Hexadecimal)表示十六进制数;D(Decimal)表示十进制数,由于习惯通常 D 可以省略。

表 1-1　十进制、二进制、八进制、十六进制数码对照表

十进制	二进制	八进制	十六进制
0	0000B	0Q	0H
1	0001B	1Q	1H
2	0010B	2Q	2H
3	0011B	3Q	3H
4	0100B	4Q	4H
5	0101B	5Q	5H
6	0110B	6Q	6H
7	0111B	7Q	7H
8	1000B	10Q	8H

续　表

十进制	二进制	八进制	十六进制
9	1001B	11Q	9H
10	1010B	12Q	AH
11	1011B	13Q	BH
12	1100B	14Q	CH
13	1101B	15Q	DH
14	1110B	16Q	EH
15	1111B	17Q	FH

那什么是计数制呢? 任意进制的数 N 均可表示为

$$N = a_{n-1}X^{n-1} + a_{n-2}X^{n-2} + \cdots + a_0X^0 + a_{-1}X^{-1} + \cdots + a_{-(m-1)}X^{-(m-1)} + a_{-m}X^{-m}$$

上式中数 N 的大小不但取决于其中的数字本身,而且还取决于各数字所在的位置,故上式称为数的位置计数法。其中,对每一个数位 $a_{n-1}, \cdots, a_0, a_{-1}, \cdots, a_{-m}$ 赋予一定的位值 $X^{n-1}, \cdots, X^0$, $X^{-1}, \cdots, X^{-m}$,则称各位值为权。每个数位上的数字所表示的量是这个数字和权的乘积。相邻两位中高位的权与低位的权之比如果是个常数,则此常数称为基数,式中用 X 表示。式中从 a_0X^0 起向左是数的整数部分,向右是数的小数部分。数位 a_i ($n-1 \geqslant i \geqslant -m$) 可以在 $0, 1, \cdots,$ $X-1$ 共 X 种基数中任意取值。m 和 n 为幂指数,均为正整数。基数 X 取不同值,便得到不同进位计数制的表达式。

1. 十进制数

十进制数的表达式为 $(N)_{10} = \sum\limits_{i=-m}^{n-1} a_i \times 10^i$。其特点是:$a_i$ 只能在 0～9 这 10 个数字中取值;每个数位上的权都是 10 的 i 次方;在加、减运算中,采用"逢十进一""借一当十"的规则。例如

$$2\,346.18 = 2 \times 10^3 + 3 \times 10^2 + 4 \times 10^1 + 6 \times 10^0 + 1 \times 10^{-1} + 8 \times 10^{-2}$$

2. 二进制数

二进制数的表达式为 $(N)_2 = \sum\limits_{i=-m}^{n-1} a_i \times 2^i$。其特点是:$a_i$ 只能是 0 或 1;每个数位上的权都是 2 的 i 次方;在加、减运算中,采用"逢二进一""借一当二"的规则。例如

$$11001.101B = 1 \times 2^4 + 1 \times 2^3 + 0 \times 2^2 + 0 \times 2^1 + 1 \times 2^0 + 1 \times 2^{-1} + 0 \times 2^{-2} + 1 \times 2^{-3}$$

因为二进制计数制中只有 0 和 1 两个数字,用电路实现最为方便且运算也特别简单,所以电子计算机内部均采用此计数制。

3. 八进制数

八进制数的表达式为 $(N)_8 = \sum\limits_{i=-m}^{n-1} a_i \times 8^i$。其特点是:$a_i$ 只能在 0～7 这 8 个数字中取值;每个数位上的权都是 8 的 i 次方;在加、减运算中,采用"逢八进一""借一当八"的规则。例如

$$257.16Q = 2 \times 8^2 + 5 \times 8^1 + 7 \times 8^0 + 1 \times 8^{-1} + 6 \times 8^{-2}$$

4. 十六进制数

十六进制数的表达式为 $(N)_{16} = \sum\limits_{i=-m}^{n-1} a_i \times 16^i$。其特点是:$a_i$ 只能在 0～15 这 16 个数字中取值(其中 0～9 这 10 个数字借用十进制中的数码,10～15 这 6 个数分别用 A、B、C、D、E、F 表示);每个数位上的权都是 16 的 i 次方;在加、减法运算中,采用"逢十六进一""借一当十六"的规则。例如

$$63BE.FAH = 6 \times 16^3 + 3 \times 16^2 + 11 \times 16^1 + 14 \times 16^0 + 15 \times 16^{-1} + 10 \times 16^{-2}$$

1.2.2 各种数制间的转换

人们习惯使用十进制数,而计算机只认识二进制数。为了书写方便,编写汇编程序时多采用十六进制数。因此在不同场合需要不同进位计数制之间的转换。

1. 非十进制数到十进制数的转换

非十进制数到十进制数的转换只要将非十进制数按相应的权表达式展开,按十进制运算规则求表达式的值,即得到它所对应的十进制数。

例 1-1 将二进制数 1101.001B、十六进制数 1A.CH 转换为十进制数。

解： 根据二进制数的权展开,有

$$1101.001B = 1 \times 2^3 + 1 \times 2^2 + 0 \times 2^1 + 1 \times 2^0 + 0 \times 2^{-1} + 0 \times 2^{-2} + 1 \times 2^{-3} = 13.125$$

根据十六进制数的权展开,有

$$1A.CH = 1 \times 16^1 + 10 \times 16^0 + 12 \times 16^{-1} = 26.75$$

2. 十进制数转换为非十进制数

(1) 十进制数转换为二进制数

十进制数转换为二进制数时,整数和小数部分应分别转换。整数部分采用"除 2(基)取余"法,即连续除以 2 并取余数作为结果,直至商为 0,将得到的余数从低位(最先得到的余数)到高位(最后得到的余数)依次排列即得到转换后二进制数的整数部分。对小数部分采用"乘 2(基)取整"法,即对小数部分连续乘2,以最先得到的乘积的整数部分为最高位,直至小数部分为零或达到所要求的精度。

例 1-2 将十进制数 100.625 转化为二进制数。

解：

所以得 $100.625 = 1100100.101B$。

(2) 十进制数转换为八进制数、十六进制数

与十进制数转换为二进制数的方法类似,整数部分采用"除 8、16(基)取余"法,小数部分采用"乘 8、16(基)取整"法。

例 1-3 将十进制数 100.625 转化为十六进制数。

解：

所以得 $100.625 = 64.AH$,同理得 $100.625 = 144.5Q$。

3．二进制数与八进制数、十六进制数间的转换

由于 $2^4=16$，故一位十六进制数能够表示的数值恰好相当于 4 位二进制数能够表示的数值。将二进制数转换为十六进制数的方法是：对整数部分从小数点开始向左每 4 位一组，若最后一组不足 4 位，则在其左边补零直到 4 位；对小数部分从小数点开始向右每 4 位一组，若最后一组不足 4 位，则在其右边补零直到 4 位。然后将每组二进制数用对应的十六进制数代替，则得到转换结果。

例 1-4　将二进制数 110011011.101101B 转换为十六进制数。

解：

```
   二进制数：0001    1001    1011.1011    0100
              ↓       ↓       ↓    ↓        ↓
 十六进制数：  1       9       B.   B        4
```

所以得 110011011.101101B=19B.B4H。

将十六进制数转换为二进制数与上述过程相反，读者可自己试试。

由于 $2^3=8$，故一位八进制数恰好等于 3 位二进制数能够表示的数值。转换方法同上。

例 1-5　将二进制数 1110011011.1011011B 转换为八进制数。

解：

```
二进制数：001  110  011  011.101  101  100
           ↓    ↓    ↓    ↓   ↓     ↓    ↓
八进制数：  1    6    3    3.  5     5    4
```

所以得 1110011011.1011011B=1633.554Q。

1.2.3　无符号二进制数

在编程解决实际问题时，首先要涉及数据及数据类型。在 80X86 系列微机中，常用的数据类型包括无符号整数、有符号整数、BCD 数、字符串、位、浮点数。

在 80X86 系列微处理器中，参加运算的整数操作数可为 8 位长的字节、16 位长的字；在 80386/80486 CPU 及其以后的微处理器中，参加运算的整数操作数还可为 32 位长的双字。整数分为无符号数和有符号数两种。所谓无符号数，是指对应的 8 位、16 位、32 位二进制数全部用来表示数值本身，没有用来表示符号位的位，因而为正整数。

1．二进制数的算术运算

（1）加法运算

$$0+0=0 \quad 0+1=1 \quad 1+0=1 \quad 1+1=0(有进位)$$

（2）减法运算

$$0-0=0 \quad 1-0=1 \quad 1-1=0 \quad 0-1=1(有借位)$$

（3）乘法运算

$$0*0=0 \quad 0*1=0 \quad 1*0=0 \quad 1*1=1$$

计算机中乘法运算是通过加法和移位运算实现的。

（4）除法运算

除法是乘法的逆运算，在计算机中是通过减法和右移运算实现的。每右移一位相当于除以 2，右移 n 位就相当于除以 2^n，手工计算时与十进制除法一样。

（5）无符号二进制数表示范围

一个 n 位无符号整数所表示的数值范围是 $0\sim2^n-1$。例如：8 位无符号整数所表示的数值

范围是 $0\sim255$;16 位无符号整数所表示的数值范围是 $0\sim65\,535$;32 位无符号整数所表示的数值范围是 $0\sim(4G-1)$,其中 G 为 2^{30}。

（6）无符号二进制数的溢出判断

最高有效位有进位或借位,则产生溢出,运算结果就不对了。

2. 二进制数的逻辑运算

（1）"与"（又称逻辑乘）运算

$$1\wedge1=1 \qquad 1\wedge0=0 \qquad 0\wedge1=0 \qquad 0\wedge0=0$$

（2）"或"（又称逻辑加）运算

$$0\vee0=0 \qquad 0\vee1=1 \qquad 1\vee0=1 \qquad 1\vee1=1$$

（3）"非"运算

二进制 0 做逻辑非运算得 1,二进制 1 做逻辑非运算得 0。

（4）"异或"运算

$$0\oplus0=0 \qquad 1\oplus1=0 \qquad 0\oplus1=1 \qquad 1\oplus0=1$$

1.2.4 有符号数的表示方法

由于计算机只能识别由 0 和 1 组成的数或代码,所以有符号数的符号也只能用 0 和 1 来表示,一般用"0"表示正,用"1"表示负,这种表示方法将符号数码化了,连同一个符号位在一起的一个数称为机器数。而直接用"＋"号和"－"号来表示其正负的数为有符号数（该机器数）的真值。例如

$$机器数\ 01010101B,真值:+85\ 或\ +1010101B$$
$$机器数\ 11010101B,真值:-85\ 或\ -1010101B$$

由于数值部分的表示方法不同,所以机器数有 3 种表示方法:原码、反码和补码。它们具有字节、字及双字 3 种不同长度的整数类型。

1. 机器数的表示法

（1）原码

对一个二进制数而言,若用最高位表示数的符号（常以"0"表示正数,以"1"表示负数）,其余各位表示数值本身,则称为该机器数的原码表示法。例如,设 $X=+1011100B,Y=-1011100B$,则 $[X]_原=01011100B,[Y]_原=11011100B$。$[X]_原$ 和 $[Y]_原$ 分别为 X 和 Y 的原码,称为机器数的原码表示。下面介绍原码 $[X]_原$ 和真值 X 之间的关系:

$$当\ X\geqslant+0\ 时,[X]_原=X$$
$$当\ X\leqslant-0\ 时,[X]_原=2^{n-1}-X$$

其中 n 为二进制数的位数,最高位为符号位。

值得注意的是,二进制原码表示中有＋0 和－0 之分,即

$$[+0]_原=000\cdots00B(n\ 位二进制数,最高位为符号位)$$
$$[-0]_原=100\cdots00B(n\ 位二进制数,最高位为符号位)$$

（2）补码

补码的定义源于同余的概念 $X+NK=X(\mathrm{mod}\ K)$,其中 K 为模,N 为任意整数。其含义是数 X 与该数加上其模的任意整数倍之和相等。

一个二进制数,若以 2^n 为模（n 为二进制数位数,它通常与计算机中机器数的长度一致）,它的补码叫作 2 补码,后文把 2 补码简称为补码,即

$$当\ 0\leqslant X\leqslant2^{n-1}-1\ 时,[X]_补=X$$

当 $-2^{n-1} \leqslant X \leqslant 0$ 时，$[X]_\text{补} = 2^n + X$

同理，一个十进制数若以 10^n 为模，它的补码叫作 10 补码。

可见，正数的补码与原码相同，只有负数才有求补码的问题。

① 根据定义求补码

$[X]_\text{补} = 2^n + X = 2^n - |X|$，$X < 0$，$\bmod\ 2^n$，即负数 X 的补码等于模 2^n 加上其真值，或者减去其真值的绝对值。例如，$X = -1010111\text{B}$，$n = 8$，则 $[X]_\text{补} = 2^8 + (-1010111\text{B}) = 100000000\text{B} - 1010111\text{B} = 10101001\text{B}(\bmod\ 2^8)$。

这种方法因为要做一次减法，很不方便。

② 利用原码求补码

一个负数的补码等于其原码除符号位不变外，其余各位按位求反，再在最低位加 1，简称取反加 1。例如，$X = -1010111\text{B}$，则 $[X]_\text{原} = 11010111\text{B}$，$[X]_\text{补} = 10101000\text{B} + 1 = 10101001\text{B}$。

如果将 $[X]_\text{补}$ 再求一次补码，就得到 $[X]_\text{原}$，即有 $[[X]_\text{补}]_\text{补} = [X]_\text{原}$。例如，$[X]_\text{原} = 11010111\text{B}$，$[X]_\text{补} = 10101001\text{B}$，则 $[[X]_\text{补}]_\text{补} = 11010110\text{B} + 1 = 11010111\text{B} = [X]_\text{原}$。

上述求法在数学上都可以证明，在此从略。

③ 简便的直接求补法

直接从原码求它的补码：从最低位起，到出现第一个 1 以前（包括第一个 1）原码中的数字不变，以后逐位取反，但符号位不变。

例 1-6 试求 $X_1 = -1010111\text{B}$，$X_2 = -1110000\text{B}$ 及 $X_3 = +1110001\text{B}$ 的补码 $[X_1]_\text{补}$、$[X_2]_\text{补}$ 和 $[X_3]_\text{补}$。

解：方法自选，在此利用原码求。

$$X_1 = -1010111\text{B}$$

由原码求补码：

$[X_1]_\text{原} = 1\ \underline{1010111}\text{B} + 1 \rightarrow [X_1]_\text{补} = 10101001\text{B}$

符号位不变 —— 取反 —— 末位加 1

同理，$X_2 = -1110000\text{B} \rightarrow [X_2]_\text{原} = 11110000\text{B} \rightarrow [X_2]_\text{补} = 10010000\text{B}$。

对于正整数 $X_3 = +1110001\text{B}$，$[X_3]_\text{原} = 01110001\text{B} = [X_3]_\text{补}$。

值得注意的是：$[-128]_\text{补} = 10000000\text{B}$，$[0]_\text{补} = 00000000\text{B}$。

（3）反码

若二进制数 $X = X_{n-1}X_{n-2}\cdots X_1 X_0$，则反码表示的严格定义如下：

$$[X]_\text{反} = X, \qquad\qquad 2^{n-1} > X \geqslant 0$$
$$[X]_\text{反} = 2^n - 1 + X, \quad 0 \geqslant X > -2^{n-1}$$

其中，X 表示二进制数真值，其反码记为 $[X]_\text{反}$，n 表示包括符号位和数值部分在内的二进制数位数。

在求反码时，对正数来讲，其表示方法同原码。但对负数而言，其反码的数值部分为真值的各位按位取反，符号位不变。例如，若 $X = +10010\text{B} = 18$，$Y = -10010\text{B} = -18$，设 n 为 8，则 $[X]_\text{原} = 00010010\text{B}$，$[Y]_\text{原} = 10010010\text{B}$，$[X]_\text{反} = 00010010\text{B}$，$[Y]_\text{反} = 11101101\text{B}$。

同样，对负数的补码而言，再求反一次会得到其原码。

在反码表示中，数 0 也有两种表示形式：$[+0]_\text{反} = 00000000\text{B}$，$[-0]_\text{反} = 11111111\text{B}$。

2. 有符号数的运算

上面介绍了计算机中有符号数的表示方法：原码、补码及反码。用原码表示数时，最大的优点是直观。浮点数的有效数字常用原码表示，进行二进制乘除法运算时，也多采用原码表示法。

计算机中有符号二进制数进行加减运算时采用补码形式。补码进行减法运算可用加法来代替，且符号位也可以和数一起参加运算，这使计算机的运算速度大大提高，同时也简化了计算机

的硬件结构,即$[X\pm Y]_{\text{补}}=[X]_{\text{补}}+[\pm Y]_{\text{补}}$,其中$|X|$、$|Y|$、$|X+Y|<2^{n-1}$。

例 1-7 用补码进行下列运算(设$n=8$)。

①$(+20)+(-13)$;②$(-20)+(+13)$;③$(-20)+(-13)$;④$(+20)+(+13)$。

解:

①
$$
\begin{array}{r}
0001\ 0100\text{B} \quad [+20]_{\text{补}} \\
+\ 1111\ 0011\text{B} \quad [-13]_{\text{补}} \\
\hline
1\ 0000\ 0111\text{B} \quad [+7]_{\text{补}}
\end{array}
$$
↑最高位(符号位)为0,结果为正

符号位的进位,自然丢掉

②
$$
\begin{array}{r}
1110\ 1100\text{B} \quad [-20]_{\text{补}} \\
+\ 0000\ 1101\text{B} \quad [+13]_{\text{补}} \\
\hline
1111\ 1001\text{B} \quad [-7]_{\text{补}}
\end{array}
$$
最高位(符号位)为1,结果为负

③
$$
\begin{array}{r}
1110\ 1100\text{B} \quad [-20]_{\text{补}} \\
+\ 1111\ 0011\text{B} \quad [-13]_{\text{补}} \\
\hline
1\ 1101\ 1111\text{B} \quad [-33]_{\text{补}}
\end{array}
$$
↑最高位(符号位)为1,结果为负

符号位的进位,自然丢掉

④
$$
\begin{array}{r}
0001\ 0100\text{B} \quad [+20]_{\text{补}} \\
+\ 0000\ 1101\text{B} \quad [+13]_{\text{补}} \\
\hline
0010\ 0001\text{B} \quad [+33]_{\text{补}}
\end{array}
$$
最高位(符号位)为0,结果为正

例 1-8 用补码进行下列运算(设$n=8$)。

① $96-19$;② $(-56)-(-17)$。

解:

① $X=96,Y=19$,则

$[X]_{\text{补}}=[X]_{\text{原}}=0110\ 0000\text{B}$

$[Y]_{\text{补}}=[Y]_{\text{原}}=0001\ 0011\text{B}$

$[-Y]_{\text{补}}=1110\ 1101\text{B}$

$$
\begin{array}{r}
0110\ 0000\text{B} \quad [X]_{\text{补}} \\
+\ 1110\ 1101\text{B} \quad [-Y]_{\text{补}} \\
\hline
0100\ 1101\text{B} \quad [X-Y]_{\text{补}}=[X-Y]_{\text{原}}=+77
\end{array}
$$
↑符号位为0,结果为正

② $X=-56,Y=-17$,则

$[X]_{\text{原}}=1011\ 1000\text{B},[X]_{\text{补}}=1100\ 1000\text{B}$

$[Y]_{\text{原}}=1001\ 0001\text{B},[Y]_{\text{补}}=1110\ 1111\text{B}$

$[-Y]_{\text{补}}=0001\ 0001\text{B}$

$$
\begin{array}{r}
1100\ 1000\text{B} \quad [X]_{\text{补}} \\
+\ 0001\ 0001\text{B} \quad [-Y]_{\text{补}} \\
\hline
1101\ 1001\text{B} \quad [X-Y]_{\text{补}}
\end{array}
$$
符号位为1,结果为负,对$[X-Y]_{\text{补}}$再求补,得$[X-Y]_{\text{原}}=1010\ 0111\text{B}$

前面曾讲过无符号数的运算规则,那计算机中两个无符号数到底是怎样做加、减运算的呢?

两个无符号数进行加法,只要和的绝对值不超过整个字长,就不溢出,则和也一定为正数的补码形式,它等于和的原码;两个无符号数相减,可用减数变补与被减数相加来求得。所谓减数变补,是指将整个减数各位取反后末位加1。

例 1-9 两个无符号数进行下列运算($n=8$):①$129-79$;②$79-129$。

解:

① 设$X=129$,$Y=79$,则

$X=1000\ 0001\text{B}$

$Y=0100\ 1111\text{B}$

$[-Y]_{\text{补}}=[Y]_{\text{变补}}=1011\ 0001\text{B}$

$$
\begin{array}{r}
1000\ 0001\text{B} \quad X \\
+\ 1011\ 0001\text{B} \quad [-Y]_{\text{变补}} \\
\hline
1\ 0011\ 0010\text{B} \quad [X-Y]_{\text{补}}
\end{array}
$$
即$[X-Y]_{\text{原}}=[X-Y]_{\text{补}}=00110010\text{B}=50$

② 设$X=79$,$Y=129$,则

$X=0100\ 1111\text{B}$

$Y=1000\ 0001\text{B}$

$[-Y]_{\text{补}}=[Y]_{\text{变补}}=0111\ 1111\text{B}$

$$
\begin{array}{r}
0100\ 1111\text{B} \quad X \\
+\ 0111\ 1111\text{B} \quad [-Y]_{\text{补}} \\
\hline
0\ 1100\ 1110\text{B} \quad [X-Y]_{\text{补}}
\end{array}
$$
即$[X-Y]_{\text{补}}=11001110\text{B}$,$[X-Y]_{\text{原}}=10110010\text{B}=-50$

综上所述,不管参加运算的两个 n 位二进制数是有符号的补码形式,还是无符号的数,对计算机来说,处理方法都一样。做加法时,直接将两数相加即可;做减法时,用减数变补与被减数相加来实现。

实际运算时,若将补码加/减法公式稍作改变,便可得:$[X \pm Y]_{补} = [X]_{补} + [\pm Y]_{补} = [X]_{补} \pm [Y]_{补}$。即对加法来说,两数补码之和等于和的补码;对减法来说,两数补码之差等于差的补码。

3. 溢出判别

一个 n 位有符号二进制数补码所能表示的最大正数的数值是 $2^{n-1} - 1$,最小负数的数值是 $-2^{n-1} - 1$。例如:

- 8 位字长,用补码所表示的数值范围是 $-128 \sim +127$;
- 16 位字长,用补码所表示的数值范围是 $-32\,768 \sim +32\,767$;
- 32 位字长,用补码所表示的数值范围是 $-2G \sim +(2G-1)$,其中 $G = 2^{30}$。

当两个有符号的二进制数进行补码运算时,若运算结果超出上述范围,数值部分便会发生溢出,引起计算结果不正确。微机中常用的溢出判别法是双高位判别法。先引进两个附加的符号,即 C_s 和 C_p。

C_s:表示最高位(符号位)的进位(对加法)或借位(对减法)情况。如有进位或借位,$C_s = 1$;否则,$C_s = 0$。

C_p:表示数值部分最高位的进位(对加法)或借位(对减法)情况。如有进位或借位,$C_p = 1$;否则,$C_p = 0$。

判别产生溢出的依据是:若 C_s 和 C_p 同为 0 或同为 1,则结果无溢出发生,结果正确;若 $C_s = 1$,$C_p = 0$ 或 $C_s = 0$,$C_p = 1$,则结果发生溢出。

通过分析可知,只有两个正数或负数相加、正数减负数、负数减正数这 4 种情况有可能产生溢出。

例 1-10 试判断下面加法、减法的溢出情况($n = 8$)。

```
    0101 1010B   +90              1001 0010B   [-110]补
+   0110 1011B   +107          +  1010 0100B   [-92]补
─────────────────────          ──────────────────────
  0 1100 0101B   +197            1 0011 0110B   →+54
```

即 $C_s = 0$,$C_p = 1$,正溢出,结果出错   即 $C_s = 1$,$C_p = 0$,负溢出,结果出错

(两个正数相加)   (两个负数相加)

```
    1001 0010B   [-110]补          0110 1011B   [+107]补
─   0010 0000B   [+32]补        ─  1010 0100B   [-92]补
─────────────────────          ──────────────────────
    0111 0010B   [+114]补          1100 0111B   [-57]补
```

即 $C_s = 0$,$C_p = 1$,负溢出,结果出错   即 $C_s = 1$,$C_p = 0$,正溢出,结果出错

(负数减正数,结果应为负)   (正数减负数,结果应为正)

4. 算术移位

二进制数在寄存器或存储器中进行算术移位时,每左移一位,其绝对值应增大一倍(如果没有溢出);每右移一位,其绝对值应减小一半。为此,在不同情况下对溢出的空位应补入不同的数。

(1) 对于正数,左移或右移时的低位或高位都补以 0

设一个 8 位正二进制数为 00001110B(+14),左移一位(最高位移出自然丢弃,最低位空位补

0)后为00011100B(+28);右移一位(最低位移出自然丢弃,最高位空位补0)后为00000111B(+7)。

(2)补码法表示的负数,左移时最低位补以0,右移时最高位补以1

设一个8位负二进制补码数为11110010B([−14]$_{补}$),左移一位(最高位移出自然丢弃,最低位空位补0)后为11100100B([−28]$_{补}$);右移一位(最低位移出自然丢弃,最高位空位补1)后为11111001B([−7]$_{补}$)。

1.2.5 计算机中信息的编码

计算机除了处理进位制的数据外,在实际应用中还需要处理不同语种的文字符号和各种图像信息等。为了处理这些信息,计算机中采用编码的形式。常用的有3种编码表示:十进制数的二进制编码表示、英文字母与字符的二进制编码表示及汉字的二进制编码表示。

1. 十进制数的二进制编码表示

实际应用中一般计算问题的原始数据大多数是十进制数。为了使计算机能输入输出和直接进行十进制数的运算,必须用二进制数为它编码,称二-十进制码或 BCD 码(Binary Coded Decimal)。BCD 码的编码形式有很多,最常用的 BCD 码是 4 位二进制数的权分别为8、4、2、1 的BCD 码,称为8421BCD 码,如表 1-2 所示。它所表示的数值规律与二进制计数制相同,最容易理解和使用,也最直观。例如,若 BCD 码为 0001 0101 0011. 0110 0101B(或 153.65H),则很容易写出相应的十进制数,为153.65。

表 1-2 8421BCD 编码表

十进制	8421BCD 码	十进制	8421BCD 码
0	0000B	8	1000B
1	0001B	9	1001B
2	0010B	10	0001 0000B
3	0011B	11	0001 0001B
4	0100B	12	0001 0010B
5	0101B	13	0001 0011B
6	0110B	14	0001 0100B
7	0111B	15	0001 0101B

2. 英文字母与字符的二进制编码表示

由于计算机硬件只能识别二进制数,所以英文字母和字符也必须用二进制编码来表示。目前,用来表示字母和字符的二进制编码方式有多种,最常用的是 ASCII(American Standard Code for Information Interchange)码,即美国信息交换标准码。它是 7 位 ASCII 码,可表示 128 (0000000B~1111111B)种字符,其中包括字母、数字和控制符号。例如:字母 A 的 ASCII 码为 1000001B 或 41H;英文大写字母 A~Z 的 ASCII 码为 41H~5AH;英文小写字母 a~z 的 ASCII 码是 61H~7AH;数字 0~9 的 ASCII 码为 30H~39H,等等。

3. 汉字的二进制编码表示

计算机要处理汉字信息,就必须首先解决汉字的表示问题。同英文字符一样,汉字的表示也采用二进制编码形式,目前普遍使用的是 1981 年我国制定的《中华人民共和国国家标准信息交换用汉字编码》,即 GB 2312—80 国标码。该标准共包含一、二级汉字 6 763 个,其他符号 682 个(新的国标汉字库已包括两万多个汉字和字符)。该标准编码分三部分。

① 字母、数字和符号共 682 个,它们是:

- 包括间隔符、标点、运算符、单位符号和制表符在内的一般符号 202 个；
- 序号 60 个，包括 1.～20.、(1)～(20)、①～⑩、(一)～(十)；
- 数字 22 个，包括 0～9 和Ⅰ～Ⅻ；
- 英文字母大小写共 52 个；
- 日文平假名 83 个；
- 日文片假名 86 个；
- 希腊字母大小写各 24 个，共 48 个；
- 俄文字母大小写各 33 个，共 66 个；
- 汉语拼音符号 26 个；
- 汉语注音字母 37 个。

② 一级常用汉字 3 755 个，按汉语拼音排列。

③ 二级常用汉字 3 008 个，按偏旁部首排列。

GB 2312—80 国标字符集是排列成 94 行×94 列的二维码表。每个汉字或符号在码表中都有各自固定的位置，对应着一个唯一的位置编码，即该汉字或符号所在的行号（也称区号）和列号（也称位号）组成的二进制编码（区号及位号均为 7 位，且区号在左，位号在右，共 14 位二进制编码），称为区位码。这就是说，字符集中的每个汉字、符号或标准图形都可用唯一的区位码表示。在实际应用中，将区位码的区号和位号分别加 100000B(32)，便形成相应的国标码，例如汉字"常"的区位码为 0010011B 0000011B(13H 03H)，则其对应的国标码为 0110011B 0100011B(33H 23H)。

为区别汉字编码与 ASCII 码，汉字在存储和传送时以内码表示。所谓汉字的内码，将国标码的 7 位区号及位号的最高位分别置"1"扩展为 8 位而成。例如，汉字"常"的国标码为 0110011B 0100011B(33H 23H)，机器内码为 10110011B 10100011B(B3H A3H)。

1.3　常用术语解析

1. 位和字节

① 位(bit)为计算机所能表示的最小最基本的数据单位，它指的是取值只能为 0 或 1 的一个二进制数值位。位作为单位时常记作 b。

② 字节(byte)由 8 个二进制位组成，通常用作计算存储容量的单位。字节作为单位时常记作 B。

③ K 是 Kelo 的缩写，1 KB＝1 024 B＝2^{10} B。

④ M 是 Mega 的缩写，1 MB＝1 024 KB＝2^{20} B。

⑤ G 是 Giga 的缩写，1 GB＝1 024 MB＝2^{30} B。

⑥ T 是 Tera 的缩写，1 TB＝1 024 GB＝2^{40} B。

⑦ P 是 Peta 的缩写，1 PB＝1 024 TB＝2^{50} B。

⑧ E 是 Exa 的缩写，1 EB＝1 024 PB＝2^{60} B。

2. 字长

字长是微处理器一次可以直接处理的二进制数码的位数，它通常取决于微处理器内部通用寄存器的位数和数据总线的宽度。微处理器的字长有 4 位、8 位、16 位、32 位和 64 位等。8086 为 16 位微处理器，而 8088 称为准 16 位微处理器，80386SX 称为准 32 位微处理器。

3. 主频

① 主频也叫作时钟频率,用来表示微处理器的运行速度,主频越高表明微处理器运行速度越快,主频的单位是 MHz。早期微处理器的主频与外部总线的频率相同,从 80486DX2 开始,主频＝外部总线频率×倍频系数。

② 外部总线频率通常简称为外频,它的单位也是 MHz,外频越高说明微处理器与系统内存数据交换的速度越快,因而微型计算机的运行速度也越快。

③ 倍频系数是微处理器的主频与外频之间的相对比例系数。

④ 通过提高外频或倍频系数,可以使微处理器工作在比标称主频更高的时钟频率上,这就是所谓的超频。

4. MIPS

MIPS(Millions of Instruction Per Second)用来表示微处理器的性能,意思是每秒能执行多少百万条指令。主频为 25 MHz 的 80486 其性能大约是 20 MIPS,主频为 400 MHz 的 Pentium II 的性能为 832 MIPS。

5. 微处理器的生产工艺

微处理器的生产工艺指在硅材料上生产微处理器时内部各元器件间连接线的宽度,一般以 μm 为单位,数值越小,生产工艺越先进,微处理器的功耗和发热量越小,如微处理器的生产工艺可以达到 0.18 μm。

6. 数据在内存储器中的存储方式

微机中的内存储器(简称"内存")用来存储参加运算的操作数、运算的中间结果和最后结果。数据在内存中常以字节为单位进行存储,这样的存储空间称为一个存储单元。每个存储单元都有一个编号,这个编号就称为内存的一个地址,存储单元的地址从 0 开始,直到 CPU 所能支持的最高地址。例如,80X86 有 32 根地址总线,共有 2^{32}($4G,G=2^{30}$)个存储单元。

通常称两个相邻字节组成的 16 位二进制数为一个字(word80),称 4 个相邻字节组成的 32 位二进制数为一个双字(Dword 或 Double Word)。在 80X86 系列微机中,多字节数据的存储按高位字节在地址号高的存储单元中,低位字节在地址号低的存储单元中规则排列,如图 1-2 所示。

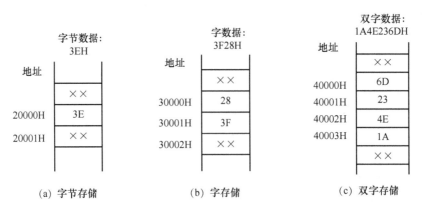

(a) 字节存储　　　　(b) 字存储　　　　(c) 双字存储

图 1-2　多字节数据的存储

对一个字节数据,若用来存储它的存储单元地址号为 20000H,则称该字节地址为 20000H。对一个字数据,在内存中占两个相邻的存储单元,低位字节的地址号称为该字的地址,如图 1-2(b)所示,称字数据 3F28H 的地址为 30000H。对一个双字数据,在内存中占 4 个相邻存储单元,如图 1-2(c)所示,称双字数据 IA4E236DH 的地址为 40000H,即占 40000H～40003H 的存储单元。

7. 字符串

字符串是 80X86 系列微处理器处理的数据类型之一。字符串包括字节串、字串和双字串（在 80386/80486 CPU 及其以后的微处理器中），所谓字节串的字符串在计算机处理时以一个个字符为单位（8 位二进制）；所谓字串的字符串在计算机处理时以两个字符为单位（16 位二进制）；所谓双字串的字符串在计算机处理时以 4 个字符为单位（32 位二进制）。它们分别对应上述数据存储的字节、字、双字的相邻序列。

1.4 初级计算机工作原理

下面简单设计了一个假想的初级计算机模型机，通过介绍指令及程序的执行过程来让读者理解计算机整机的工作原理。详细内容请扫二维码。

现在我们可以设计一个模拟交通信号灯系统了，当然用现有的知识只能是一个初步设计（可以用框图、文字、流程图等方式来进行初步的设计）。

指令和程序
的执行过程

习 题

1.1 计算机中常用的计数制有哪些？

1.2 请简述机器数和真值的概念。

1.3 将下列十进制数分别转化为二进制数（保留 4 位小数）、八进制数、十六进制数和 BCD 数。

① 125.74   ② 513.85   ③ 742.24   ④ 69.357

1.4 将下列二进制数分别转化为十进制数、八进制数和十六进制数。

① 101011.101B   ② 110110.1101B

③ 1001.11001B   ④ 100111.0101B

1.5 将下列十六进制数分别转化为二进制数、八进制数、十进制数和 BCD 数。

① 5A.26H   ② 143.B5H   ③ 6CB.24H   ④ E2F3.2CH

1.6 8 位和 16 位二进制数的原码、补码和反码可表示的数的范围分别是多少？

1.7 写出下列十进制数的原码、反码、补码表示（采用 8 位二进制，最高位为符号位）。

① 120   ② 62   ③ −26   ④ −127

1.8 已知补码表示的机器数，分别求出其真值。

① 46H   ② 9EH   ③ B6H   ④ 6C20H

1.9 已知某个 8 位的机器数 65H，在其作为无符号数、补码带符号数、BCD 码以及 ASCII 码时分别表示什么真值和含义。

1.10 用现有的知识完成一个交通信号灯系统的初步设计（可以用框图、文字、流程图等方式来描述）。

第2章 微处理器

案例 2-1 8086 CPU 最小系统设计

要求：设计 8086 CPU 在最小工作模式下的系统配置，并给出仿真实现。本章后面提到的内存储器及接口均是在 CPU 最小系统的基础上工作的。

8086 微处理器芯片采用 40 根引脚双列直插式封装，为了减少外部引脚数量，采用分时复用的地址/数据总线，即部分引脚具有两种功能。因此，CPU 系统除了 Intel 8086 微处理器芯片之外，还需要配置时钟发生器（8284A）、地址锁存器（74L373/8282）、总线驱动器（74LS245/8286），才能产生系统总线。

8086 CPU 芯片能够在两种模式下工作，即最小工作模式和最大工作模式。当 8086 CPU 的引脚 MN/$\overline{\text{MX}}$ 接入 +5 V 时，则工作在最小工作模式下，系统只有 8086 CPU，所有控制信号直接由 8086 CPU 提供，因此系统中的总线控制电路被减到最小。一般 CPU 与小容量的内存储器及少量的外设接口相连时，可使用最小工作模式。

案例 2-2 8086 CPU 在流水灯控制系统中的应用

要求：在 8086 最小工作模式下，对流水灯进行控制。流水灯的控制开关 K_0 通过输入接口 74LS245 接入 8086 CPU 系统；CPU 系统通过输出接口 74LS373 控制流水灯。当开关 K_0 闭合（$K_0 = 0$，接地）时，8086 CPU 使流水灯全部熄灭；当开关 K_0 断开（$K_0 = 1$，接入高电平）时，8086 CPU 使流水灯依次点亮。给出流水灯控制系统的原理图及控制程序，并仿真实现其功能。

2.1 8086/8088 微处理器

本节将对 8086/8088 微处理器内部结构、引脚信号、存储器组织、系统组成、总线操作和时序等进行介绍。

8086/8088 微处理器是同时代微处理器中具有代表性的高性能 16 位微处理器，后续推出的各种微处理器均保持与其兼容。

8086 CPU 为 16 位微处理器，数据总线与地址总线采用分时复用的方式封装。数据总线宽度为 16 位，地址总线宽度为 20 位，最大可直接寻址的内存储器空间为 1 MB，时钟频率为 5～10 MHz。8088 CPU 的内部数据总线宽度是 16 位，外部数据总线宽度是 8 位，所以 8088 CPU 称为准 16 位微处理器。8088 CPU 的内部结构及外部引脚与 8086 CPU 大部分相同（见"图 2-4 8086/8088 CPU 引脚图"）。

8086/8088 CPU 为了缩短指令执行周期，提高总线传输率，内部结构由两个独立的工作单元组成，即总线接口单元（Bus Interface Unit，BIU）和指令执行单元（Execution Unit，EU），使取指令、指令译码及执行该指令等步骤由这两个独立单元分别处理。

2.1.1 8086 CPU 的内部结构

8086 CPU 的内部结构如图 2-1 所示。

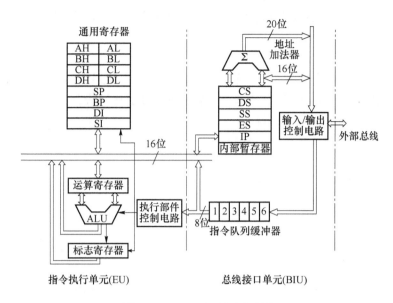

图 2-1　8086 CPU 的内部结构

1. 总线接口单元

总线接口单元是 8086 CPU 与存储器和 I/O 端口之间传送信息的接口。它提供了 16 位双向的数据总线和 20 位地址总线,完成所有外部总线操作。

BIU 具有下列功能:地址形成、取指令、指令排队、读/写操作数和总线控制。BIU 由 16 位段寄存器、16 位指令指针寄存器 IP、20 位物理地址加法器、一个 6 字节指令队列及总线控制电路组成。

(1) 16 位段寄存器

CS(Code Segment):代码段寄存器,存放当前代码段的段基地址。

DS(Data Segment):数据段寄存器,存放当前数据段的段基地址。

ES(Extra Data Segment):附加数据段寄存器,存放附加数据段的段基地址。

SS(Stack Segment):堆栈段寄存器,存放当前堆栈段的段基地址。

8086 CPU 外部引脚中有 20 位地址总线,可直接寻址 1 MB 的内存储器空间(2^{20} =1M)。而 CPU 内部是 16 位寄存器,无法装载 20 位的物理地址。为解决这个问题,8086/8088 CPU 中采用了分段技术,即将 1 MB 的存储空间划分成若干逻辑段,每个逻辑段最大为 64 KB,逻辑段可以在整个 1 MB 存储空间内浮动,每个段的起始地址的高 16 位(称为段基地址或段基址)由段寄存器存放。

在 8086/8088 系统中,将存储器划分为 4 种类型的逻辑段(代码段、数据段、附加数据段和堆栈段),并通过段寄存器 CS、DS、ES 和 SS 进行寻址。

代码段是一个用于保存程序指令代码的存储区域,数据段是一个存储原始数据以及运算结果的存储区域,附加数据段用于串操作指令时作为另一个数据区使用,堆栈段是内存储器中按照先进后出原则组织的、暂时保存数据的区域。由此可以看出,段寄存器指明一个特定的现行段,且用来存放各段的段基址。当用户用指令设定了它们的初值后,实际上就确定了一个 64 KB 的存储区段。

(2) 16 位指令指针寄存器 IP

16 位指令指针寄存器 IP 用来存放下一条将要执行指令的偏移地址〔也叫有效地址(EA)〕。

IP 由 BIU 按照 IP←IP+1 自动修改,当 EU 执行转移指令、调用指令时,BIU 将目标地址装入 IP。

(3) 20 位物理地址加法器

20 位物理地址加法器用来将 16 位的逻辑地址变换成存储器读/写所需要的 20 位物理地址,实际上完成地址加法操作。比如,一条指令的逻辑地址由代码段寄存器 CS 和指令指针寄存器 IP 构成,通过 20 位物理地址加法器,将 CS 的内容左移 4 位与指令指针寄存器 IP 的内容相加,使 CPU 输出 20 位的物理地址。存储器物理地址的形成过程见图 2-9。

(4) 6 字节指令队列

6 字节指令队列是"先进先出"的 RAM 存储器,预存 6 字节的指令代码。

(5) 总线控制电路

总线控制电路发出总线控制信号。例如:发出对内存储器和 I/O 端口的读/写控制信号等,它将 8086 CPU 内部总线与外部总线相连,是 CPU 与外部交换信息的必经之路。

总线接口单元的工作过程如下。

BIU 取指令过程:BIU 在当前代码段寄存器 CS 中的 16 位段基地址的最低位后面填写 4 个 0(即将 CS 中的数据左移 4 位),与指令指针寄存器 IP 中 16 位偏移地址在地址加法器中形成 20 位物理地址并直接送往地址总线,然后通过总线控制逻辑电路发出存储器读信号 $\overline{RD}$,启动存储器,按给定地址从内存储器中取出指令,送入指令队列中等待 EU 执行。一般情况下,BIU 总是保证指令队列是满的,使得 EU 可源源不断地从指令队列中得到待执行的指令。一旦指令队列中空出 2 字节,BIU 将自动执行取指令操作以填满指令队列。

BIU 取操作数过程:当 EU 从指令队列中取走指令时,经指令译码并执行该指令。在执行该指令的过程中,若需要向存储器或 I/O 端口读/写操作数,只要 EU 向 BIU 提出申请并给出操作数的有效地址,BIU 就通过地址加法器使现行数据段的段基址和 EU 给出的有效地址形成 20 位的物理地址,在当前取指令总线周期完成后,在读/写总线周期访问存储器或 I/O 端口时完成读/写操作。最后 EU 执行指令,由 BIU 给出结果。当 EU 执行转移指令时,则 BIU 清除指令队列中的指令,按照转移指令给出的新地址从存储器中取出指令,立即送给 EU 执行,然后从后续指令序列中取指令并填满指令队列。

BIU 的空闲状态:当指令队列已满,而指令执行单元对总线接口单元又没有提出总线请求时,则总线接口单元便进入空闲状态。

2. 指令执行单元

指令执行单元完成指令译码和执行指令的工作。它由以下几部分组成。

(1) 算术逻辑运算单元(ALU)

算术逻辑运算单元完成 8 位或 16 位的二进制算术运算和逻辑运算,运算结果可通过片内总线送到通用寄存器或标志寄存器,或经 BIU 写入内存储器。

(2) FR 标志寄存器

FR 标志寄存器也叫 PSW 程序状态字寄存器,简称状态寄存器,用来存放 ALU 运算后的结果特征或机器运行状态,标志寄存器长 16 位,实际使用了 9 位。

(3) 暂存寄存器

16 位的暂存寄存器可暂时存放参加运算的操作数,是不可编程的寄存器。

(4) 寄存器组

寄存器组中包含 4 个通用 16 位寄存器 AX、BX、CX、DX(其中 AX 又称为累加器,也称为通用数据寄存器,用来存放操作数或地址)以及 4 个专用 16 位寄存器 DI、SI、SP 和 BP(其中每个寄存器都有各自的专门用途,DI 称为目的变址寄存器;SI 称为源变址寄存器;SP 称为堆栈指示器,即堆栈指针;BP 是用于堆栈操作的基址指示器,存放堆栈段中某一存储单元的偏移地址)。

(5) EU 控制电路

EU 控制电路是取指令控制和时序控制部件,接收从 BIU 指令队列中取出的指令代码,经过分析、译码后形成各种实时控制信号,对各个部件进行操作。

指令执行单元和总线接口单元配合工作的过程:指令执行单元并不直接与外部发生联系,它从总线接口单元的指令队列中不断地获取指令并执行,省去了访问内存储器取指令的时间,提高了 CPU 的利用率和整个系统的运行速度。如果在指令执行过程中需要访问存储器或需要从 I/O 端口取操作数,则 EU 向 BIU 发出操作请求,并将访问地址(有效地址)送给 BIU,由 BIU 从外部取回操作数并送给 EU。当遇到转移指令、调用指令和返回指令时,EU 要等待 BIU 将指令队列中预取的指令清除,并按转移的目标地址从存储器取出指令送入指令队列后,EU 才能继续执行指令。这时 EU 和 BIU 的并行操作显然要受到一定的影响,这是采用并行操作方式不可避免的。但只要转移指令、调用指令出现的概率不是很高,EU 和 BIU 间既相互配合又相互独立的工作方式仍将大大地提高 CPU 的工作效率。

2.1.2 8086 CPU 的内部寄存器

8086 CPU 的内部寄存器用来存放参加运算的操作数地址、操作数及中间结果,按功能分为三大类,即通用寄存器(8 个)、段寄存器(4 个)和控制寄存器(2 个),如图 2-2 所示。

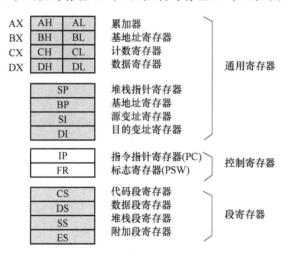

图 2-2   8086 CPU 寄存器组

1. 通用寄存器

通用寄存器既可以作为算术、逻辑运算的源操作数,向 ALU 提供参与运算的原始数据,也可以作为目标操作数,保存运算的中间结果或最后结果。通用寄存器包括常用寄存器、指针寄存器和变址寄存器。

(1) 常用寄存器 AX、BX、CX、DX

常用寄存器一般用于存放参加运算的数据或运算的结果。它们既可以作为 16 位寄存器使用,也可以将高、低 8 位分别作为两个独立的 8 位寄存器使用。它们的高 8 位寄存器用 AH、BH、CH、DH 表示,低 8 位寄存器用 AL、BL、CL、DL 表示。这些寄存器的双重性使得 8088

CPU 可以处理字数据,也可以处理字节数据,使 16 位 CPU 与 8 位 CPU 具有较好的兼容性。

数据寄存器除了作为通用寄存器使用外,它们还有各自的习惯用法。例如:AX 称为累加器,常用于存放算术逻辑运算中的操作数,另外所有的 I/O 指令都使用累加器与外设接口传送信息;BX 称为基地址寄存器,常用来存放访问内存储器时的偏移地址;CX 称为计数寄存器,在循环和串操作指令中用作计数器;DX 称为数据寄存器,在寄存器间接寻址的 I/O 指令中存放 I/O 端口的地址。表 2-1 给出了 8086 CPU 部分寄存器的特殊用途和隐含性质。

表 2-1   8086 CPU 部分寄存器的特殊用途和隐含性质

寄存器名称	特殊用途	隐含性质
AX、AL	在输入/输出指令中作数据寄存器	不能隐含
	在乘法指令中存放被乘数或乘积,在除法指令中存放被除数或商	隐含
AH	在 LAHF 指令中作目标寄存器	隐含
AL	在十进制调整指令中作寄存器	隐含
BX	在间接寻址中作基址寄存器	不能隐含
	在 XLAT 指令中作基址寄存器	隐含
CX	在串操作指令和 LOOP 指令中作计数器	隐含
CL	在移位/循环移位指令中作为移位次数寄存器	不能隐含
DX	在字乘法/除法指令中存放乘积高位或被除数高位或余数	隐含
	在间接寻址的输入/输出指令中作地址寄存器	不能隐含
SI	在字符串运算指令中作源变址寄存器	隐含
	在间接寻址中作变址寄存器	不能隐含
DI	在字符串运算指令中作目的变址寄存器	隐含
	在间接寻址中作变址寄存器	不能隐含
BP	在间接寻址中作基址指针	不能隐含
SP	在堆栈操作中作堆栈指针	隐含

表 2-1 中,隐含是指在指令中不写出该寄存器名称。例如指令"IN AL,n;IN AX,n;",AX、AL 在输入/输出指令中必须显式地给出,不能隐含;又例如"MUL BL;",AL、AX 在乘法指令中没有写出,但它们被用来存放被乘数或乘积,采用了隐含方式。

(2)指针寄存器 SP、BP

SP(Stack Pointer):堆栈指针寄存器。它在堆栈操作中存放堆栈段栈顶单元的偏移地址,即指向堆栈的栈顶单元。堆栈操作指令 PUSH 和 POP 就是从 SP 中得到段内偏移地址的。

BP(Base Pointer):基地址寄存器。BP 中存放的是堆栈中某一存储单元的偏移地址,而不一定是栈顶单元的偏移地址。

堆栈段是在内存储器中按照"先进后出"原则组织的内存储区域,用于临时保存数据。CPU 对堆栈存储区可以进行压入(PUSH)和弹出(POP)两种操作。使用堆栈段寄存器 SS 来存放堆栈段的段基址,使用 SP 和 BP 分别存放栈顶单元和堆栈段中任意单元的偏移地址。BP 也可以作为一般数据寄存器使用,而 SP 只能作堆栈指针寄存器。

(3)变址寄存器 SI、DI

SI(Source Index):源变址寄存器。在串操作指令中存放源操作数的偏移地址。

DI(Destination Index):目的变址寄存器。在串操作指令中存放目的操作数的偏移地址。

对于串操作指令,规定源操作数必须位于当前数据段中,其源操作数所在单元的段基地址用

DS 存放,偏移地址用 SI 存放;规定目的操作数必须位于附加数据段中,其目的操作数所在单元的段寄存器用 ES 存放,偏移地址用 DI 存放,这是一种约定。

变址寄存器 SI、DI 也可以作为一般数据寄存器使用,用来存放操作数或运算结果,它们对应的段寄存器均为 DS。

2. 段寄存器

代码段寄存器 CS、数据段寄存器 DS、附加数据段寄存器 ES 和堆栈段寄存器 SS 分别用来存放相应段的段基地址,即内存段起始地址的高 16 位。

3. 控制寄存器

IP(Instruction Pointer)称为指令指针寄存器,用以存放将要执行指令的偏移地址。CPU 取指令时总是以 CS 为段基地址,以 IP 为段内偏移地址。当 CPU 从 CS 段中及偏移地址为 IP 的内存单元中取出指令代码的一字节后,IP 自动加 1,指向指令代码的下一字节。需要说明的是,IP 不能作为指令操作数,但有些指令的执行可以修改它的内容。例如,转移指令、子程序调用指令和返回指令使 IP 的值改变。

FR(Flag Register)称为标志寄存器,也称为程序状态字(PSW)。FR 为 16 位寄存器,实际仅用了 9 位,这 9 位包括 6 个状态标志位和 3 个控制标志位。具体格式如图 2-3 所示。

图 2-3 标志寄存器的格式

状态标志位记录了算术和逻辑运算结果的一些特征,是指令执行后自动建立的,这些特征可以作为一种先决条件来决定下一步的操作。它们具体的含义如下。

① CF(Carry Flag):进位/借位标志位。当本次算术运算结果使最高位产生进位(加法运算)或借位(减法运算)时,则此标志位置"1",即 CF=1;若加法运算结果最高位无进位,或减法运算结果最高位无借位,则 CF=0。此外,循环移位指令执行过程也会影响这一标志位。

② PF(Parity Flag):奇偶校验标志位。表示本次运算结果的低 8 位中"1"的个数的奇偶性,含"1"的个数为偶数时,PF=1;为奇数时,PF=0。

③ AF(Auxiliary carry Flag):辅助进位/借位标志位。表示加法或减法运算结果中第 3 位向第 4 位产生进位或借位的情况。AF=1 表示有进位或借位,AF=0 表示无进位或借位。AF 标志位在 BCD 码的十进制算术指令中作为是否要进行十进制调整的依据。

④ ZF(Zero Flag):零标志位。表示当前的运算结果是否为零。ZF=1 表示运算结果为零,ZF=0 表示运算结果不为零

⑤ SF(Sign Flag):符号标志位。表示本次运算结果的正、负情况。SF=1 表示运算结果为负,SF=0 表示运算结果为正。

⑥ OF(Overflow Flag):溢出标志位。表示运算结果产生溢出的情况。OF=1 表示当前正

在进行的补码运算有溢出,OF=0表示无溢出。

所谓溢出,指带符号数进行字节运算,其结果超出-128～+127范围,或字运算的结果超出-32 768～+32 767范围。实际上当溢出时,其运算结果已超出目标单元所能表示的数值范围,将会丢失有效数字,而出现错误结果。

例 2-1 将十六进制数5349H和465AH相加,并说明其标志位状态:

$$
\begin{array}{r}
0101\ 0011\ 0100\ 1001 \\
+\quad 0100\ 0110\ 0101\ 1010 \\
\hline
1001\ 1001\ 1010\ 0011
\end{array}
$$

两正数相加(补码加),结果为负,显然运算产生了溢出,即超出了计算机所能表示数的范围,故 OF=1;由于运算结果的最高位为1,所以 SF=1;运算结果本身不为0,故 ZF=0;又由于运算结果的低8位中含1的个数为偶数,故 PF=1;运算结果的最高位没有向前产生进位,故 CF=0;运算过程中第3位向第4位(即低4位向高4位)产生了进位,故 AF=1。

控制标志位通过指令设置,每一种控制标志位被设置后都对 CPU 之后的操作产生控制作用。它们具体的含义如下。

① IF(Interrupt enable Flag):中断允许标志位。用来控制可屏蔽中断的标志位。当 IF=1时,开中断,CPU 可以接收可屏蔽中断请求;当 IF=0 时,关中断,CPU 不能接收可屏蔽中断请求。用 STI 指令可使 IF 标志位置"1",CLI 指令可使 IF 标志位置"0"。

② DF(Direction Flag):方向标志位。用来设定和控制串操作指令的步进方向。当 DF=1时,串操作过程中的地址会自动递减1;当 DF=0 时,地址自动递增1。用 STD 指令可使 DF 标志位置"1",用 CLD 指令可使 DF 标志位置"0"。

③ TF(Trap Flag):单步标志位。用来控制 CPU 进入单步工作方式。当 TF=1 时,8086 CPU 处于单步工作方式,每执行完一条指令就自动产生一次内部中断;当 TF=0 时,CPU 不能以单步方式工作。用户可利用 CPU 的单步工作方式来检查每条指令的执行情况。通过 DEBUG 调试程序使 TF=1,实现程序单步运行。

DEBUG 调试环境提供了测试标志位的方法,它用符号来表示标志位的值。表 2-2 说明了各标志位在 DEBUG 中的符号表示。(TF 在 DEBUG 中不提供符号。)

表 2-2　DEBUG 调试环境标志位的符号表示

标志位名称	标志位为1	标志位为0
OF　溢出(有/无)	OV	NV
DF　方向(减址/增址)	DN	UP
IF　中断(允许/关闭)	EI	DI
SF　符号(负/正)	NG	PL
ZF　零(是/否)	ZR	NZ
AF　辅助进位(有/无)	AC	ZA
PF　奇偶(偶/奇)	PE	PO
CF　进位(有/无)	CY	NC

2.1.3　8086 CPU 的工作模式和引脚信号

8086 CPU 是采用40条引脚双列直插式封装的集成电路芯片,芯片外部通过引脚与存储器、I/O端口等外部部件交换信息。其各引脚的定义如图2-4所示。

为了适应广泛的应用环境,8086 CPU 设置了两种工作模式:最小工作模式和最大工作模式。所谓最小工作模式,就是在系统中只有一个8086微处理器,所有的总线控制信号都直接由8086 CPU 产生,因此,系统中的总线控制电路被减到最少。最大工作模式是相对最小工作模式而言的。在最大工作模式系统中,总是包含两个或多个微处理器,其中一个主处理器是8086,其他的处理器称为协处理器,它们是协助主处理器工作的,如数学运算协处理器8087、输入/输出协处理器8089。8086 CPU到底工作在最大工作模式还是最小工作模式,完全由8086的引脚 $MN/\overline{MX}$ 决定:当该引脚接+5 V时设置为最小工作模式,当该引脚接地时设置为最大工作模式。两种模式下8086 CPU的第24~31号引脚具有不同的功能。

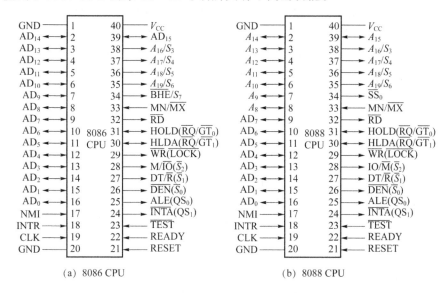

图 2-4 8086/8088 CPU 引脚图

图2-4中括号内标注的为最大工作模式下的引脚功能。8086在两种工作模式下的特点如表2-3所示。

表 2-3 最小模式和最大模式的特点

最小模式	最大模式
$MN/\overline{MX}$接+5 V	$MN/\overline{MX}$接地
系统中只有8086一个处理器	系统中可包含一个以上的处理器,构成多处理器系统,其中8086是主处理器,其他都是协处理器
所有的控制信号都是由8086 CPU产生的	系统控制信号由总线控制器提供

首先来分析8086/8088引脚信号的特点。

- 总线的三态性。总线的三态性是微处理器的共性,任何微处理器的地址总线、数据总线及部分控制总线均采用三态缓冲器式总线电路。所谓三态,是指它们的输出可以有逻辑"1"、逻辑"0"和"高阻"3种状态。当处于高阻状态时,总线电路呈现极高的输出阻抗,如同与外界"隔绝"一样。总线电路的这种三态性一方面保证了在任何时刻,只能允许相互交换信息的设备占用总线,其他设备和总线隔绝,以降低对总线的影响;另一方面为数据的快速传送方式〔即直接存储器存取方式(DMA)〕提供了必要的条件,因为当进行DMA传送时,CPU将与外部总线"断开",外部设备将直接利用总线和存储器交换数据。

- 地址/数据总线分时复用特性。由于微处理器外部引脚数量的限制,常采用总线分时复用技术。在8086 CPU中,数据总线与地址总线低16位就是分时复用的,即 $AD_{15} \sim AD_0$ 在 T_1 状态传输地址信息,在 $T_2 \sim T_4$ 状态传输数据信息;而且 $A_{19}/S_6 \sim A_{16}/S_3$ 也是地址总线高4位与状态信号线是分时复用的。

由于 8088 只能传输 8 位数据,所以 8088 只有 8 根地址/数据总线复用。

下面介绍 8086 在两种模式下的引脚功能。

1. 8086 CPU 最小模式下的引脚信号

(1) $AD_{15} \sim AD_0$(Address/Data Bus,地址/数据总线)

双向,三态。$AD_{15} \sim AD_0$ 是一组采用分时的方法传送地址或数据的复用引脚。在总线周期的 T_1 状态,CPU 从这些引脚上输出访问存储器或 I/O 端口的低 16 位地址,在 $T_2 \sim T_4$ 状态,这些引脚用于传送数据。在 CPU 响应中断及系统总线"保持响应"周期时,$AD_{15} \sim AD_0$ 被置成高阻状态。

(2) $A_{19}/S_6 \sim A_{16}/S_3$(Address/Status,地址/状态线)

分时复用,输出,三态。$A_{19}/S_6 \sim A_{16}/S_3$ 是采用分时的方法传送地址或状态的复用引脚。其中 $A_{19} \sim A_{16}$ 为 20 位地址总线的高 4 位地址,$S_6 \sim S_3$ 是状态信号。$A_{19} \sim A_{16}$ 在总线周期 T_1 状态输出高 4 位地址,与 $AD_{15} \sim AD_0$ 一起构成 20 位物理地址,可访问 1 MB 的存储器空间;当 CPU 访问 I/O 端口时,$A_{19} \sim A_{16}$ 为"0"。在总线周期的 T_2、T_3、T_4 状态输出状态信息 $S_6 \sim S_3$,其中:S_6 恒为"0",表示 8086/8088 当前与总线相连;S_5 指示中断允许标志位 IF 的当前状态,$S_5 = 1$,表示当前允许可屏蔽中断请求,$S_5 = 0$,则禁止可屏蔽中断请求;S_4 和 S_3 合起来指示当前使用段寄存器的情况,如表 2-4 所示。

当系统总线处于"保持响应"状态时,$A_{19}/S_6 \sim A_{16}/S_3$ 被置为高阻状态。

表 2-4　S_4、S_3 状态编码的含义

S_4 S_3	当前正在使用的段寄存器
0　0	ES
0　1	SS
1　0	CS 或不需要使用段寄存器(I/O 操作,中断响应)
1　1	DS

(3) ALE(Address Latch Enable,地址锁存允许信号)

输出,高电平有效。ALE 用作地址锁存器 8282/8283 的选通信号。在任何一个总线周期的 T_1 状态,ALE 输出有效信号,其下降沿将地址/数据复用总线上的地址信息锁入地址锁存器 8282/8283 中。ALE 信号不能处于高阻状态。

(4) $\overline{BHE}/S_7$(Bus High Enable/Status,高 8 位数据总线允许/状态信号)

输出,三态,低电平有效。在总线周期的 T_1 状态,$\overline{BHE}$ 有效,表明在高 8 位数据总线 $D_{15} \sim D_8$ 上传送 1 字节的数据。在 T_2、T_3、T_4 状态,$\overline{BHE}/S_7$ 输出状态信号 S_7,但在 8086 中 S_7 无意义,在总线保持响应周期被置成高阻状态。

(5) $\overline{DEN}$(Data Enable,数据允许信号)

输出,三态,低电平有效。在最小模式中,有时要利用总线收发器 8286/8287(也称为总线驱动器)来增加总线的数据驱动能力,而 $\overline{DEN}$ 用作总线收发器 8286/8287 的选通控制信号。$\overline{DEN}$ 有效表明 CPU 进行数据的读/写操作。在 DMA 工作方式时,$\overline{DEN}$ 被置为高阻状态。

(6) DT/$\overline{R}$(Data Transmit/Receive,数据发送/接收控制信号)

DT/$\overline{R}$ 信号用来控制数据传送的方向,三态,输出。DT/$\overline{R}$ 为高电平时,CPU 发送数据到存储器或 I/O 端口;DT/$\overline{R}$ 为低电平时,CPU 接收来自存储器或 I/O 端口的数据。在 DMA 方式时,DT/$\overline{R}$ 被置成高阻状态。

(7) M/$\overline{IO}$(Memory/Input Output,存储器、I/O 端口选择控制信号)

M/$\overline{IO}$ 信号指明当前 CPU 是访问存储器还是访问 I/O 端口,三态,输出。M/$\overline{IO}$ 为高电平时,访问存储器,表示当前要进行 CPU 与存储器之间的数据传送。M/$\overline{IO}$ 为低电平时,访问 I/O

端口,表示当前要进行 CPU 与 I/O 端口之间的数据传送。

对于 8088 CPU,该信号为 IO/$\overline{\text{M}}$,其定义正好与 8086 CPU 相反,目的是使 8088 CPU 与 8 位微处理器 8085 兼容。

(8) $\overline{\text{RD}}$(Read,读信号)

输出,三态,低电平有效。$\overline{\text{RD}}$信号有效时,表明 CPU 正在执行读总线周期,同时由 M/$\overline{\text{IO}}$信号决定是对存储器还是对 I/O 端口执行读操作。

(9) $\overline{\text{WR}}$(Write)写信号

输出,三态,低电平有效。$\overline{\text{WR}}$信号有效时,表明 CPU 正在执行写总线周期,同时由 M/$\overline{\text{IO}}$信号决定是对存储器还是对 I/O 端口执行写操作。

(10) READY(Ready,准备就绪信号)

READY 信号用来实现 CPU 与存储器或 I/O 端口之间的时序匹配,输入,高电平有效。当 READY 信号高电平有效时,表示 CPU 要访问的存储器或 I/O 端口已经做好了输入/输出数据的准备工作,CPU 可以进行读/写操作。当 READY 信号为低电平时,则表示存储器或 I/O 端口还未准备就绪,CPU 需要插入若干个等待周期 T_w。

(11) RESET(Reset,复位信号)

输入,高电平有效。CPU 接收到复位信号后,立即结束现行操作,进入复位状态:CS 寄存器置为 FFFFH,其他所有的内部寄存器清零。当 RESET 信号由高电平变为低电平时,CPU 自动从 FFFF0H 地址开始重新执行程序。通常 FFFF0H 是 ROM BIOS 区中的一个单元,在此开始的单元中存放着一条无条件转移指令,使 CPU 转去执行引导和装配程序,实现对系统的初始化,并引导系统监控程序或操作系统。

(12) MN/$\overline{\text{MX}}$(Minimum/Maximum Mode Control,最小/最大工作模式控制信号)

MN/$\overline{\text{MX}}$引脚用来设置 8086 CPU 的工作模式,输入。当 MN/$\overline{\text{MX}}$为高电平(接+5 V)时,CPU 工作在最小模式;当 MN/$\overline{\text{MX}}$为低电平(接地)时,CPU 工作在最大模式。

(13) INTR(Interrupt Request,可屏蔽中断请求信号)

输入,高电平有效。当 INTR 引脚为高电平时,表明有 I/O 设备向 CPU 申请中断。8086 CPU 在每条指令执行到最后一个时钟周期时,都要检测 INTR 引脚信号。当 CPU 内部的中断允许标志位 IF=1 时,则 CPU 在当前指令执行完后,进入中断响应周期。

(14) $\overline{\text{INTA}}$(Interrupt Acknowledge,中断响应信号)

$\overline{\text{INTA}}$信号是 CPU 对外部来的中断申请信号 INTR 的响应信号,输出,低电平有效。当 $\overline{\text{INTA}}$为低电平时,表示 CPU 已经响应外设的中断请求,即将执行中断服务程序。

对 8086 来说,中断响应周期要占用两个连续的总线周期,出现两个 $\overline{\text{INTA}}$负脉冲。第一个 $\overline{\text{INTA}}$负脉冲通知外设接口,它的中断申请已被响应,第二个 $\overline{\text{INTA}}$负脉冲通知外设接口(中断控制器),向数据总线发送中断类型码。

(15) NMI(Non Maskable Interrupt,不可屏蔽中断请求信号)

输入,正跳变上升沿有效。当 NMI 有效时,表明 CPU 内部或 I/O 设备提出了非屏蔽中断请求,CPU 会在结束当前所执行的指令后,立即响应中断请求。不可屏蔽中断申请不受中断允许标志位 IF 的影响,也不能用软件来屏蔽(禁止),一旦从 NMI 引脚收到一个正跳变触发信号,CPU 执行完当前指令,便自动引起一个类型码为 2 的中断,并转入对应的不可屏蔽中断服务程序。

(16) $\overline{\text{TEST}}$(Test,测试信号)

$\overline{\text{TEST}}$信号用来支持构成多处理器系统,输入,低电平有效。实现 8086 CPU 与协处理器之间同步协调的功能,只有当 CPU 执行 WAIT 指令时才使用。

(17) HOLD(Hold Request,总线保持请求信号)

HOLD 信号也叫作"请求占用总线"请求信号,输入,高电平有效。在 DMA 数据传送方式中,由总线控制器 8237A 发出一个高电平有效的总线请求信号,通过 HOLD 引脚输入 CPU,请求 CPU 让出总线控制权。

(18) HLDA(Hold Acknowledge,总线保持响应信号)

HLDA 是与 HOLD 配合使用的联络信号,输出,高电平有效。在 HLDA 有效期间,HLDA 引脚输出一个高电平有效的响应信号,CPU 让出对总线的控制权,同时总线将处于高阻状态。当 DMA 放弃使用总线后,CPU 会使 HOLD 信号变为低电平,又重新获得对总线的控制权。

(19) CLK(Clock,时钟信号)

CLK 为 CPU 提供基本的定时脉冲信号,输入。8086 CPU 一般使用时钟发生器 8284A 来产生时钟信号,时钟频率为 $5\sim 8$ MHz,占空比为 $1:3$。

(20) $V_{CC}(+5\text{ V})$、GND(地线)

8086/8088 CPU 需要的电源 V_{CC} 为 $+5$ V,GND 为地线。

2. 8086 最大模式下的引脚信号

当引脚 MN/$\overline{\text{MX}}$ 接低电平时,CPU 工作于最大模式,此时,引脚信号除 24~31 外,其他引脚信号与最小模式时相同。现分别说明如下。

(1) $\overline{S_2}$、$\overline{S_1}$、$\overline{S_0}$(Bus Cycle Status,总线周期状态信号)

输出,三态,低电平有效。由 CPU 产生的总线周期状态信号送给总线控制器 8288,表明当前总线周期所进行的操作类型。通过 8288 综合译码后产生相应的访问存储器或 I/O 端口的总线控制信号。$\overline{S_2}$、$\overline{S_1}$、$\overline{S_0}$ 的信号组合与总线操作类型的对应关系如表 2-5 所示。

表 2-5 $\overline{S_2}$、$\overline{S_1}$、$\overline{S_0}$ 的信号组合与总线操作类型的对应关系

$\overline{S_2}$	$\overline{S_1}$	$\overline{S_0}$	CPU 状态
0	0	0	中断响应
0	0	1	读 I/O 端口
0	1	0	写 I/O 端口
0	1	1	暂停
1	0	0	取指令
1	0	1	读存储器
1	1	0	写存储器
1	1	1	无作用

(2) QS_1、QS_0(Instruction Queue Status,指令队列状态信号)

输出,高电平有效。QS_1 和 QS_0 信号的组合表示总线接口单元中指令队列的状态,以便于外部对 CPU 内部指令队列的动作进行跟踪。QS_1、QS_0 信号与指令队列状态见表 2-6。

表 2-6 QS_1、QS_0 信号与指令队列状态

QS_1	QS_0	指令队列状态
0	0	无操作
0	1	从队列中取第一个字节
1	0	队列已空
1	1	从队列中取后续字节

(3) $\overline{\text{LOCK}}$(Lock,总线封锁信号)

输出,低电平有效。该信号有效时,表示 8086 CPU 不允许其他总线部件占用总线。

(4) $\overline{\text{RQ}}/\overline{\text{GT}}_1$,$\overline{\text{RQ}}/\overline{\text{GT}}_0$〔Request/Grant,总线请求信号(输入)/总线响应(输出)引脚信号〕

双向,低电平有效。该信号是特意为多处理器系统而设计的。引脚$\overline{\text{RQ}}/\overline{\text{GT}}_0$的优先级高于$\overline{\text{RQ}}/\overline{\text{GT}}_1$。两个引脚的功能如下。

当其他的总线控制设备要使用系统总线时,会产生一个总线请求信号(一个时钟周期宽的负脉冲),并把它送到$\overline{\text{RQ}}/\overline{\text{GT}}$引脚,类似于最小工作模式下的 HOLD 信号。CPU 检测到总线请求信号后,在下一个 T_4 或 T_1 期间,在$\overline{\text{RQ}}/\overline{\text{GT}}$引脚送出总线响应信号(一个时钟周期宽的负脉冲)给请求总线的设备,它类似于最小工作模式下的 HLDA 信号。然后从下一个时钟周期开始,CPU 释放总线。总线请求设备使用完总线后,再产生一个$\overline{\text{RQ}}/\overline{\text{GT}}$信号。CPU 检索到该信号后,从下一个时钟周期开始重新控制总线。

2.1.4 8086 的内存储器和 I/O 端口组织

1. 内存储器的分段和物理地址的形成

(1) 内存储器的地址空间

8086 CPU 有 20 条地址线,可直接寻址 1 MB 的存储空间,地址范围用十六进制表示为 00000H~FFFFFH。每一个存储单元都存放一字节(8 位)的二进制信息。为了便于对存储器进行存取操作,每一个存储单元都有一个唯一的地址与之对应,其内存储器按照地址顺序排列如图 2-5 所示。

虽然每个存储单元都存储一字节数据,但在进行数据存取操作时,数据可以是字节、字、双字,甚至是多字节。多个字节数据在内存储器中占连续的字节单元,低字节存放在低字节地址中,高字节存放在高字节地址中,并以低字节地址作为该数据的地址(称低位在前,高位在后)。

例如,在内存 20000H 地址中存放一个双字数据 01234567H,则表示该数据存放在 20000H 至 20003H 连续 4 个字节单元中,依次存放的数据是 67H、45H、23H、01H,见图 2-6。

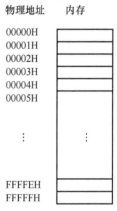

图 2-5 存储器按照地址顺序排列示意图

需要说明的是,存放多字节数据时,如果其低位字节从偶数地址开始存放,称为对准存放,该数据称为对准字;如果低位字节从奇数地址开始存放,这种方式为非对准存放,该数据称为非对准字。8086 CPU 存取对准字可在一个总线周期内完成,而存取非对准字则需要两个总线周期才能完成。这种操作方式是因为 16 位 CPU 内存储器在设计时,CPU 数据总线为 16 位,而每个内存储器单元的数据总线为 8 位,因此将相邻的两个内存储器单元的数据总线分别接入 CPU 数据总线的高低 8 位上,形成了奇数地址、偶数地址、对准、非对准的概念。

例如,字数据 1122H 存放在从 30000H 开始的单元中,则(30000H)=22H,(30001H)=11H,该字数据的地址表示为 30000H,字数据 1122H 为对准存放,并称字数据 1122H 为对准字,见图 2-7(a)。而字数据 3344H 存放在从 40001H 开始的单元中,则(40001H)=44H,(40002H)=33H,该字数据的地址为 40001H,字数据 3344H 称为非对准存放,并称字数据 3344H 为非对准字,见图 2-7(b)。通常,数据均按照对准字存放。

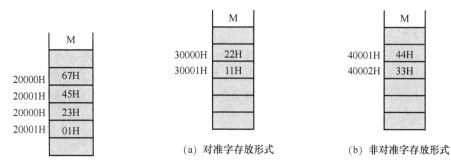

图 2-6 多字节数据 01234567H 在
　　　　内存中的存放形式

图 2-7 对准字与非对准字

(a) 对准字存放形式　　　(b) 非对准字存放形式

需要说明的是:8086 系统的堆栈以字为单位进行操作,并且堆栈中的数据项必须按对准字的形式存储,保证每访问一次堆栈就能压入/弹出一个字的数据。堆栈操作中的进栈指令 PUSH 和出栈指令 POP 在第 3 章进行介绍。

(2) 内存储器的分段

在 8086 系统中,地址总线是 20 位的,可直接寻址空间为 1 MB($2^{20}=1$M),而 8086 CPU 内部寄存器是 16 位的,最多只能寻址 64 KB($2^{16}=64$K)的空间。为了能达到对 1 MB 的存储器进行寻址,8086 系统中引入了存储空间分段技术,即将整个 1 MB 的存储空间分成若干个可独立寻址的逻辑单位,称为逻辑段,每个段大小为 64 KB,并且每个段的起始地址是一个可以被 16 整除的数(即段的起始地址的最低四位为 0)。逻辑段分为代码段、数据段、堆栈段和附加段 4 种类型。将这 4 种逻辑段起始地址的最高 16 位地址值(称为段基地址或段基址)分别存放在 CS、DS、SS 和 ES 4 个段寄存器中。当程序中确定了段寄存器的段基址时,就意味着在内存储器中确定了一个 64 KB 大小逻辑段的具体位置,并从给出的段基址开始存取指令代码和数据。相对段基地址的偏移量称为偏移地址,指令代码的偏移地址存放在 IP 寄存器中,而数据的偏移地址存放在 BX、BP、SI、DI 寄存器中。

存储空间的分段方式多种多样,一个逻辑段可以在 1 MB 的内存储器中浮动,段与段之间可以部分重叠、完全重叠或完全分离。存储器分段示意如图 2-8 所示。

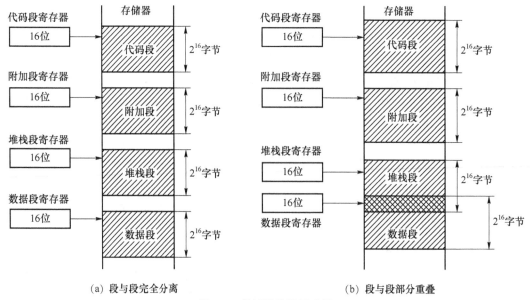

(a) 段与段完全分离　　　　　　　　　　(b) 段与段部分重叠

图 2-8 存储器分段示意图

在图 2-8 中可以看到,1 MB 的存储器除已经被定义的 4 个段外,还剩下一些空白(未用)区域,如果要用到这些区域,则必须首先改变相应段寄存器的内容,重新设置 4 个段寄存器,一旦加以定义,就可以通过段寄存器来访问不同的段。

(3) 逻辑地址和物理地址

存储器采用分段结构以后,对存储器的访问可以使用两种地址,即逻辑地址和物理地址。

物理地址也叫实际地址或绝对地址,是 CPU 访问存储器时实际使用的地址,由 20 位二进制数构成,地址总线上传送的就是这个地址。1 MB 内存储器空间中每个存储单元的物理地址都是唯一的。物理地址是 CPU 访问内存储器时使用的地址。

逻辑地址由段基址(存放在段寄存器中)和偏移地址(由寻址方式提供)两部分构成,它们都是无符号的 16 位二进制数。逻辑地址是用户进行程序设计时采用的地址。

当用户通过编制程序将 16 位逻辑地址送入 CPU 的总线接口单元时,地址加法器通过地址运算将其变换为 20 位的物理地址。产生 20 位物理地址的公式为:物理地址=段基址 * 16+偏移地址。其中,"段基址 * 16"的操作是通过将 16 位段寄存器的内容(二进制形式)左移 4 位,末位补 4 个 0 来实现的。8086 存储器物理地址的形成过程如图 2-9 所示。

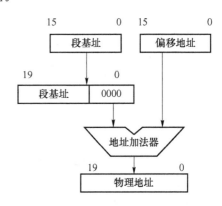

图 2-9 8086 存储器物理地址的形成过程

例 2-2 若数据段寄存器 DS=2100H,试确定该数据段物理地址的范围。

首先需要确定该数据段中第一个存储单元和最后一个存储单元的 16 位偏移地址。因为一个逻辑段的最大容量为 64 KB,所以第一个存储单元的偏移地址为 0,最后一个存储单元的偏移地址为 FFFFH。该数据段由低至高相应存储单元的偏移地址为 0000H~FFFFH。

存储区的首地址=DS * 16+偏移地址=2100H * 16+0000H=21000H。

存储区的末地址=DS * 16+偏移地址=2100H * 16+FFFFH=30FFFH。

从而可知,该数据段的地址范围是 21000H~30FFFH。

例 2-3 ①已知 CS=6A00H,当偏移地址=2200H 时,求物理地址;② 已知 CS=5D00H,当偏移地址=F200H 时,求物理地址。

根据物理地址的计算公式,可得:

- 题①的物理地址=CS * 16+偏移地址=6A00H * 16+2200H=6C200H;
- 题②的物理地址=CS * 16+偏移地址=5D00H * 16+F200H=6C200H。

从例 2-3 中可以看出:在题①和题②中给定的段基址和偏移地址各不相同,而计算所得的物理地址却是一样的,均为 6C200H。这说明,对于存储器的任意存储单元来说,物理地址是唯一的,而逻辑地址却有无数组。不同的段基址和相应的偏移地址可以形成同一个物理地址。

通常存储单元可用逻辑地址或物理地址来表示,而逻辑地址常写成"段基址:偏移地址"的形式。在程序设计中使用逻辑地址来表示内存单元的地址,并隐含段基址,CPU 寻址时根据指令中提供的偏移地址来自动匹配对应的段寄存器。

8086 CPU 对访问不同逻辑段所使用的段寄存器和相应的偏移地址有一些具体的约定。

① 对程序区的访问。专门用于存放程序指令代码的存储区域称为程序区。段基址由代码段寄存器 CS 指定,IP 的内容表示段内的偏移地址。当前所取指令的物理地址为 CS * 16+IP。

若要访问不同的程序区,只需修改代码段寄存器 CS 的内容即可。

② 对数据区的访问。数据信息包括 CPU 要处理的原始数据、运算的中间结果和最后结果。访问数据区时,DS 的内容用来表示数据段的段基址,而偏移地址由指令的寻址方式所求得的有效地址(Effective Address,EA)来确定。其物理地址为 DS * 16+EA,有关 EA 的计算在第 3 章中介绍。

③ 对堆栈区的访问。堆栈是特殊的存储区域,用来存放由 PUSH 指令压入的需要进行保护的数据和状态信息。访问堆栈区时,用堆栈段寄存器 SS 指示堆栈段的段基址,SP 的内容表示栈顶的偏移地址,BP 的内容表示栈内单元的偏移地址。堆栈操作时,存储单元的物理地址=SS * 16+SP。

④ 串操作。在存储器中,串操作指的是对两个数据块进行传送或比较,这就需要指定传送的源数据区和目标数据区。通常用 DS 作为源数据区的段寄存器保存段基址,源变址寄存器 SI 的内容表示偏移地址,将 ES 作为目标数据区的段寄存器保存段基址,目标变址寄存器 DI 表示偏移地址。地址的计算公式为:源数据区物理地址=DS * 16+SI;目地数据区物理地址=ES * 16+DI。

2. 8086 的内存储器结构

在 8086 系统中,为了实现 16 位数据的传送,存储器采用分体结构,将 1 MB 的存储空间分成两个 512 KB 的存储体,采用字节交叉编址方式,如图 2-10 所示。

在 8086 系统中存储器与总线的连接方式如图 2-11 所示。

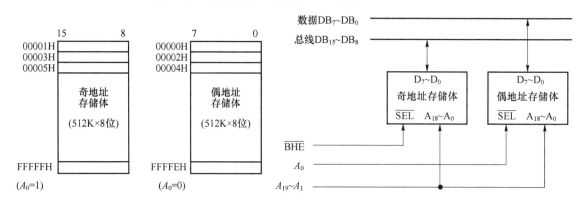

图 2-10　存储器分体结构　　　　图 2-11　在 8086 系统中存储器与总线的连接方式

偶地址存储体与数据总线的低 8 位相连,奇地址存储体与数据总线的高 8 位相连。对于存储体的选择和数据的传送,使用 A_0 地址线和数据总线高 8 位控制信号 $\overline{BHE}$ 来实现字节和字的读/写操作。A_0 和 $\overline{BHE}$ 的组合及其对应的读/写操作如表 2-7 所示。

表 2-7　$\overline{BHE}$、A_0 的组合及其对应的读/写操作

$\overline{BHE}$	A_0	操　作	使用的数据引脚
0	0	读或写偶地址的一个字	$AD_{15} \sim AD_0$
1	0	读或写偶地址的一字节	$AD_7 \sim AD_0$
0	1	读或写奇地址的一字节	$AD_{15} \sim AD_8$
0	1	读或写奇地址的一个字	$AD_{15} \sim AD_8$(第一个总线周期放低 8 位数据字节)
1	0		$AD_7 \sim AD_0$(第二个总线周期放高 8 位数据字节)

8086 CPU 访问存储器的情况分析如下。

① 字节访问。当对存储器读/写一字时,仅选中某个存储体(偶地址存储体或奇地址存储体),对应的 8 位数据在数据总线上有效,另 8 位数据被忽略。

② 字访问。当 CPU 要对存储器读/写一个字时,则有两种可能的情况。

- 如果要访问的字单元地址是从偶地址开始的两字节(即高字节在奇地址单元中,低字节在偶地址单元中),则只需要访问一次存储器,即执行一个总线周期就可读/写一个字(16位)信息。
- 如果要访问存储器的字单元地址是从奇地址开始的两字节(高字节在偶地址单元,低字节在奇地址单元),则 CPU 要访问两次存储器,即需要用 2 个总线周期才能读/写这个字的信息。第一次读/写奇地址单元中的数据(偶地址单元中的 8 位数据被忽略),第二次读/写偶地址单元中的数据(奇地址单元中的 8 位数据被忽略)。显然,访问从奇地址开始的字比访问从偶地址开始的字的速度要慢。因此为了加快程序的运行速度,编程时应注意从存储器的偶地址开始存放字数据,这种存放方式叫“对准存放”。

必须指出,在 8086 系统的编程中并不涉及上述这些细节,一条指令只是请求访问一个特定的字或字节,而实现这一访问所必须做的一切(选存储体,忽略哪个字节,地址变换等)都是由 CPU 自动完成的。也就是说,存储器的这种分体结构对用户来说是透明的。

3. 8086 的 I/O 端口结构

在 8086 微机系统中,配置了一定数量的输入/输出设备,这些设备必须通过输入/输出接口芯片与 CPU 相连接。每个 I/O 接口芯片都有一个或几个 I/O 端口(端口指接口中可被 CPU 直接读/写的寄存器),像内存储器一样,每个 I/O 端口都有一个唯一的端口地址,以供 CPU 访问。

8086 用地址总线的低 16 位 $A_{15} \sim A_0$ 来确定端口地址,所以 8086 CPU 可以访问的 I/O 端口地址共有 64K 个,其地址范围为 0000H～FFFFH。I/O 端口的详细内容在第 5 章介绍。

4. 8086 专用存储区

需要指出的是,8086 系统是一个通用微机系统,在存储空间的安排上,有一部分空间被系统占用,用户不能使用。具体占用情况如下。

- 00000H～003FFH 共 1 KB 单元,用来存放中断向量,该区域称为中断向量表。
- FFFF0H～FFFFFH(存储器底部)共 16 个单元,一般用来存放一条无条件转移指令,将系统转入系统初始化程序,这样当系统加电或复位后就自动进入系统程序。

2.1.5 8086 最大模式系统和最小模式系统的构成

用 8086 微处理器是因为地址和数据总线分时复用,因此构成一个完整的微机系统,还需要配置诸如地址锁存器 8282、总线收发器 8286、总线控制器 8288 以及时钟发生器 8284 等支持芯片。针对 8086/8088 CPU 的两种最大和最小工作模式,形成了最小模式系统和最大模式系统,通过引脚 MN/$\overline{\text{MX}}$ 来决定。

1. 最小模式系统

当 MN/$\overline{\text{MX}}$＝＋5 V 时,8086 CPU 工作在最小模式。图 2-12 所示为 8086 CPU 最小模式系统的组成。在以 8086 CPU 最小模式系统为主体的单机系统中,除了 8086 CPU、存储器及 I/O 接口芯片外,还需要 1 片时钟发生器(8284)、3 片地址锁存器(8282/8283 或 74LS373)、2 片总线收发器(8286/8287 或 74LS245)。

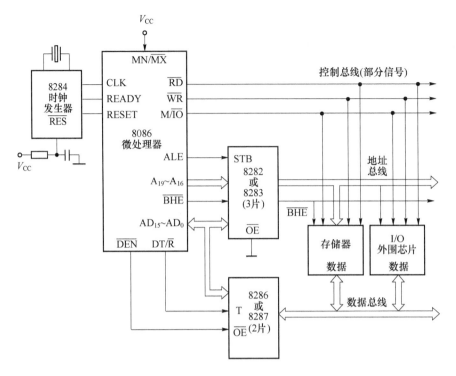

图 2-12　8086 CPU 最小模式系统的组成

（1）时钟发生器 8284

在 8086 CPU 内部没有时钟信号发生器，所需的时钟信号由外部时钟发生器电路提供。8284 就是为 8086 设计的时钟发生器。8284 在系统中最主要的作用有两个：首先产生和向 CPU 提供时钟信号 CLK、复位信号 RESET 和准备就绪信号 READY；其次对外部输入的复位信号 RESET 和准备就绪信号 READY 进行同步控制。

（2）地址锁存器 Intel 8282

8086 CPU 部分引脚分时复用，CPU 在总线周期的 T_1 状态上 $AD_{15} \sim AD_0$ 和 $A_{19}/S_6 \sim A_{16}/S_3$ 用作地址总线，T_2 状态以后这些引脚用作数据和状态总线。而存储器或 I/O 接口电路与 CPU 进行数据传送时需要在整个总线周期内地址不变，因而必须加入地址锁存器，在总线周期的 T_1 状态（即在数据送入总线之前）先将地址锁存起来。Intel 8282 芯片及其真值表如图 2-13 所示。

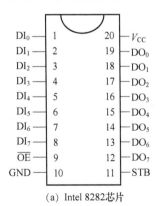

$\overline{OE}$	STB	输　出
0	1	直通 $DI_i \rightarrow DO_i$
0	1 变 0 下降沿	锁存
1	×	高阻状态

（a）Intel 8282芯片　　　　　　（b）真值表

图 2-13　Intel 8282 芯片及其真值表

在图 2-13(a)中,$DI_0 \sim DI_7$ 为数据输入端,$DO_0 \sim DO_7$ 为数据输出端,$\overline{OE}$ 为三态允许控制端 (低电平有效),STB 为锁存控制端。当锁存控制端 STB 为高电平、$\overline{OE}$ 为低电平时,输出端 DO_i 随输入端 DI_i 而变化。

(3) 数据总线收发器 8286

当一个系统中数据总线上挂接的外设接口部件较多时,必须在数据总线上接入总线收发器 来增加总线的驱动能力。

图 2-14 为 8286 芯片及其逻辑图。当引脚 $\overline{OE}=0$ 时,数据通过;否则,禁止数据通过,且输出 被置为高阻。引脚 T 控制芯片的收发方向。当 $T=0$ 时,$A_7 \sim A_0$ 为输入,$B_7 \sim B_0$ 为输出;反之, $B_7 \sim B_0$ 为输入,$A_7 \sim A_0$ 为输出。

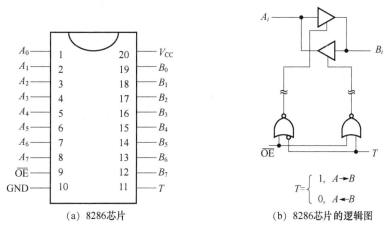

(a) 8286芯片 　　(b) 8286芯片的逻辑图

图 2-14　8286 芯片及其逻辑图

2. 最大模式系统

将 8086 CPU 的引脚 MN/$\overline{MX}$ 接地,使 CPU 工作于最大工作模式。图 2-15 给出了 8086 CPU 最大模式下的系统组成。与图 2-12 的最小模式下微机系统比较,图 2-15 增加了一个总线 控制器 8288。

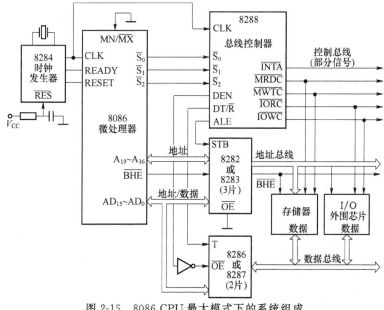

图 2-15　8086 CPU 最大模式下的系统组成

在最大模式下,CPU 的总线状态信号 $\overline{S_2}$、$\overline{S_1}$、$\overline{S_0}$ 输入总线控制器 8288 后,由 8288 译码,输出系统所需的总线命令和控制信号。如在最大模式下,由 8288 产生对存储器和 I/O 端口的读/写信号,而在最小模式下则是用 $M/\overline{IO}$ 与 $\overline{RD}$ 或 $\overline{WR}$ 信号的组合来控制读/写操作的。

2.1.6 8086 CPU 的工作时序

计算机的工作过程是执行指令的过程,8086 CPU 的操作是在时钟脉冲 CLK 的统一控制下进行的。微处理器的工作时序是指各引脚在时序上的工作关系,CPU 的每条指令都有各自固定的工作时序。

1. 时钟周期、总线周期和指令周期

① 时钟周期。每个时钟脉冲持续的时间称为时钟周期,是微处理器执行指令的最小时间单位,又称 T 状态。时钟周期等于微机主频的倒数。例如,微处理器主频为 5 MHz,则时钟周期为 200 ns。

② 总线周期。CPU 通过总线对内存储器或 I/O 端口进行一次读/写过程所需的时间称为总线周期,一个总线周期包括多个时钟周期。如 8086 微处理器的基本总线周期由 4 个时钟周期 $T_1 \sim T_4$ 组成,80486 微处理器的基本总线周期由 T_1 和 T_2 两个时钟周期组成。当外设速度较慢时,可插入若干个时钟周期,此时的时钟周期称为等待周期,用 T_w 表示。

③ 指令周期。CPU 执行一条指令所需要的时间称为指令周期。指令周期由若干个总线周期构成,不同功能的指令或同一功能的指令而寻址方式不同时,指令周期也不同。

8086 基本总线周期如图 2-16 所示。

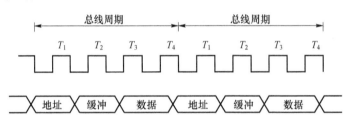

图 2-16 8086 基本总线周期

2. 总线操作时序

总线操作时序是地址信号、数据信号、控制信号和时钟信号之间的定时关系,这种关系一般用时序图来表示。了解 CPU 的总线周期和时序是分析和设计微机应用系统的重要基础。

分析总线操作时序,应该首先了解各引脚的意义,按照时间的先后顺序,分析每个引脚的变化过程,掌握相关信号之间的逻辑关系。需要指出的是:

① 基本总线周期由 4 个时钟周期组成。如果在一个基本总线周期 4 个 T 状态内不能完成一次读/写操作,则要在总线周期的 T_3 和 T_4 之间插入一个或若干个等待状态 T_w;

② 根据总线周期的定义,只有当 BIU 要访问存储器或 I/O 端口时,才执行总线周期。另外,在完成一个总线周期后,如果不立即执行下一个总线操作(如指令队列已满,EU 又未申请总线操作),BIU 便进入总线空闲状态(用 T_i 表示),一个空闲状态等于一个时钟周期。

8086 CPU 的总线操作按数据传送方向可分为:总线读操作和总线写操作。前者是指 CPU 从存储器或 I/O 端口读取数据,对 CPU 来说,是一次输入操作;后者则是指 CPU 把数据写入存储器或 I/O 端口,对 CPU 来说,是一次输出操作。

8086 的主要操作时序有以下几种:

① 系统的复位和启动;

② 最小模式下的读总线周期、写总线周期;

③ 最小模式下的总线请求和响应周期;

④ 最大模式下的读总线周期、写总线周期;

⑤ 最大模式下的总线请求/允许周期;

⑥ 中断响应周期;

⑦ 总线空操作周期。

下面主要介绍系统的复位和启动以及存储器的读/写总线周期时序。8086 CPU 在最大模式下的时序除有些信号是由总线控制器(8288)产生的以外,其基本时间关系与最小模式相同。

(1) 系统复位和启动

当时钟发生器 8284 向 CPU 的 RESET 引脚输入一个复位触发信号 RESET 时,8086 CPU 复位和重新启动。8086 要求复位信号 RESET 至少维持 4 个时钟周期的高电平。在复位状态,CPU 内部的 CS 寄存器被置为 FFFFH,其他寄存器被置为 0000H。所以,RESET 恢复低电平后,8086 CPU 便从 FFFF0H 单元处开始启动。FFFF0H 称为系统的启动地址。

复位时的操作时序如图 2-17 所示。当 RESET 信号有效后,再经过一个 T 状态,将执行:

① 把所有三态输出线(包括 $AD_{15} \sim AD_0$、$A_{19}/S_6 \sim A_{16}/S_3$、$\overline{BHE}/S_7$、$M/\overline{IO}$、$DT/\overline{R}$、$\overline{DEN}$、$\overline{RD}$、$\overline{WR}$ 和 $\overline{INTA}$)都置成高阻抗状态,直到 RESET 信号为低电平,结束复位操作为止,而且这些信号在进入高阻抗状态的前半个时钟周期先被置为不起作用状态;

② 把不具有三态功能的控制信号(ALE、HLDA、$\overline{RQ}/\overline{GT_0}$、$\overline{RQ}/\overline{GT_1}$、$QS_0$、$QS_1$)都置为无效状态。

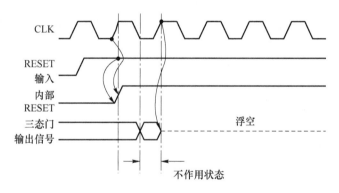

图 2-17　8086 复位操作的时序

(2) 最小模式下的总线读操作

总线读操作就是指 CPU 从存储器或 I/O 端口读取数据。基本读总线周期包含 4 个时钟周期 T_1、T_2、T_3 和 T_4。当存储器或外设速度较慢时,在 T_3 和 T_4 之间插入等待状态 T_w。图 2-18 是 8086 在最小模式下的总线读操作时序图。

① T_1 状态

为了从存储器或 I/O 端口读出数据,首先要用 $M/\overline{IO}$ 信号指出 CPU 是从内存储器读还是从 I/O 端口读,所以 $M/\overline{IO}$ 信号在 T_1 状态有效(见图 2-18①)。$M/\overline{IO}$ 信号的有效电平一直保持到整个总线周期的结束,即 T_4 状态。

为指出 CPU 要读取的存储单元或 I/O 端口的地址,8086 的 20 位地址信号通过 $A_{19}/S_6 \sim A_{16}/S_3$ 和 $AD_{15} \sim AD_0$ 输出,送到存储器和 I/O 端口(见图 2-18②)。

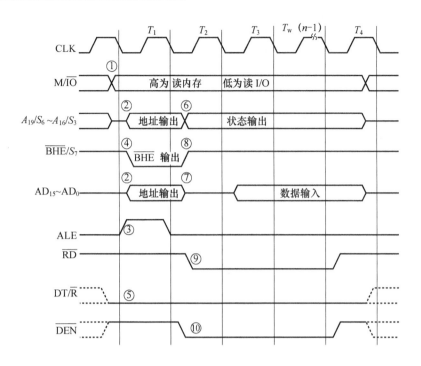

图 2-18　8086 在最小模式下的总线读操作时序图

为了实现对地址的锁存,CPU 便在 T_1 状态从 ALE 引脚上输出一个正脉冲作为地址锁存信号(见图 2-18③)。在 ALE 的下降沿到来之前,M/$\overline{\text{IO}}$信号、地址信号均已有效。锁存器 8282 正是用 ALE 的下降沿对地址进行锁存的。

$\overline{\text{BHE}}$信号也通过$\overline{\text{BHE}}$/S_7引脚送出(见图 2-18④),用来表示高 8 位数据总线上的信息可以使用。

此外,当系统中接有数据总线收发器时,在 T_1 状态 DT/$\overline{\text{R}}$输出低电平,表示本总线周期为读周期,即让数据总线收发器接收数据(见图 2-18⑤)。

② T_2 状态

地址信号消失(见图 2-18⑦),$AD_{15} \sim AD_0$ 进入高阻状态,为读入数据作准备;而 $A_{19}/S_6 \sim A_{16}/S_3$ 和$\overline{\text{BHE}}$/S_7 输出状态信息 $S_7 \sim S_3$(见图 2-18⑥和⑧)。

$\overline{\text{DEN}}$信号变为低电平(见图 2-18⑩),使总线收发器获得数据允许信号。

CPU 在$\overline{\text{RD}}$引脚上输出读有效信号(见图 2-18⑨),送到系统中所有存储器和 I/O 接口芯片上。但是,$\overline{\text{RD}}$信号只能从地址信号选中的存储单元或 I/O 端口读出数据,送到系统数据总线上。

③ T_3 状态

在 T_3 状态前沿(下降沿处),CPU 对引脚 READY 进行采样,如果 READY 信号为高电平,则 CPU 在 T_3 状态后沿(上升沿处)通过 $AD_{15} \sim AD_0$ 获取数据;如果 READY 信号为低电平,将插入等待状态 T_w,直到 READY 信号变为高电平。

④ T_w状态

当系统中所用的存储器或外设的工作速度较慢,从而不能用最基本的总线周期执行读操作时,系统就要用一个电路来产生 READY 信号。低电平的 READY 信号必须在 T_3 状态启动之前向 CPU 发出,则 CPU 将会在 T_3 状态和 T_4 状态之间插入若干个等待状态 T_w,直到 READY

信号变高电平。在执行最后一个等待状态 T_w 的后沿(上升沿)处,CPU 通过 $AD_{15} \sim AD_0$ 获取数据。

⑤ T_4 状态

总线操作结束,相关系统总线变为无效电平。

(3) 最小模式下的总线写操作

总线写操作就是指 CPU 向存储器或 I/O 端口写入数据。图 2-19 是 8086 在最小模式下的总线写操作时序图。

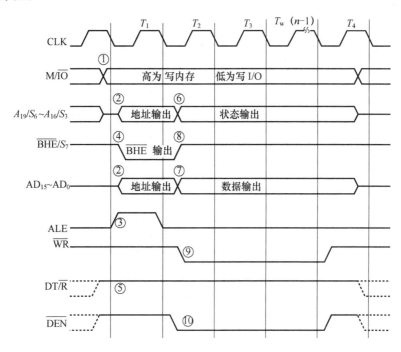

图 2-19 8086 在最小模式下的总线写操作时序图

总线写操作时序与总线读操作时序进行对比有许多基本相同的地方,它们不同的地方有两点。

① 对存储器或 I/O 端口进行操作的选通信号不同。在总线读操作中,选通信号是 $\overline{RD}$,而在总线写操作中是 $\overline{WR}$。

② 在 T_2 状态中,$AD_{15} \sim AD_0$ 上地址信号消失后,$AD_{15} \sim AD_0$ 的状态不同。在总线读操作中,此时 $AD_{15} \sim AD_0$ 进入高阻状态,并在随后的状态中为输入数据;而在总线写操作中,此时 CPU 立即通过 $AD_{15} \sim AD_0$ 输出数据,并一直保持到 T_4 状态中间。

2.1.7 8086 CPU 与 8088 CPU 的主要区别

8088 CPU 的内部数据总线宽度是 16 位,外部数据总线宽度是 8 位,所以 8088 CPU 称为准 16 位微处理器。8088 CPU 的内部结构及外部引脚与 8086 CPU 大部分相同,主要区别如下。

① BIU 中指令队列不同。8086 CPU 内总线接口单元中的指令队列为 6 字节,可预存 6 字节的指令代码,当队列中出现两个空字节时,BIU 会自动访问存储器,取指令填满指令队列。而 8088 CPU 的指令队列只有 4 字节,能预存 4 字节的指令代码,当队列中出现一个空字节时,BIU

会自动访问存储器,取指令填满指令队列。

② 外部数据总线宽度不同。8086 CPU 内部和外部的数据总线宽度都是 16 位;而 8088 CPU 的内部数据总线宽度为 16 位,外部数据总线(即 BIU 通过总线控制电路与外部交换数据的总线)宽度仅为 8 位,分时复用的地址/数据总线为 $AD_7 \sim AD_0$。

③ 部分控制信号不同。8088 CPU 的存储器、I/O 端口选择信号使用 $IO/\overline{M}$ 信号,而 8086 CPU 使用 $M/\overline{IO}$ 信号。8088 只能进行 8 位数据传输,将 8086 中的 $\overline{BHE}$ 改为 SS_0 信号。8088 的 SS_0 与 $DT/\overline{R}$、$IO/\overline{M}$ 信号的组合来决定最小模式中的总线周期操作,表 2-8 指出了具体的组合关系。

表 2-8　8088 CPU 中 $IO/\overline{M}$、$DT/\overline{R}$、$\overline{SS_0}$ 的组合关系

$IO/\overline{M}$	$DT/\overline{R}$	$\overline{SS_0}$	含　义
0	0	0	取指令
0	0	1	读存储器
0	1	0	写存储器
0	1	1	无源状态
1	0	0	发送中断响应信号
1	0	1	读 I/O 端口
1	1	0	写 I/O 端口
1	1	1	暂停

2.2　案 例 实 现

1. 案例分析

8086 CPU 芯片能够在两种模式下工作,即最小工作模式和最大工作模式。当 8086 CPU 的引脚 MN/$\overline{MX}$ 接入 +5 V 时,则其工作在最小工作模式下,系统只有 8086 CPU,所有控制信号直接由 8086 CPU 提供,因此系统中的总线控制电路被减到最少。一般 CPU 与小容量的存储器及少量的外设接口相连时,可使用最小模式。

2. 8086 CPU 最小系统中系统总线的形成

在 8086/8088 引脚中,引脚 $AD_{15} \sim AD_0$ 称为地址/数据总线,采用分时复用的方式来传送地址信号和数据信号,也就是说 $AD_{15} \sim AD_0$ 具有传送地址和数据的两种功能。为了使 CPU 系统能够产生地址总线 20 位、数据总线 16 位的系统总线,除了 8086 CPU 之外,还需要配置 3 片地址锁存器(74L373)、两片总线驱动器(74LS245),8086 CPU 最小模式系统总线的产生如图 2-20 所示。

因为 8086 的低位地址线与数据线复

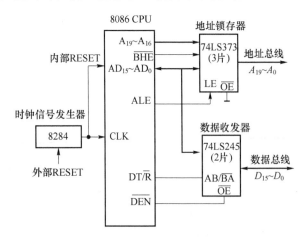

图 2-20　8086 CPU 最小模式系统总线的产生

用,为保证地址信号维持足够的时间,使用 ALE 信号将低位地址线锁存(通过锁存器74LS373),以形成真正的系统地址总线;8086 的数据线通过数据收发器 74LS245/8286 后形成系统数据总线,以增大驱动能力,数据收发器主要由 DEN 和 DT/$\overline{R}$两个信号控制。

3. 最小系统仿真 Proteus 原理图

8086 CPU 最小系统中系统总线产生的 Proteus 仿真原理图如图 2-21 所示。

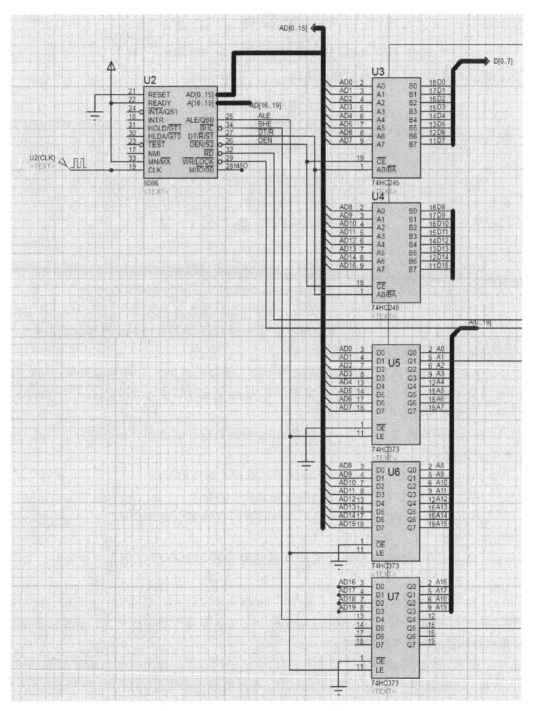

图 2-21 8086 CPU 最小系统中系统总线产生的 Proteus 仿真原理图

因为 Proteus ISIS 下 8086 的仿真软件中给出的 CPU 模型已经内部嵌入了部分功能,比如时钟信号,因此本案例的仿真图中没有接入时钟信号发生器 8284 芯片。

8086 CPU 流水灯控制系统实现的 Proteus 仿真图及程序清单请扫描二维码。

8086 CPU 流水灯控制系统实现的 Proteus 仿真图及程序清单

微机总线与常用总线介绍请扫描二维码。

机总线与常用总线介绍

习　题

2.1　8086/8088 CPU 由哪两部分组成? 它们的主要功能各是什么?

2.2　8086/8088 CPU 为什么要采用地址/数据线分时复用? 有何好处?

2.3　8086/8088 CPU 中的标志寄存器分为哪两类? 两者有何区别?

2.4　设段寄存器 CS＝2400H,指令指示器 IP＝6F30H,此时指令的物理地址是多少? 指向这一物理地址的 CS 值和 IP 值是否是唯一的?

2.5　什么是指令周期? 什么是时钟周期? 什么是总线周期? 三者有何关系? 8086/8088 系统中的总线周期由几个时钟周期组成? 如果 CPU 的主时钟频率为 25 MHz,一个时钟周期是多少? 一个总线周期是多少?

2.6　在总线周期的 T_1、T_2、T_3、T_4 状态 CPU 分别执行什么动作? 什么情况下需插入等待状态 T_w? 何时插入? 怎样插入?

2.7　8086/8088 在最大模式和最小模式下各有什么特点和不同?

2.8　说明 8086 CPU 最小模式下的系统配置及引脚功能。

2.9　8086/8088 的存储器空间各是多少? 两者的存储器结构有何不同? 寻址一字节存储单元时有何不同?

2.10　简述 8086/8088 最小模式下的总线读操作和写操作的过程及所涉及的主要控制信号。

2.11　设存储器内数据段中存放了两个字 2FE5H 和 3EA8H,已知 DS＝3500H,数据存放的偏移地址为 4F25H 和 3E5AH,画图说明这两个字在存储器中的存放情况。若要读取这两个字,需要对存储器进行几次读操作?

2.12　要求:在 8086 最小工作模式下,对流水灯进行控制。流水灯的控制开关 $K_0 \sim K_7$ 通过输入接口 74LS245 接入 8086 CPU 系统;CPU 系统通过输出接口 74LS373 控制流水灯,当拨动开关 $K_0 \sim K_7$ 时,8086 CPU 控制相应的指示灯变亮,给出原理框图、仿真图、程序流程图及程序清单。

第3章 指令系统及汇编语言程序设计

3.1 概　　述

计算机程序是一系列指令的有序集合。指令是计算机能够识别和执行的操作命令,一种计算机所能执行的全部操作命令构成了计算机的指令系统(或称指令集),其表征了计算机的基本功能。计算机的 CPU 不同,指令系统也不同。本章以 80X86 CPU 为主,介绍一般计算机指令系统的格式、寻址方式、常用指令的功能、汇编语言格式和基本程序设计。

指令系统还规定了每条指令的表示格式。一条完整的指令主要描述 CPU 应进行何种操作,完成该操作所需要的操作数,或指出下一条指令存放在何处。

指令有两种书写格式:机器指令和符号指令。

3.1.1 机器指令格式

一条机器指令一般由操作码和操作数两部分组成,如图 3-1 所示。每部分都是用"0""1"排列的代码来表示的。

(1) 操作码(Operation Code)

操作码用于说明指令操作的性质与所完成的功能,常用 OP 表示。一般计算机有几十种甚至是几百种不同的指令,每条指令都有自己的操作码。计算机通过译码电路来识别指令,并进行相应的处理。操作码的长度取决于指令系统规模的大小。例如长度为 n 的操作码可表示 2^n 条指令。在微型计算机中操作码长度通常以字节为单位。

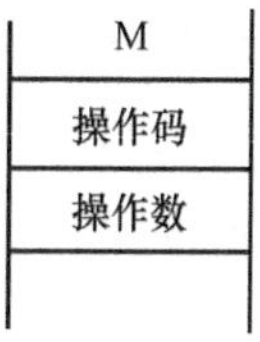

图 3-1　机器指令格式

(2) 操作数(Operation Data)

在计算机中,操作数可能在主存中,也可能在寄存器中。操作数给出了参与运算的操作数本身、操作数所在寄存器或操作数在存储器中的地址,运算结果放至何处,或者下一条执行指令的地址信息。根据一条指令中所含操作数地址的数量,可将指令分为零地址指令、单地址指令、双地址指令、三地址指令和四地址指令 5 种。在 80X86 系列指令格式中,多数为双地址指令。一般主存是按字节长度(即 8 位二进制)编址的,通常称为一个存储单元,双地址指令是指该指令机器码占两个 8 位存储单元(或地址)。

8086/8088 指令编码由 1～6 字节组成,它包括操作码、寻址方式以及操作数三部分,如图 3-2 所示。通常,指令的第一字节为操作码,规定指令的操作类型。第二字节规定操作数的寻址方式(或操作码),是指令编码中最复杂的字节。第三部分指定操作数或操作数所在地址,大多数是第二字节的补充。例如"ADD AX,[BX＋DI＋2000H]",其指令编码是 03H、41H、00H、20H。

操作码(1字节)	寻址方式(无或1字节)	操作数(无或1～4字节)

图 3-2　8086/8088 指令编码格式

80386/80486 CPU 允许的指令字长为 1~16 字节,具有灵活多变、功能强、应用范围广等特点。如图 3-3 所示,其指令可由 6 个字段组成。字段 1 为附加字段,它由 1~4 字节组成,可包括指令前缀字节、地址尺寸前缀字节、操作数尺寸前缀字节、段超越字节。字段 2~字段 6 为基本字段,是指令格式中必不可少的部分,从图 3-3 中可以看出,80386/80486 的机器指令编码极为复杂,读者仅略知其格式即可。实际应用时都借助于汇编程序,将汇编源程序翻译成机器指令代码。

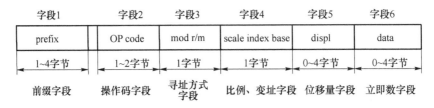

字段1	字段2	字段3	字段4	字段5	字段6
prefix	OP code	mod r/m	scale index base	displ	data
1~4字节	1~2字节	1字节	1字节	0~4字节	0~4字节
前缀字段	操作码字段	寻址方式字段	比例、变址字段	位移量字段	立即数字段

图 3-3　80386/80486 CPU 指令编码的一般格式

3.1.2　符号指令格式

符号指令的书写格式如下:

[标号:]操作码助记符 操作数助记符 [;注释]

其中,操作码助记符规定了完成何种操作。操作数助记符规定了操作数个数和位置,有两个操作数时通常称第一个为目的操作数,存放指令操作结果,称第二个为源操作数,存放指令执行操作时的原始数据。有些指令将源操作数和目的操作数一起作为原始数据,指令操作结果送目的操作数处保存。

标号代表该条指令的存放地址。它为程序分支、循环、跳转提供了转移目标地址。标号与符号指令之间用冒号":"作为间隔符。为阅读方便,每条符号指令后面都可以有注释,并用分号";"作为间隔符。有关详细介绍请见后文。

用机器指令编写的程序称为目标程序,用符号指令编写的程序称为符号程序或汇编语言源程序。汇编语言源程序要经过汇编程序将其编译和链接后才能生成 CPU 能识别和执行的目标程序。

3.2　寻 址 方 式

寻址方式就是用于说明指令中如何提供操作数或提供操作数存放地址的方法。在微机系统中,指令中的操作数有 4 类寻址方式。

① 立即寻址方式。这类寻址方式操作数就包含在指令中,是指令字节中的一部分。相应的寻址方式称为立即寻址(Immediate Addressing)。

② 寄存器寻址方式。这类寻址方式操作数存放在 CPU 某个寄存器(通用寄存器或段寄存器)中。相应的寻址方式称为寄存器寻址(Register Addressing)。

③ 存储器寻址方式。这类寻址方式操作数存放在存储器中。相应的寻址方式称为存储器寻址。

④ I/O 端口寻址方式。这类寻址方式操作数存放在 I/O 接口电路的端口中。相应的寻址方式称为 I/O 端口寻址。CPU 与 I/O 设备间交换信息一般通过它们之间的接口电路来实现。

每个接口电路内都有一个或若干个称为端口的寄存器,分配一个端口(Port)地址。CPU 执行 I/O 指令时,会从 I/O 端口地址中读/写操作数。

下面结合 80X86 介绍常用的寻址方式。

3.2.1　立即寻址方式

立即寻址的操作数包含在指令字节中。指令操作码的后面字节就是操作数本身,故称为立即数。在微机系统中,立即数可以是 8 位或 16 位数。在 80386/80486 及以后的微机处理器中,立即数还可以是 32 位数。在 80X86 系列微机中,立即数在指令字节中的存放顺序为:低位字节放在低地址单元,高位字节放在后继的高地址单元中,如图 3-4 所示。

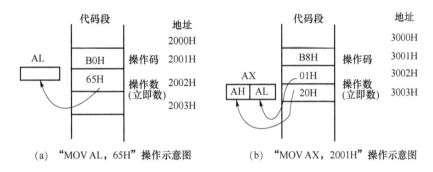

(a)　"MOV AL, 65H"操作示意图　　　　　(b)　"MOV AX, 2001H"操作示意图

图 3-4　立即寻址示意图

对于这种寻址操作,操作数紧随操作码后,都在代码段中。在取操作码后取操作数,故指令执行速度较快。该寻址方式主要用来对寄存器赋值,并且只有源操作数部分才允许用立即数。例如:

```
MOV  AX, 3254H          ;16 位立即数 3254H 送 AX
MOV  BL, 65H            ;8 位立即数 65H 送 BL
```

3.2.2　寄存器寻址方式

该寻址方式规定 CPU 中某个寄存器的内容就是操作数。在符号指令的操作数部分写出相应寄存器名称即可,如:

```
MOV  BX, AX             ;AX 寄存器的内容送入 BX 寄存器,AX 值不变
MOV  DS, AX             ;AX 的内容送入 DS 段寄存器,AX 值不变
INC  SI                ;SI 寄存器的内容加 1 再送回 SI
MOV  AX, 2345H          ;2345H 送 AX,源操作数为立即寻址,目的操作数为寄存器寻址
```

3.2.3　存储器寻址方式

该寻址方式的操作数存放在某个逻辑段的存储单元中。CPU 要访问存储单元中的操作数,必须先计算其在存储器中的物理地址,然后对该存储单元进行读/写操作。

我们知道 80X86 系列 CPU 对存储器采用分段管理方式。在编程时操作数地址都是用逻辑地址来表示的,逻辑地址写成段基址(Segment Basic Address,SBA);有效地址(Effective Address,EA)。其中 SBA 是逻辑段在存储器中的段基址,由各段寄存器给定。EA 是此存储单元与段基址间的字节距离——段内偏移地址(偏移地址、偏移量、有效地址),即"存储器操作数逻辑

地址＝段寄存器:有效地址"。例如,指令"MOV ES:[1000H],AL"表示将 AL 中内容送至 ES 逻辑段偏移量为 1000H 的存储单元中,如图 3-5 所示。

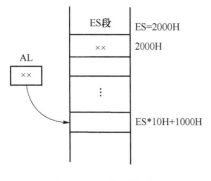

图 3-5　EA 计算示意图

- 段寄存器。称为段超越前缀助记符(简称段超越前缀),用于说明 CPU 要访问的逻辑段。
- 有效地址。冒号的后面部分,用于表示在此逻辑段中,存放操作数的存储单元相对于段基址之间的字节地址偏移量。

在指令系统中,有些指令由操作数的寻址方式和操作性质决定使用哪个段寄存器,这时所使用的段寄存器称为指令隐含的(或称默认的)段寄存器。例如,跳转指令使用代码段寄存器 CS,堆栈操作指令使用堆栈段寄存器 SS,直接寻址操作数使用数据段寄存器 DS,若操作数不在隐含的段内,这样就需要在操作数字段用指定的段寄存器代替隐含的段寄存器。此时指令中操作数必须用"段寄存器名:有效地址"加以指明,即用段超越前缀。

对 80X86 CPU 在实地址方式下,存储器操作数寻址方式的各种指令所隐含的段寄存器或允许另外指明的段超越所用的段寄存器、偏移地址的计算应根据第 2 章的表 2-1 来进行。根据有效地址的不同形式有 5 种存储器操作数寻址方式。

1. 直接寻址

存储器直接寻址是指把操作数所在存储单元地址作为指令中的地址码,该操作数存储单元地址通常存放在操作码之后的指令字节中。例如:

```
MOV AL,[0064H]      ;将 DS * 10H + 0064H 单元内容送 AL 寄存器
```

图 3-6 所示为"MOV AL,[0064H]"指令直接寻址示意图。首先从代码段中取出指令字节,再求出物理地址。若 DS=2000H,指令中包含的直接地址为 0064H,则存放操作数的物理地址＝DS * 10H＋0064H＝20064H。此指令的功能是将 20064H 单元中的字节操作数 1FH 送 AL 寄存器中。

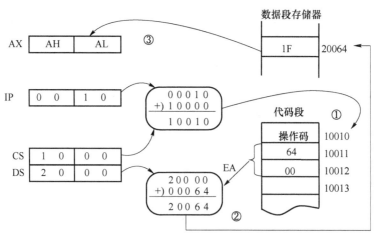

图 3-6　"MOV AL,[0064H]"指令直接寻址示意图

例如:

```
MOV AX, SS:[2000H]
```

将 SS * 10H＋2000H 单元内容送 AL,将 SS * 10H＋2001H 单元内容送 AH。此条指令指明源操作数在堆栈段。在汇编语句中,常用"[ ]"表示存储器操作数,SS 为段超越前缀。

例如:

```
MOV AX, VALUE
```

将 DS * 10H＋VALUE 单元内容送 AL,将 DS * 10H＋VALUE＋1 单元内容送 AH,其中 VALUE 为变量名。

例如:

```
MOV EAX, ES:BUFFER
```

将从 ES * 10H＋BUFFER 开始连续 4 个单元的内容送 EAX 寄存器,前两个单元是低 16 位,后两个单元是高 16 位。

在直接寻址中,指令中不允许两个操作数都是存储器操作数。例如,欲将 DS 中 0100H 字单元的内容传送至 0200H 单元中,不能用"MOV [0200H], [0100H]",只能用如下两条指令来完成:

```
MOV AX, [0100H]        ;将 0100H 字单元内容先送 AX
MOV [0200H], AX        ;再通过 AX 送 0200H 字单元
```

2. 寄存器间接寻址

操作数的有效地址存放在基址寄存器 BX、BP 或变址寄存器 SI、DI 中,这种寻址方式称为寄存器间接寻址。此时指令中操作数的逻辑地址表达式为"段寄存器:[间接寻址寄存器]"。如果操作数不在规定默认逻辑段,则必须在指令相应操作数前加上段超越前缀。

寄存器间接寻址的有效地址和物理地址表达式如下:

$$EA=\begin{cases}BX\\SI\\DI\end{cases},操作数物理地址=DS * 10H＋EA$$

$$EA=BP,操作数物理地址=SS * 10H＋EA$$

例如:

```
MOV AX, [BX]          ;将物理地址从 DS * 10H＋BX 开始的连续两个
                      ;单元的内容(操作数)送 AX
MOV AX, ES:[SI]       ;将物理地址从 ES * 10H＋SI 开始的连续两个
                      ;单元的内容(操作数)送 AX,采用段超越
MOV DS:[BP], AX       ;指明目的操作数在 DS 段
MOV [DI], DX          ;将 DX 的内容送从 DS * 10H＋DI 开始的连续两个单元中,其中 DL
                      ;内容存入 DS * 10H＋DI 单元,DH 内容存入 DS * 10H＋DI＋1 单元
```

图 3-7 所示为"MOV AX, [BX]"指令寄存器间接寻址过程示意图。首先,由"CS:IP"取出指令字节,再由"DS:[BX]"求出存放存储器操作数的物理地址,从物理地址中取出字操作数送 AX 中。若设 DS＝2000H,BX＝1000H,则物理地址＝20000H＋1000H＝21000H;若 21000H 和 21001H 中存放的数值分别为 30H、50H,则指令执行结果 AX＝5030H。

3. 寄存器相对寻址

在寄存器相对寻址方式中,操作数的有效地址是由基址寄存器或变址寄存器加上一个 8 位或 16 位或 32 位(32 位 CPU)位移量(Disp)而得到的。其中位移量是一个常量或变量,是指令字节中的一部分。指令中操作数的逻辑地址表达式为"段寄存器:[基址寄存器/变址寄存器＋位移

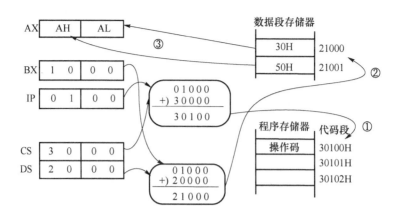

图 3-7 "MOV AX,[BX]"指令寄存器间接寻址过程示意图

量]",也可写为"段寄存器:[基址寄存器/变址寄存器]位移量"。

如果访问内存操作不是默认段寄存器,则允许段超越前缀。

其有效地址和物理地址表达式为

$$EA=\begin{cases}BX\\SI\\DI\end{cases}+8\text{位或}16\text{位位移量},\quad \text{操作数物理地址}=SS*10H+EA$$

$$EA=BP+8\text{位或}16\text{位位移量},\quad \text{操作数物理地址}=DS*10H+EA$$

例如:

MOV AX,[BX + DATA]   ;将从 DS * 10H + BX + DATA 开始的连续两个单元内容送 AX

MOV AL,[SI + 2000H]   ;将 DS * 10H + SI + 2000H 单元内容送 AL

MOV AL,ES:[SI + 5]   ;将 ES * 10H + SI + 5 单元内容送 AL

图 3-8 所示是"MOV AX,[BX + DATA]"寻址过程示意图。设 DATA = 0100H,DS = 2000H, BX = 1000H,物理地址 = 2000 * 10H + 1000H + 0100H = 21100H。

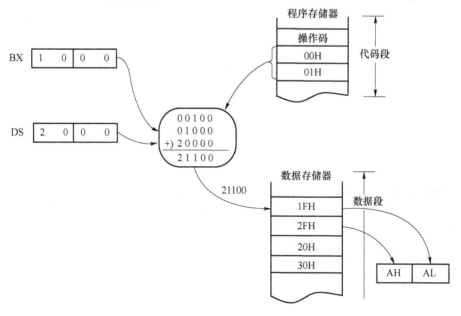

图 3-8 "MOV AX,[BX+DATA]"寻址过程示意图

寄存器相对寻址方式常应用于对一维数据结构或表格中某存储单元的寻址,如图3-9所示。若一个数据单元占用一字节,则位移量为所选择单元序号 i;若一个数据单元占用 N 字节,则位移量 disp $=N*i(i=0\sim n)$。第 i 个数据单元的有效地址表示为"EA=[基址寄存器]+$N*i$"。

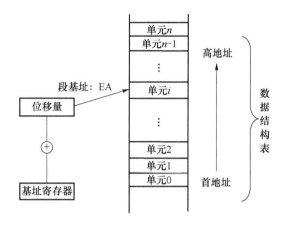

图 3-9 位移量、数据单元与单元序号间的关系

4. 基址变址寻址(Based Indexed Addressing)

该寻址方式的有效地址由基址寄存器内容加上变址寄存器内容组成。其操作数逻辑地址表达式为

段寄存器:[基址寄存器 + 变址寄存器]

或

段寄存器:[基址寄存器][变址寄存器]

其有效地址和物理地址表达式为

$$EA=\begin{cases} BX+\begin{cases} SI \\ DI \end{cases}+8\text{ 位或 }16\text{ 位位移量,操作数物理地址}=DS*10H+EA \\ BP+\begin{cases} SI \\ DI \end{cases}+8\text{ 位或 }16\text{ 位位移量,操作数物理地址}=SS*10H+EA \end{cases}$$

例如:

```
MOV AX,[BX][SI]
```

或写成

```
MOV AX,[BX + SI]
```

设 DS=6000H,BX=A500H,SI=2200H,则源操作数的物理地址=DS*10H+A500H+2200H=60000H+A500H+2200H=6C700H。

这种寻址方式主要用于二维数组中检索数组元素和二重循环程序等场合。

5. 相对基址变址寻址(Based Indexed Addressing with Displacement)

此寻址方式操作数有效地址由基址寄存器加变址寄存器再加8位或16位或32位(32位CPU)位移量组成,即

EA = [基址寄存器] + [变址寄存器] + 位移量

基址、变址寄存器使用约定和默认的段寄存器规定与寄存器相对寻址相同。例如:

```
MOV AH,[BX][SI] + 1234H        ;将 DS * 10H + BX + SI + 1234H 单元内容送 AH
```

或

```
MOV AH,[BX + SI + 1234H]
MOV AX,CUNT[BX][SI]              ;将从 DS * 10H + BX + SI + CUNT 开始的连续
                                ;两个单元内容送 AX
```

或写成

```
MOV AX,[BX + CUNT][SI]
```

图 3-10 是"MOV AX,CUNT[BX][SI]"指令寻址过程示意图,设 DS＝3000H,BX＝2000H,SI＝1000H,CUNT＝3000H。源操作数物理地址＝3000H * 10H＋2000H＋1000H＋3000H＝36000H。

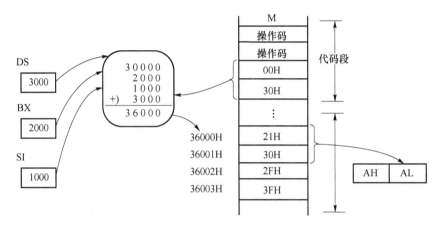

图 3-10 "MOV AX,CUNT[BX][SI]"指令寻址过程示意图

这种相对基址变址寻址主要用于二维数组操作,位移量即数组起始地址。图 3-11 所示为相对基址变址用于二维数据阵列检索。

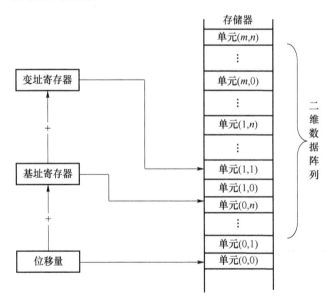

图 3-11 相对基址变址寻址用于二维数据阵列检索

用户编程应注意在实地址方式下,寻址范围(偏移量)不应超过 FFFFH(64 KB);操作数的宽度有 8 位(字节)、16 位(字)、32 位(双字)3 种。

3.3　汇编语言的编程格式

汇编语言是以处理器指令系统为基础的低级程序设计语言,采用助记符表达指令操作码,标识符表示指令操作数。用汇编语言编写的程序主要优点是直接控制计算机硬件,完成同样功能比高级语言代码序列短、运行速度快。当然,汇编语言也存在不足,如功能有限、编程繁难、依赖处理器指令等。

汇编语言用英文字母缩写表示的助记符来表示指令操作码和操作数,也可以用标号和符号来代替地址、常量和变量。由于不同 CPU 指令系统的指令编码不同,因此与之相应的汇编语言也不相同。用汇编语言编写的程序不能由机器直接执行。必须通过具有"翻译"功能的系统程序——汇编程序(Assembler)——将这种符号化的汇编语言转换成相应的机器代码,再通过连接程序得到可执行文件,如图 3-12 所示。用汇编语言编写的程序叫源程序,源程序经汇编程序翻译后所得的机器指令代码称为机器语言目标程序,简称目标程序。通常称这样的翻译过程为汇编过程,简称汇编。为保证这种"翻译"正确,编写的源程序必须符合汇编程序规定的一系列汇编语句格式。

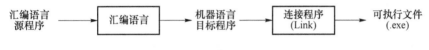

图 3-12　汇编、连接过程

汇编语言的基本语句与机器指令是一一对应的,只有对微处理器指令系统熟悉、掌握以后,才能用汇编语言进行程序设计。另外,汇编程序还引入了新的汇编指令——伪指令和宏指令,使得采用汇编语言进行程序设计更方便灵活。至今汇编语言在计算机系统程序、在线实时控制程序以及图像处理等方面仍广泛使用。

本节以 Microsoft 公司的宏汇编程序 MASM 为背景,介绍面向 80X86 的汇编语言基本概念、语法规则、基本程序设计方法。

3.3.1　汇编语言程序结构

汇编语言与高级语言程序一样也有一系列语法规则。一个汇编语言源程序中有 3 种基本语句:指令语句、伪指令语句和宏指令语句。

指令语句是 CPU 可执行的语句,用助记符形式书写,与机器指令一一对应。伪指令语句是说明性语句,又称为指示性语句,是程序员发给汇编程序的命令,没有相应的机器指令。宏指令语句是用户在源程序中定义的一段具有独立功能的指令语句。

80X86 按照逻辑段组织程序,具有代码段、数据段、堆栈段和附加段。因此,完善的汇编语言源程序也由段组成。一个汇编语言源程序可包含若干个代码段、数据段、堆栈段或附加段,段与段之间的顺序可随意排列。能独立运行的程序至少包含一个代码段,所有指令语句必须位于某一个代码段内,伪指令语句和宏指令语句可根据需要位于任一个段内。按段组织的源程序在汇编后将指令码和数据分别装入存储器的相应物理段中。

下面是一个完整的 MASM-86 汇编语言规范的源程序。程序的功能:将两个 16 位的字数据相加,和值放在 SUM 内存单元。

```
DSEG      SEGMENT                        ;定义数据段,段名为 DSEG
```

```
DATA1    DW   0F865H              ;定义被加数 F865H
DATA2    DW   360CH               ;定义加数 360CH
DSEG     ENDS                     ;数据段结束
;
ESEG     SEGMENT                  ;定义附加数据段,段名为 ESEG
SUM      DW  2 DUP(?)             ;定义存放和值的内存区域
ESEG     ENDS                     ;附加段结束
;
CSEG     SEGMENT                  ;定义代码段,段名为 CSEG
ASSUME   CS:CSEG, DS:DSEG, ES:ESEG ;说明程序中定义的各段分别用哪个段寄存器寻址
START:   MOV AX,DSEG              ;程序可执行代码起始点
         MOV DS, AX               ;将数据段寄存器 DS 指向用户定义数据段
         MOV AX, ESEG
         MOV ES, AX               ;将附加段寄存器 ES 指向用户定义数据段
         LEA SI, SUM              ;存放和值的偏移地址送 SI
         MOV AX, DATA1            ;取被加数送 AX
         ADD AX, DATA2            ;两数求和,和值放 AX 中
         MOV ES:[SI], AX          ;和值送附加数据段的 SUM 单元
         MOV AH,4CH               ;系统功能调用,程序结束返回操作系统
         INT 21H
CSEG     ENDS                     ;代码段结束
         END START               ;源程序结束,程序起始点为 START
```

我们知道完整的汇编语言源程序格式按段组织。段定义由 SEGMENT 和 ENDS 伪指令实现,同时需要伪指令 ASSUME 说明该逻辑段的类型。本例中 ASSUME 语句将 CS、DS、ES 依次指向名为 CSEG、DSEG 和 ESEG 的逻辑段(段名由编程人员自行定义),即依次设置为代码段、数据段和堆栈段。程序开始先用传送指令将 DS、ES 分别赋值为数据段 DSEG 和附加数据段 ESEG 的段基地址,便于后续指令访问 DSEG、ESEG 中的数据,但 CS 不用传送指令赋值,当用 ASSUME 时已自动赋值了。最后,利用 4CH 号系统功能调用结束执行,并返回操作系统。

了解了汇编源程序结构后,我们来看看汇编语言源程序中的语句格式,包括指令语句、指示性语句和宏指令语句。

3.3.2 汇编语言语句

指令语句的一般格式:

[标号:] [前缀指令] 指令助记符 [操作数[,操作数]] [;注释]

指示性(伪指令)语句的一般格式:

[名字] 伪操作符 [操作数[,操作数,…]] [;注释]

可见指示性语句由 4 项组成,其中加方括号项按需要可有可无。有此项书写时不加方括号,项与项之间用空格分隔。

(1)标号和名字

标号表示指令的符号地址,即对应机器指令在存储器中的位置,须加":"作为结束符,通常用

在转移类指令中作为转移目标地址。名字通常表示变量名、段名和过程名等,其后不加";"。不同的指示性语句对于是否有名字有不同的规定。名字在多数情况下表示的是变量名,用来表示存储器中一个数据区的地址。

标号和名字的起名规则:必须以字母开头,后跟字母、数字(0,…,9)及特殊符号(?,@,_,$等)等,长度为1~31个字符,不能是属于系统的专用保留字。保留字主要有CPU中各寄存器名(如AX、CS)、指令助记符(如MOV、ADD)、伪指令(如SEGMENT、DB)、表达式中的运算符(如GE、EQ)和属性操作符(如PTR、OFFSET、SEG)等。

(2) 前缀

前缀加在某些指令之前,不能单独使用,如LOCK、REP前缀等。前缀与指令助记符之间应加空格,例如REP MOVSB。

(3) 指令助记符和伪操作符

指令助记符和伪操作符是为指令操作码和伪指令规定的符号。任何汇编语句都需要此部分,它表示该汇编语句的基本功能。如MOV是数据传送指令助记符,ADD是加法指令助记符,DB是字节数据定义伪指令。

(4) 操作数

根据指令功能需要,可不带操作数或带一个、两个、若干个操作数。若有两个及以上操作数,操作数间用逗号分开。操作数部分可以是寄存器、常量或存储器操作数,甚至还可以是一个表达式。例如:

```
CLD                      ;不带操作数
START:MOV AX,DATA        ;带两个操作数
DATA1 DB 30H,31H,32H     ;带若干个操作数
```

(5) 注释

为使汇编语言源程序更便于阅读和理解,常在源程序中加上注释,注释是以分号(;)开始的,后跟字符序列直到行结尾。汇编时汇编程序对注释部分不予处理。

程序注释直接影响源程序的可读性。好的程序注释使程序易于阅读、调试及维护。

3.3.3 汇编语句的操作数

汇编语句中的操作数(Operand)可以是寄存器、常量或存储器操作数,甚至可以是表达式。

1. 寄存器

80X86的寄存器常作为指令的一个操作数,可以是8位的字节型寄存器或是16位的字型寄存器。例如,AL是字节型寄存器,AX是字型寄存器,而在32位微机中,EAX是双字型寄存器。

2. 常量

常量就是在程序运行期间不会改变的那些固定值,有数字常量和字符串常量。例如,立即数寻址中的立即数、直接寻址时所用的地址、ASCII字符等都是常量。

(1) 数字常量

数字常量就是整数常量,MASM宏汇编支持多种进制形式的数值。

① 二进制常数。由一串"0"和"1"组成的序列,最后加大写字母B,例如00101100B。

② 十进制常数。由若干个0~9数字组成的序列,最后加大写字母D,通常省略不写。例如1234D或1234。

③ 八进制常数。由若干个0~7数字组成的序列,最后加大写字母Q,例如255Q等。

④ 十六进制常数。由若干个 0～9 数字、A～F 字母所组成的序列,最后加大写字母 H。为避免与标号、变量等标识符相混淆,十六进制数的最高位是字母 A～F 时,须在前面加数字 0,例如 58H、0BA3FH 等。

(2) 字符串常量

字符串常量是用单引号括起来的一个或多个 ASCII 码字符构成的。汇编程序将其中每个字符都翻译成它对应的 ASCII 码值。例如字符串“A”汇编时翻译成 41H,字符串“AB”汇编时翻译成 41H、42H。只有在初始化存储器时才可以使用多于两个字符的字符串常量(见后面的数据定义伪指令部分)。

3. 存储器操作数

存储器操作数通常是一个标识符,有标号(Label)和变量(Variable)两种。

指令语句的标号代表存放该指令的存储单元的符号地址,其后须加冒号,通常作为转移类指令、过程调用指令和循环控制类指令的操作数。

变量是存储器中某个数据区的名字,由于数据区中内容是可以改变的,因此,变量的值也可以改变。变量在指令中可以作为存储器操作数引用。变量的定义将在 3.3.4 节介绍。

标号和变量一经定义,都具有 3 种基本属性:段地址属性、偏移地址属性和类型属性。

(1) 段地址属性

标号段地址属性是标号所在段的段基地址,当程序中引用一个标号时,该标号应在代码段中。变量段地址属性就是它所在段的段基地址,变量一般在存储器的数据段或附加段中。

(2) 偏移地址属性

偏移地址属性是标号或变量所在段的段首到定义该标号或变量的地址之间的字节数(即偏移地址),是一个 16 位无符号数。

(3) 类型属性

标号的类型有 NEAR 和 FAR 两种。前一种称为近标号,只能在段内被引用,地址指针为 2 字节。后一种称为远标号,可以在其他段被引用,地址指针为 4 字节。变量类型可以是 BYTE(字节)、WORD(字)、DWORD(双字)、QWORD(四字)和 TBYTE(10 字节)等,表示数据区中存取操作对象的大小。

4. 表达式

表达式是由各种运算符、操作数所构成的序列,汇编程序在汇编过程中计算表达式并得到一个确定的数值。组成表达式的各部分必须在汇编时就有确定的值。表达式中常用的运算符有以下几种。

(1) 算术运算符

常用的算术运算符有加(+)、减(-)、乘(*)、除(/)和取模运算(MOD),例如:

```
MOV   AL,8+6            ;AL = 0EH
MOV   BL,20H MOD 7      ;AL = 4,取模运算(MOD)是“取余数”
MOV   AL,VAR+2          ;当 VAR+2 是一个地址表达式时,表示将从 VAR+2 开始的存储
                       ;单元内容送 AL
```

(2) 逻辑运算符

逻辑运算符包括与(AND)、或(OR)、非(NOT)和异或(XOR)。逻辑运算符只能用在数值表达式中,两数相应位进行逻辑运算,并得到数值结果。例如:

```
MOV   AL,11001100B AND 11110000B      ;执行后 AL = 11000000B
MOV   BL,NOT 0FFH                     ;执行后 BL = 00H
```

注意：

① 逻辑运算符只能对常数进行运算,如"MOV CX,AX AND 1"是非法的。

② 逻辑运算符与逻辑运算指令助记符相同,但在指令中出现的位置不同。出现在指令操作数部分时,汇编程序把它看成逻辑运算符。逻辑运算功能在汇编时完成,逻辑运算指令功能在程序执行阶段完成。

例如：

```
AND  DX,  PORTA AND OFEH
```

其中 PORTA 是伪指令定义的常量,第一个 AND 是逻辑操作指令助记符,第二个 AND 是逻辑运算符。

（3）关系运算符

关系运算符有等于（EQ）、不等于（NE）、小于（LT）、大于（GT）、小于等于（LE）、大于等于（GE）。参与关系运算的必须是两个数值或同一段中的两个存储单元地址,运算结果是一个逻辑值,当关系成立（为真）时,结果为全 1,即 0FFFFH；当关系不成立（为假）时,结果为全 0,即 0000H。例如：

```
MOV BX, 6 LT 5          ;关系不成立,汇编后等效于指令 MOV BX,0000H
MOV AX,6 NE 5           ;关系成立,汇编后等效于指令 MOV AX,0FFFFH
```

（4）分析运算符和合成运算符

分析运算符可以把存储器操作数分解为它的组成部分,如它的段地址值、段内偏移量和类型。合成运算符可以用已经存在的存储器操作数生成一个段地址值与偏移量相同,而类型不同的新存储器操作数。详细内容将结合伪指令一并讨论。

（5）其他运算符

① 方括号"[]"

指令中用方括号表示存储器操作数,方括号里的内容表示操作数的偏移地址。

② 段超越运算符":"

运算符":"（冒号）跟在某个段寄存器名（DS、ES、SS）后,表示重设段基地址,用来指定一个存储器操作数的段属性,而不管其原来隐含的段是什么。例如：

```
MOV  AX,ES:[DI]      ;把 ES 段中由 DI 指向的字操作数送 AX,而不是默认的 DS 段
```

3.3.4 伪指令

伪指令是指示性语句中的伪操作命令,无论是其表示形式还是其在语句中所处的位置,都与 CPU 指令相似,但两者间是有区别的。

我们知道,指令语句在程序运行时由 CPU 执行,每条指令都对应 CPU 的一种特定操作,如加法、减法、数据传送等；伪指令在汇编过程中由汇编程序执行,提供汇编所需的信息,如程序的开始与结束、数据区的定义及原始数据、存储区的分配等。另外,汇编以后每条 CPU 指令都产生一条对应的目标代码,而伪指令汇编后不产生相应的目标代码。

下面是一个完整的 MASM-86 汇编语言源程序。该程序定义了一个数据段 DATA1,在该数据段里放入了各种类型的数据,汇编后可以看到这些数据。

```
DATA1  SEGMENT  ;数据段 DATA1
    FIRST       DB     66H,9,9
    SECOND      DW     -6,100H
```

```
        THIRED      DD      5 * 20
        ONE         DB      'ABC','DOK'
        AB          DB      F9H,?,F8H
        CD          DW      ?,66H,?
        TAB1        DB      2DUP(FFH,0)
        ORG         3500H       ;置 $ 值为3500H
            VAR1    DW      100H,200H
            VAR2    DB      9FH,9
            N       EQU     $ -VAR1
DATA1   ENDS
STACK   SEGMENT STACK       ;堆栈段 STACK
        DB          200 DUP(0)
STACK   ENDS
CODE    SEGMENT
ASSUME  DS:DATA1,CS:CODE,SS:STACK
START:  MOV     AX,DATA1
        MOV     DS,AX       ;DATA1→DS
        MOV     AX,STACK
        MOV     SS,AX       ;STACK→SS
        MOV     AH,4CH
        INT     21H
CODE    ENDS
        END START
```

这个程序读者现在可能看不明白,不急,宏汇编程序 MASM 提供了几十种伪指令,我们先来介绍一下常用的伪指令。

1. 符号定义伪指令

(1)等值语句 EQU

等值语句用来给某个表达式赋予一个名字,在源程序中就可以用该名字代替表达式。表达式可以是数据、符号、数据地址、程序地址,甚至可以定义为一条可以执行的指令等。EQU 语句格式为:

```
名字   EQU   表达式          ;把表达式的值赋给名字
```
例如:
```
ABC   EQU   2000H          ;表示 ABC = 2000H
ADR   EQU   [BP + 5]       ;表示 ADR 代表地址表达式[BP + 5]
VAR   EQU   ABC * 2 + 256  ;表示 VAR = 表达式的值
COUNT EQU   CX             ;表示在以后的程序中可用 COUNT 代表 CX 寄存器
```
如果在程序段中有了上述语句,则指令语句:
```
MOV   AX,ABC               ;执行后 AX = 2000H,等同于 MOV AX,2000H
MOV   AX,COUNT             ;等同于 MOV AX,CX
```
注意:EQU 定义的名字在未解除之前是不能重新定义的。

（2）解除语句 PURGE

用 EQU 命令定义的名字,若要重新定义或以后不再用了,可用 PURGE 语句来解除。PURGE 语句的格式:

PURGE 名字 1,名字 2,…,名字 n

用 PURGE 语句解除后的名字(符号)可以重新定义。例如:

PURGE　VAR

VAR　EQU 3 * 2 + 56

（3）等号语句 =

等号语句的功能与 EQU 相同,只是用等号语句定义的符号(名字)可以重复定义。例如:

COUNT = 8

COUNT = 10

COUNT = COUNT + 1

2. 数据定义伪指令

数据定义伪指令为数据项分配存储单元,用一个变量与这个存储单元相联系,给变量分配存储单元并初始化。其汇编语言格式为:

[变量名] 数据定义伪指令 操作数[,操作数…]

变量名是用户自定义标识符(即变量),表示操作数表首个数据项的逻辑地址,即用这个符号表示地址,常称为符号地址。若没有变量名,汇编程序将直接为各操作数分配空间。设置变量名是为了方便存取它指示的存储单元。

数据定义伪指令有 DB、DW、DD、DF、DQ、DT,它们的功能如表 3-1 所示。

表 3-1　数据定义伪指令

助记符	变量类型	功　能
DB	字节(Byte)	给每个操作数项分配一个 8 位的字节单元;可用于定义字符串
DW	字(Word)	给每个操作数项分配一个 16 位的字单元;可用于定义数据、段地址、偏移地址
DD	双字(Dword)	给每个操作数项分配一个 32 位的双字单元;可用于定义数据、含段地址和偏移地址的远指针
DF	3 个字(Fword)	给每个操作数项分配一个 6 字节单元;常用于表示 32 位 CPU 的 48 位远指针
DQ	4 个字(Qword)	给每个操作数项分配一个 8 字节单元;常用于表示 64 位数据
DT	10 个字(Tbyte)	给每个操作数项分配一个 10 字节单元;常表示 BCD 码、数据(用于浮点运算)

多个操作数项间用逗号分隔,操作数可以是常量、?、带 DUP(重复操作符)的表达式和地址表达式。常量包括常数、字符串常量、符号常量和数值表达式;“?”表示未赋初值,只预留内存空间;多个存储单元有相同初值,可以用重复操作符 DUP 定义。

例 3-1　一些变量的定义如下,图 3-13 是相应的内存分配示意图。

DATA1　DB　-1 * 3　　　　;有符号数用补码形式表示,-3 的补码是 0FDH,存放在 DATA 1
　　　　　　　　　　　　;所指的内存单元中

DATA2　DW　0204H,100H　;从 DATA2 地址开始定义两个字操作数 0204H、0100H,占 4 个
　　　　　　　　　　　　;存储单元

DATA3　DD　12345H　　　;从 DATA3 地址开始定义一个双字操作数,位数不足,高位补
　　　　　　　　　　　　;0,所以相当于 00012345H,占 4 个存储单元

STRING　DB　'0123','A','BC'　;从 STRING 开始存放对应字符串中各字符的 ASCII 码,一个
　　　　　　　　　　　　;字符占一个存储单元,共占 7 个存储单元,字符串一般须用

			;DB 来定义
DATA5	DW	'01','23'	;如果用 DW 来定义字符串,则操作数项单引号内须是两个字
			;符,每个字符占一个存储单元,共占 4 个存储单元
DATA6	DB	?	;从 DATA6 开始预留一个字节单元,单元内容是原来值
DATA7	DB	3 DUP(00)	;从 DATA7 开始分配 3 字节单元,初值都为 0
DATA8	DW	2 DUP(?)	;从 DATA8 开始预留 2 个字,占 4 个单元,单元内容不变
DATA9	DW	DATA5	;将符号地址 DATA5 的值(偏移地址)存在从 DATA9 开始的
			;单元

多字节数在存储器中的存放规则:低字节存在低地址单元,高字节存在高地址单元;多个操作数时,从左到右由低地址到高地址排列。图 3-13 假设数据段从 2000H:0000H 开始存放,则 DATA5 的偏移地址为 0010H,所以符号地址 DATA9 对应的单元中存放 0EH、00H。

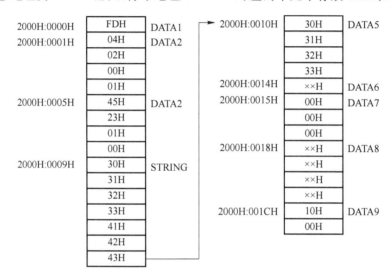

图 3-13　例 3-1 相应的内存分配示意图

3. 分析运算符和合成运算符

现在我们来讨论前面提到的分析运算符和合成运算符。在汇编语言源程序中运用标号或变量时会用到分析运算符或合成运算符。分析运算符可从标号或变量中分解出某些属性值,如表 3-2 所示。而合成运算符可对标号或变量的类型属性进行设置,如表 3-3 所示。

表 3-2　分析运算符表达式

带分析运算符的表达式	表达式的值
OFFSET 变量名或标号	取出变量名或标号所在段的偏移地址
SEG 变量名或标号	取出变量名或标号所在段的段基址
TYPE 变量名或标号	对字节型变量名返回值1,字型变量名返回值2,双字型变量名返回值4,三字型变量名返回值6,四字型变量名返回值8,十字型变量名返回值10。对标号进行操作,如果标号类型为 NEAR,则返回−1;如果标号类型为 FAR,则返回−2
SIZE 变量名	取变量存储区的总长度(以字节为单位),即 SIZE＝LENGTH * TYPE。
LENGTH 变量名	取变量存储区中变量的元素个数(即变量定义中使用 DUP 的次数,无 DUP 时值为1)

表 3-3　合成运算符表达式

带合成运算符的表达式	表达式的作用
类型名 PTR 变量名或标号	将已定义过的变量名或标号按该表达式指定类型名使用
SHORT 标号	将标号作为短处理
变量名或标号 EQU THIS	用于创建采用当前地址但为指定类型的操作数

说明：

① 对于变量名，类型名可以是 BYTE（字节）、WORD（字）和 DWORD（双字）；对于标号，类型名可以是 NEAR（近属性，段内）和 FAR（远属性，段间）。

② 常用到 PTR 合成操作符的场合是：临时改变变量或标号的类型，使指令中各操作数类型相同；指令中存储器操作数类型不确定时（即有歧义时），用 PTR 指定类型。

例 3-2　在例 3-1 的定义下，有下列语句：

```
MOV  DI,  OFFSET DATA1   ;取 DATA1 的偏移地址送 DI,即 DI = 0000H
MOV  SI,  OFFSET DATA1   ;取 DATA1 的偏移地址送 SI,即 SI = 0000H
MOV  AL,  BYTE PTR[DI]   ;将 DI 所指的一个存储单元内容送 AL,AL = 0FDH,即取一字节
MOV  AX,  WORD PTR[SI]   ;将 SI 所指的连续两个单元内容送 AX,AX = 04FDH,即取一个字
MOV  AX,  SEG DATA1      ;取变量 DATA1 的段基地址送 AX,AX = 2000H
MOV  DS,  AX             ;段基地址送 DS
MOV  AL,  LENGTH DATA2   ;执行后 AL = 1
MOV  AL,  LENGTH DATA7   ;执行后 AL = 3
MOV  AL,  LENGTH DATA8   ;执行后 AL = 2
MOV  AL,  SIZE DATA7     ;执行后 AL = 3(即 3×1)
MOV  AL,  SIZE DATA8     ;执行后 AL = 4(即 2×2)
```

4. 段定义伪指令

前面已讲过汇编语言源程序是采用分段结构来组织程序（或程序模块）、数据、堆栈的。一个源程序由若干个逻辑段组成。段定义伪指令专门用于定义汇编语言源程序中的逻辑段。段定义伪指令格式为：

```
段名  SEGMENT  [定位类型][组合类型][类别名]
...              ;本段语句序列(定义数据段、附加数据段和堆栈段时,只能包括伪指令语句,不
                 ;能包括指令语句;定义代码段时,可包括指令语句和与指令有关的伪指令语句)
段名  ENDS
```

伪指令 SEGMENT 和 ENDS 总是成对使用的，用来指定段的开始、结束、段的名称和段属性。段名是程序员给逻辑段起的一个名称，不能与指令助记符或伪指令符等保留字同名，同一逻辑段在 SEGMENT/ENDS 伪指令前的段名必须相同。带有"[ ]"部分是段属性的说明，按需要可有可无，段属性有定位类型、组合类型和类别名。分别说明如下。

（1）定位类型

定位类型给出逻辑段在内存中的实际地址边界。它有 PAGE、PARA、WORD、BYTE 4 种类型。

• PAGE。表示相应段必须从存储器的某一页（256 字节）边界开始，即段的起始地址能被 256 整除。此时该段 20 位物理地址为×××00H。

- PARA。表示相应段必须从存储器的某一个节(16 字节)的边界开始,即段的起始地址能被 16 整除。此时该段 20 位物理地址为××××0H。
- WORD。表示相应段可以从存储器的任何一个字边界(偶地址)开始,即段的起始地址能被 2 整除。此时该段 20 位物理地址为×××× ×××× ×××× ×××× ×××0B。
- BYTE。表示相应段可以从存储器的任何地址开始。

合理选择定位类型,以在进行段和模块的定位连接时,充分地利用存储器空间。

(2) 组合类型

组合类型在多模块程序设计中告诉汇编程序该段和其他同名段间如何组合连接。如果没有指明组合类型,则该程序段不与其他段相连接。组合类型有以下 5 种。

- PUBLIC。表示该段与其他同名段在满足定位类型的前提下依次连接起来,构成一个逻辑段。连接的顺序由连接程序 LINK 确定。
- COMMON。表示该段与其他同名同类别段共享相同的存储空间,即各段都是从相同的地址开始的,互相覆盖。连接后,段的长度等于最长的 COMMON 段的长度。
- AT 表达式。表示相应段根据表达式的值定位段地址。例如,"AT 2000H"表示该段的段基地址为 2000H,本段起始的物理地址为 20000H。
- STACK。与 PUBLIC 组合类型的处理方式相同,即把不同模块中带有 STACK 组合类型的同名段连接起来,使这些同名段都从同一基地址开始。但 STACK 组合方式仅用于堆栈段,并且在可执行文件装入内存后,段寄存器内已是该段的段地址,堆栈指针 SP 已指向栈顶。
- MEMORY。表示在连接时本段应装在同名段中具有最高地址的地方。若连接时具有 MEMORY 组合类型的段不止一个,则只有第一段能当成 MEMORY 组合类型来处理,其他的段将重叠,即按 COMMON 组合类型来处理。

(3) 类别名

类别名是程序员任选的一个字符串,使用时必须用单引号括起来。连接时,将把不同模块中相同类别名的各段在物理地址上相邻地连接在一起,其顺序则与 LINK 时提供的各模块顺序一致。

5. ORG 伪指令

一般格式为:

ORG 表达式

ORG 伪指令用来规定其后的程序或数据块存放的起始地址,即以表达式的值为起始地址(偏移地址)开始连续存放。ORG 伪指令可以放置在源程序中的任何位置。

```
MY-SEG   SEGMENT
    ORG  1000H          ;后面的数据区从段内偏移地址 1000H 开始存放
    DATA1  DB  12H,22,34H
    …
MY-SEG   ENDS
```

6. ASSUME 伪指令

ASSUME 伪指令语句用来告诉汇编程序在指令执行期间使用哪个数据段、附加数据段、堆栈段、代码段,即指明段寄存器所对应的段。其一般格式为:

ASSUME 段寄存器名:段名[,段寄存器名:段名,…]

ASSUME 语句只能出现在代码段内,且一般是代码段内第一条语句。ASSUME 语句中的"段寄存器名:段名"按需要可以有一项或多项,如果一行写不下,可分成两个 ASSUME 语句。

一个源程序模块允许包括多个代码段和其他段,也允许多次使用 ASSUME 语句,重新约定段寄存器和段的关系。但 ASSUME 语句并不意味着汇编后这些段地址已经装入相应的段寄存器中了。除了 CS 以外,各个段寄存器的实际值,还要用 MOV 指令来赋予。例如:

```
MYDATA      SEGMENT        ;定义数据段 MYDATA
   BUF      DB 10 DUP(11H)
MYDATA      ENDS
MYEXTRA     SEGMENT        ;定义附加数据段 MYEXTRA
   EBUF     DB 10 DUP(?)
MYEXTRA     ENDS
MYSTACK     SEGMENT        ;定义堆栈段 MYSTACK
   SBUF     DB 200 DUP(0)
MYSTACK     ENDS
MYCODE      SEGMENT
      ASSUME  CS:MYCOED,DS:MYDATA,ES:MYEXTRA,SS:MYSTACK
START:MOV   AX,MYDATA      ;段名具有段地址属性,取数据段 MYDATA 的段基地址给 AX
      MOV   DS,AX          ;段基地址再送 DS
      MOV   AX,MYEXTRA
      MOV   ES,AX
      MOV   AX,MYSTACK
      MOV   SS,AX
      MOV   AH,4CH
      INT   21H
MYCODE ENDS
      END START
```

7. 过程定义伪指令

通常将具有某种功能的程序段定义成一个过程(即子程序)。一个过程可以被其他程序调用(CALL),它总是至少有一条返回指令,以控制此过程执行完毕后返回到调用程序(主程序)。过程定义伪指令的一般格式:

```
过程名   PROC   [NEAR/FAR]
   …
   RET
过程名   ENDP
```

过程定义伪指令 PROC/ENDP 总是成对出现的,其前面的过程名必须相同。过程可以是近过程(与调用程序在同一个代码段内),此时伪操作 PROC 后面的类型是 NEAR,但可以省略;若过程为远过程(与调用程序在不同代码段内),则伪操作 PROC 后面的类型是 FAR,不能省略。过程可以嵌套,即一个过程调用另一个过程。过程也可以递归,即过程可以调用过程本身。

例 3-3　编写一个 10 ms 延时子程序。

```
DELY    PROC                    ;定义一个近过程
        PUSH    BX              ;保护 BX 原来内容
        PUSH    CX              ;保护 CX 原来内容
        MOV     BL,2            ;外循环次数
NEXT:   MOV     CX,4167         ;内循环次数(实现延时 5 ms)
Y10MS:  LOOP    Y10MS           ;CX≠0 则循环
        DEC     BL              ;修改外循环计数值
        JNZ     NEXT            ;BL≠0 则进行第 2 轮循环
        POP     CX              ;恢复 CX 原来内容
        POP     BX              ;恢复 BX 原来内容
        RET                     ;过程返回
DELY    ENDP                    ;过程结束
```

完成多字节 BCD 码相加,并将单字节加法写成过程的程序清单请扫描二维码。

8. 源程序结束伪指令 END

伪指令 END 用来表明本源程序到此处结束。其格式如下:

END　[表达式]

这里的表达式通常就是程序第一条可执行指令语句的标号。该标号就是程序在汇编、连接后,将目标代码装入内存要执行的起始地址。

程序清单

3.4　指 令 系 统

计算机功能的强弱和性能的优劣主要取决于计算机采用的 CPU 及其相应的指令系统。在 80X86 系列的 CPU 中,80486 的指令系统是在 8086/8088、80186、80286、80386 的指令基础上发展形成的,其机器代码完全向上兼容。80486 与其他的 80X86 相比,增强了指令功能,还增加了指令种类。80486 的指令大致可分为整数指令、浮点指令和操作系统型指令三大类。整数指令是算术逻辑部件(ALU)执行的指令;浮点指令是浮点运算部件(FPU)执行的指令;操作系统型指令是支持 CPU 保护工作方式的指令。

本节主要介绍 80X86 的常用指令。对于浮点指令和操作系统型指令,请读者自行参考有关参考书。

整数指令按功能分为数据传送类指令、算术运算指令、逻辑运算与移位指令、串操作指令、位操作指令、控制转移类指令、标志操作指令、CPU 控制指令和高级语言指令等。

为便于介绍指令,指令中要出现的一些符号说明如表 3-4 所示。

表 3-4　指令符号说明

符　号	意　义　说　明
OP1、OP2	操作数。多操作数指令中,OP1 为目的操作数,OP2 为源操作数
reg	通用寄存器。可以是 8 位、16 位或 32 位
sreg	段寄存器:CS、DS、ES、SS、FS、GS
reg8	8 位通用寄存器:AH、AL、BH、BL、CH、CL、DH、DL

符　号	意义说明
reg16	16 位通用寄存器：AX、BX、CX、DX、DI、SI、SP、BP
reg32	32 位通用寄存器：EAX、EBX、ECX、EDX、EDI、ESI、ESP、EBP
mem	存储器。可以是 8 位、16 位或 32 位
mem8	8 位存储器。相应操作数只能是 8 位
mem16	16 位存储器。相应操作数只能是 16 位
mem32	32 位存储器。相应操作数只能是 32 位
imm	立即数。可以是 8 位、16 位或 32 位
imm8	8 位立即数。有关操作数只能是 8 位

3.4.1　数据传送类指令

数据传送类指令用于寄存器、存储单元与 I/O 端口之间传送数据或地址。传送类指令是指将源操作数复制到目的操作数（地址）中。除标志传送指令外，指令执行的结果不影响标志寄存器中的标志位。

这类指令分为通用数据传送指令、交换类指令、堆栈操作指令、地址传送类指令、输入/输出指令。

例 3-4　数据块传送问题。①将数据段中从 2000H：1200H 单元开始存放的 100 个数（8 位数）传送到从 6000H：4000H 开始的存储单元中。②将数据段中从 2000H：1200H 单元开始存放的 100 个数（16 位数）传送到从 6000H：4000H 开始的 10 个字中。③将数据段 DATA1 中的 100 字节数据传送到数据段 DATA2 中 。针对问题①写了一段程序，如下：

```
        MOV AX,2000H    ;源数据段基地址通过 AX 送 DS
        MOV DS,AX
        MOV AX,6000H    ;目的数据段基地址通过 AX 送 ES
        MOV ES,AX
        MOV SI,1200H    ;源数据段偏移地址→SI
        MOV DI,4000H    ;目的数据段偏移地址→DI
        MOV CX,100      ;数据长度→CX
LOOP1： MOV AL,[SI]     ;取 SI 所指存储单元的数据送 AL
        MOV [DI],AL     ;AL 内容送 DI 所指存储单元
        INC SI          ;SI 内容加 1 后送 SI
        INC DI          ;DI 内容加 1 后送 DI
        DEC CX          ;每传一次，长度 CX 减 1
        JNZ LOOP1       ;100 字节数据没有传送完（CX≠0），转 LOOP1 继续传送
        HLT             ;否则 100 字节数据传送完毕，停机结束串传送，对标志位无影响
```

在这类问题中就要用到数据传送类指令，同学们先熟悉一下传送类指令，再试着编写程序。

1. 通用数据传送指令 MOV

指令格式：

MOV OP1,OP2

指令功能是将源操作数 OP2 的内容(复制)传送到目标操作数 OP1 中。MOV 指令常用于对寄存器、存储器赋值,以及数据暂存等。

MOV 指令允许的源操作数、目的操作数传送关系如图 3-14 所示。具体指令格式有:

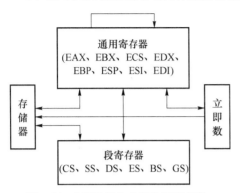

图 3-14 MOV 指令允许的源操作数、
目的操作数传送关系

```
MOV    reg/sreg,reg
MOV    reg,sreg
MOV    reg/sreg,mem
MOV    mem,reg/sreg
MOV    reg,imm
MOV    mem,imm
```

有关 MOV 指令的几点说明。

① 目的操作数不能为 CS、IP 和立即数。

② 源操作数和目的操作数必须等长,即同为字节、字、双字类型。

③ 源操作数与目的操作数不能同时为存储器操作数或段寄存器。若要传送,则要将通用寄存器作为桥梁。例如,欲将存储器字变量 DATA 的内容传送至存储器字变量 REUS 单元中,需通过以下程序实现:

```
MOV AX,DATA           ;将 DATA 内容→AX
MOV REUS,AX           ;经 AX 送至 REUS 单元中,没有"MOV REUS,DATA"指令
```

若要使段寄存器 ES 和 DS 指向同一段基址,则以通用寄存器为桥梁:

```
MOV AX,DS             ;DS 段基址→AX
MOV ES,AX             ;经 AX 再送至 ES 段寄存器
```

④ 不能将一个立即数传送给段寄存器,只能将通用寄存器作为桥梁来实现:

```
MOV AX,1234H          ;立即数 1234H 经 AX 送入 DS 段寄存器中
MOV DS,AX             ;没有"MOV DS,1234H"指令
```

例如:

```
MOV AL,BL
MOV CL,4
MOV AX,03FFH
MOV AX,[BX]
MOV AL,BUFFER*
MOV DST[DI],CX
MOV DS,CUNT[BX + SI]
MOV DEST[BP + DI],ES
MOV ES,CX
MOV BP,SS
```

2. 交换类指令

在 80X86 系列中交换类指令主要有交换指令 XCHG 和查表转换指令 XLAT/XLATB。

例 3-5 查表/换码/加密问题。① 已知 0~15 的平方值表,查表求 X 的平方值,送到 Y 单元;② 已知 0~255 的平方值表,查表求 X 的平方值,送到 Y 单元。

(1)交换指令

指令格式:

XCHG OP1,OP2

交换指令的功能是实现源操作数 OP2 与目的操作数 OP1 的相互交换。OP1、OP2 两操作数可以是 8 位、16 位、32 位数;两操作数长度必须一致;两操作数不允许都是存储器操作数;两操作数中不允许有立即数;两操作数中不允许有段寄存器。例如:

XCHG BX,[DI + 2400H]　　　;EA = DI + 2400H,(EA)所指存储器与 BX 的内容相互交换
XCHG AH,CL　　　　　　　;两个 8 位寄存器 AH、CL 的内容相互交换

(2) 查表转换指令

指令格式:

XLAT/XLATB　　　　;AL←DS:[BX + AL]指令的功能是将存储器地址为 DS * 10H + BX + AL 的单
　　　　　　　　　　;元的内容取出送入 AL 寄存器

该指令的操作数全都是隐含的。XLAT 指令规定事先应在 BX 中存放某一内存表格的首地址;AL 为表中某一元素项与表格首地址之间的偏移量(长度在 0~255 之间)。执行 XLAT 指令时,将(EA)放入 AL 中。该指令对标志位没有影响。

该指令常用于代码间的相互转换。例如,将以 BCD 码表示的十进制数字(0~9)转换成共阴极 LED 显示的字形代码,表 3-5 是十进制数、BCD 码、字形代码(共阴极 LED)对照关系表。将字形码按十进制数从小到大的次序排成一个表,放在内存某个区域中,把此区域的首地址 TABLE 送 BX。设字形码在内存中定义如下:

TABLE DB 40H,79H,24H,30H,19H
　　　　DB 12H,02H,78H,00H,18H
NUMB DB ××H　　　　;××为某十进制数的 BCD 码

采用以下几条指令可实现转换。

MOV AX,××××H
MOV DS,AX　　　　　　　　;给 DS 段寄存器设段基址
MOV BX,OFFSET TABLE　　　;将字形码表首地址中的偏移量(有效地址)
　　　　　　　　　　　　　　;送 BX(在汇编语言中 OFFSET 是偏移地址)
MOV AL,NUMB　　　　　　　;将某数的 BCD 码 NUMB = ××H→AL
XLAT　　　　　　　　　　　;将 BCD 码××H 的字形码→AL 中

XLAT 指令所操作的数据一般都是 DS 段的数据,也可用段超越前缀,改变段寄存器。XLATB 指令的功能与 XLAT 指令的相同,但该指令不允许使用段超越前缀,即只能对 DS 段的操作数进行传送操作。

表 3-5　十进制数、BCD 码、字形代码(共阴极 LED)对照关系表

十进制数	BCD 码	字形代码	十进制数	BCD 码	字形代码
0	0000	3FH	5	0101	6DH
1	0001	06H	6	0110	7DH
2	0010	5BH	7	0111	07H
3	0011	4FH	8	1000	7FH
4	0100	66H	9	1001	67H

3. 地址传送类指令

80X86 的地址传送类指令分有效地址传送指令和指针传送指令,且操作结果对标志寄存器的标志位没有影响。

（1）有效地址（EA）传送指令 LEA

指令格式：

LEA reg16,mem   ;mem 的有效地址 EA 送 16 位寄存器

该指令的功能是将内存单元的有效地址（不是该单元内容）传送到 16 位的目标寄存器中。

例如：

LEA BX,TABLE   ;将变量为 TABLE 内存单元的偏移地址（有效地址）

;送 BX（等同于 MOV BX,OFFSET TABLE）

LEA SI,[BX + DI + 05H] ;源操作数的有效地址 EA = BX + DI + 05H 送 SI

（2）指针传送指令

80386/80486 有 5 条地址指针传送指令,常用的有 3 条。其功能是将 16 位有效地址存入通用寄存器,将 16 位段基址存入指令指定的段寄存器中,从而可方便地利用一条指令来设定逻辑地址（段基址:有效地址）。具体指令格式为:

LDS reg16,mem   ;mem 单元开始的 16 位内容→reg16

;mem + 2 单元开始的 16 位内容→DS

LSS reg16,mem   ;mem 单元开始的 16 位内容→reg16

;mem + 2 单元开始的 16 位内容→SS

LES reg16,mem   ;mem 单元开始的 16 位内容→reg16

;mem + 2 单元开始的 16 位内容→ES

每条指令助记符后面的字母都代表了指定的段寄存器。

指令中如果目标寄存器是 16 位的,则源操作数应是 32 位内存操作数,指令执行后操作数中的低 16 位数作为有效地址送指令指定的 16 位通用寄存器中,高 16 位数作为段基址送指令指定的段寄存器中。

例如,在数据段定义如下:

DATA1 DD 3000100AH   ;DD 为定义双字变量的助记符

则数据段中数据单元的排列顺序如图 3-15 所示。执行下列指令可将有效地址和段基址送相应寄存器。

LDS SI,DATA1   ;装入 DS 段寄存器,DS = 3000H,SI = 100AH

4. 堆栈操作指令

堆栈是在内存中开辟的一个暂存单元区。在 80X86 系列中,堆栈是用段定义语句在内存中定义的一个堆栈段。堆栈段的段基址存放在 SS 堆栈段寄存器中,偏移地址存放在堆栈指针寄存器 SP 中,它总是指向堆栈区的顶端（即栈顶）。

CPU 对堆栈的操作采用后进先出（或先进后出）的存取方法,即最后存放到堆栈中的数（在栈顶的数）,最先从堆栈中取出。CPU 通过堆栈指针寄存器 SP 的间接寻址方式来获得相应的操作数。

CPU 对内存堆栈段中的存储单元进行存（压入堆栈）、取（弹出堆栈）操作。对应 80X86 的两类堆栈指令:一类是把数据压入堆栈的 PUSH 指令;另一类是把数据从堆栈中弹出的 POP 指令。这些指令多数是单操作数指令,少量是无操作数指令,其他操作数都是指令隐含的。

80X86 的堆栈是向下增长的,以实地址方式为例,在执行压入堆栈 PUSH 指令,以 SP 作为堆栈指针时,每压入一个字数据,堆栈指针寄存器 SP 中的值减 2,指向低二字节的地址位置;相反,当执行弹出堆栈 POP 指令时,SP 的值加 2,指向高二字节的地址位置,如图 3-16 所示。

80X86初始堆栈指针应是偶数,以便在堆栈中按规则字进行存取操作。

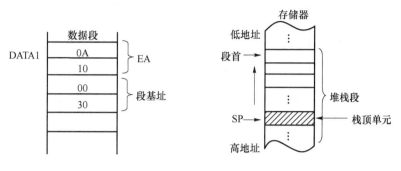

图 3-15　地址指针排列　　　图 3-16　堆栈段示意图

在程序中,堆栈主要用于子程序调用、中断响应等操作时的参数保护,也可用于实现参数传递。

（1）压栈/出栈指令 PUSH/POP

指令格式：

PUSH 　　　OP2（源操作数）

POP 　　　OP1（目的操作数）

指令中的 OP2 可以是 16 位的立即数、通用寄存器、段寄存器、存储器（地址连续的两个存储单元）；OP1 可以是 16 位的通用寄存器、段寄存器（CS 除外）、存储器（地址连续的两个存储单元）。

PUSH 指令的功能是将指令中指定的 16 位操作数压入堆栈。执行过程为：

SP − 2→SP

OP2 高 8 位→[SP]

OP2 低 8 位→[SP + 1]

POP 指令的功能是从栈顶把 16 位操作数从堆栈中弹出至目的操作数中。执行过程为：

[SP]→OP1 低 8 位

[SP + 1]→ OP1 高 8 位

SP + 2→SP

例如,已知压栈操作前 SS＝2000H,SP＝03AAH,AX＝1234H,BX＝5678H,则执行如下指令：

PUSH AX 　　　　　;先修改指针 SP←SP − 2,再将数据压入堆栈[SP]←AX

PUSH BX 　　　　　;先修改指针 SP←SP − 2,再将数据压入堆栈[SP)←BX

POP AX 　　　　　;先将数据弹出堆栈 AX←[SP],再修改指针 SP←SP + 2

POP BX 　　　　　;先将数据弹出堆栈 BX←[SP],再修改指针 SP←SP + 2

其操作过程如图 3-17 所示。

（2）标志寄存器压栈/出栈指令

指令格式：

PUSHF/ PUSHFD

POPF/POPFD

PUSHF/PUSHFD 的功能是将 FLAGS/EFLAGS 寄存器的内容压入堆栈;POPF/POPFD 的功能是从堆栈中弹出字或双字至 FLAGS/EFLAGS 标志寄存器中。

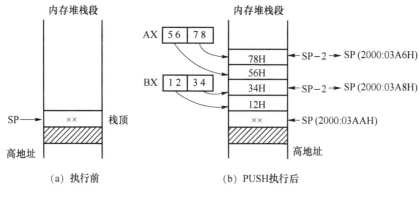

(a) 执行前   (b) PUSH执行后

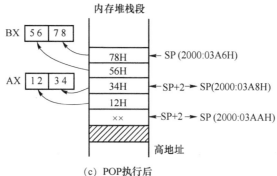

(c) POP执行后

图 3-17   指令序列操作过程示意图

PUSHF 指令的执行完成两步操作：

① 修改堆栈指针 SP←SP－2；

② 将 FLAGS 内容压入堆栈顶部[SP]←FLAGS。

上述操作即[SP]←FLAGS 低 8 位;[SP+1]←FLAGS 高 8 位。

POP 指令的执行同样完成两步操作：

① 堆栈顶弹出一个字至 FLGAS 中,FLAGS←[SP]；

② 修改堆栈指针 SP←SP－2。

5. 输入/输出(I/O)指令

指令格式：

IN   AL/AX,imm8/DX

OUT   imm8/DX,AL/AX

输入指令 IN 用于从 I/O 端口读数据到累加器 AL 或 AX 中;输出指令 OUT 用于把累加器 AL 或 AX 的内容写到 I/O 端口。只有累加器 AL/AX 能与 I/O 端口进行数据传送,也称累加器专用传送指令。

80X86 系统可以连接多个外部设备(每个设备都被分配一个 I/O 端口),像存储器一样用不同的地址来区分它们。根据端口地址的长度不同,I/O 端口寻址方式有两种:直接寻址方式和 DX 寄存器间接寻址方式。

(1) 直接寻址方式

当 I/O 端口地址用 8 位立即数表示时,即 I/O 端口地址号直接写在输入/输出指令中,可寻址的 I/O 端口地址范围是 00H～FFH。例如：

```
IN AL,3FH          ;表示从地址号为 3FH 的端口输入一个字节数→AL
IN AX, 3FH         ;表示从地址号为 3FH、40H 的 2 个端口输入一个 16 位数（字）→AX
                   ;其中从 3FH 端口读入的 8 位数→AL,从 40H 端口读入的 8 位数→AH
OUT 43H,AL         ;把 AL 的内容（一字节数据）→43H 端口
OUT 43H,AX         ;把 AX 的内容（一字数据）→43H、44H 端口,AL→43H 端口,AH→44H 端口
```

（2）DX 寄存器间接寻址方式

当 I/O 端口地址为 16 位时,可寻址的 I/O 端口地址范围为 0000H～FFFFH。此时 16 位端口地址号由 DX 寄存器指定。例如：

```
MOV DX,03B0H       ;端口地址 03B0H 送 DX 寄存器
IN AL,DX           ;从 DX 指向的端口读一字节数→AL
IN AX,DX           ;从 DX 及 DX＋1 指向的两个端口读一个字数据→AX
OUT DX,AL          ;将 AL 的内容输出到 DX 所指的端口中
OUT DX,AX          ;将 AX 的内容输出到 DX 和 DX＋1 所指的两个端口中
```

3.4.2　算术运算指令

80X86 微处理器提供了加、减、乘、除 4 种基本算术运算指令,其操作数可以是 8 位、16 位、32 位有符号和无符号的二进制整数及无符号的 BCD 码;同时 80X86 微处理器还提供了完成 BCD 码运算的调整指令。这类指令会根据执行结果设置标志寄存器中的状态标志位。

例 3-6　计算类问题。①计算 5 字节数据 1122334455H 与 99AABBCCDDH 的和（求和,做了 5 次）;②计算 5 字节压缩 BCD 码数 1122334455H 与 9988776655H 的和;③计算 10 个字数据的和（数据自己定义）;④计算表达式 $Z=((X-Y)\times7)/(Y+2)$ 的值,已知 $X=10,Y=5$。

1. 加法和减法指令

（1）不带进位/借位的加、减法指令

指令格式：

```
ADD  reg/mem,reg/mem/imm     ;reg/mem←reg/mem/imm ＋ reg/mem
SUB  reg/mem,reg/mem/imm     ;reg/mem← reg/mem－reg/mem/imm
```

ADD 指令将源操作数和目的操作数相加,结果（和）存放在目的操作数中,源操作数不变;SUB 指令将目的操作数减源操作数,结果（差）存放在目的操作数中,源操作数不变。两者执行后均根据结果置标志寄存器中相应的标志位。

源操作数和目的操作数均可以是 8/16/32 位的寄存器数、存储器,但不能同时为存储器操作数。源操作数还可以是 8/16/32 位立即数。

例如：

```
ADD AL,12H         ;AL←AL ＋ 12H
ADD [BX＋DI],AX     ;将 DS＊10H＋BX＋DI 和 DS＊10H＋BX＋DI＋1 所指两个存储单元
                   ;内容组成字操作数并和 AX 相加,结果存入从 DS＊10H＋BX＋DI 开
                   ;始的两个存储单元中
SUB DTAT1,11223344H ;从 DATA1←DATA1(DATA1 为已定义的符号地址)开始的连续 4 个单
                   ;元的内容组成的双字减 11223344H
```

例 3-7　说明执行"SUB ［SI＋14H],0136H"指令后对标志位的影响。

解　设 DS＝3000H,SI＝0040H,(30054H)＝4336H,指令的功能是将从 DS＊10H＋SI＋

14H开始的连续两个单元内容减0136H,差值送回目的操作数。指令执行结果对标志位的影响分析如下:

$$4336H = 0100 \quad 0011 \quad 0011 \quad 0110$$
$$+ [-0136H]_{补} = 1111 \quad 1110 \quad 1100 \quad 1010$$
$$\overline{\qquad\qquad\qquad 0100 \quad 0010 \quad 0000 \quad 0000}$$

从运算结果和过程可见:结果为正SF=0;结果低8位中有偶数个"1",PF=1;结果不等于零,ZF=0;辅助进位位没有借位,AF=0;结果无溢出(0⊕0=0),OF=0;最高位没有借位,CF=0。

例3-8 下列指令完成无符号数相加,求相加结果对标志位的影响。

```
MOV AL,3AH          ;AL←3AH
ADD AL,7CH          ;AL←3AH + 7CH,AL = B6H
```

$$3AH = 0011 \quad 1010$$
$$+ 7CH = 0111 \quad 1100$$
$$\overline{\qquad\quad 1011 \quad 0110 \ = B6H}$$

从运算结果和过程可见:结果为负(最高位是1),SF=1;结果中有奇数个"1",PF=0;结果不等于零,ZF=0;辅助进位位有进位,AF=1;结果发生溢出,(1⊕0=1)OF=1;最高位没有借位,CF=0。

例3-8两个正数相加,结果为负数,肯定不正确。从溢出标志位OF=1可知,两个8位数求和,产生了溢出(结果超出8位所能表示的范围),所得结果是不对的。所以,编程人员要根据具体问题所关心的某个方面,选择与应用相应的状态标志位。

(2)带进位/借位的加减法指令

指令格式:

```
ADC reg/mem, reg/mem/imm    ;reg/mem←reg/mem + reg/mem/imm + CF
SBB reg/mem, reg/mem/imm    ;reg/mem←reg/mem - reg/mem/imm - CF
```

ADC/SBB指令主要用于多字节算术运算,ADC比ADD多加一个低位来的进位,SBB比SUB多减一个低位来的借位。其他规定与ADD/SUB指令相同。

例3-9 求两个4字节无符号数01180A6FH、1001B0EDH的和。

```
MOV AX,0A6FH
ADD AX,0B0EDH
MOV DX,0118H
ADC DX,1001H    ;高位字加需要用ADC,以便把低位可能产生的进位加进来
```

2. 加1/减1指令

指令格式:

```
INC  reg/mem
DEC  reg/mem
```

INC指令的功能是将指定的8/16位操作数加1后再送回该操作数;DEC指令的功能是将指定的8/16位操作数减1后再送回该操作数。指令的执行结果影响OF、SF、ZF、AF、PF,但不影响CF。

这两条指令主要用于循环结构程序中,以加1/减1方式修改指针或计数。例如:

```
INC DI    ;DI←DI + 1
DEC SI    ;SI←SI - 1
```

```
INC BYTE PTR[SI]        ;(DS*10H+SI)←(DS*10H+SI)+1
```

例 3-10 延时程序如下。

```
      MOV CX,0FFFFH                ;送计数初值→CX
NEXT:DEC CX                        ;CX-1→CX
      JNZ NEXT                     ;若 CX≠0,则转 NEXT 处继续执行
      HLT                         ;停机
```

3. 求补指令

指令格式:

```
NEG  reg/mem      ;reg/mem←0-reg/mem
```

该指令的功能是对 8/16 位寄存器或存储器操作数,连符号位一起逐位取反后再进行末位加1运算,结果送回寄存器或存储器。运算结果是操作数的符号位由正数变负数或由负数变正数,但绝对值不变。

NEG 指令可用于已知某负数的绝对值求其补码,或已知某负数的补码求其绝对值。例如:

```
MOV AL,56H          ;AL=01010110B=+86
NEG AL              ;AL=10101010B=(-86)补
NEG AL              ;AL=01010110B=+86
```

NEG 指令对 6 个状态标志位均有影响,应注意以下两点:

- 执行 NEG 指令,一般都会使 CF=1,除非给定的操作数为零,才会使 CF=0;
- 当指定的操作数为 80H(-128)或 8000H(-32 768)时,则执行 NEG 指令后结果不变,即仍为 80H 或 8000H,但 OF 置 1,其他情况下 OF 均置 0。

4. 比较指令 CMP

例 3-11 找最大数-最小数类问题。①找出 2040H 单元和 2041H 单元的最大数,送 2042H 单元(数据自己定义);②在从 BUF 开始的单元中放了 10 个数(8 位数),找出其中的最大数放 MAX 单元(数据自己定义);③在从 BUF 开始的单元中放了 10 个数(16 位数),找出其中的最小数放 MAX 单元(数据自己定义)。同类的源程序可以参考例 3-13。

指令格式:

```
CMP  reg/ mem, reg/ mem/imm
```

该指令的功能是用目的操作数减源操作数,结果不送回目的操作数,源操作数和目的操作数的值不变,但影响 6 个状态标志位。该指令对操作数的规定同 SUB 指令。

比较指令主要用来比较两个数的大小。可在比较指令执行后,根据标志位的状态判别两操作数的关系。判断方法如下。

① 相等关系。如果 ZF=1,则两个操作数相等,否则不相等。

② 大小关系。分无符号数和有符号数两种情况考虑。

a. 对两个无符号数,根据 CF 标志位的状态确定。若 CF=0,则被减数大于减数(无借位),否则被减数小于减数。

b. 对两个有符号数,情况要稍微复杂一些,须考虑两个数是同符号还是异符号。

- 对两个同符号数 A 和 B,因相减($A-B$)不会产生溢出,即 OF=0,有:
  - SF=0,被减数大于减数($A>B$);
  - SF=1,减数大于被减数($B>A$)。
- 比较的两个数(A 和 B)符号不相同,做 $A-B$ 运算就有可能出现溢出。

■ 若 OF=0(无溢出),则有:SF=0,被减数大于减数($A>B$);SF=1,被减数小于减数($A<B$);SF=0,同时 ZF=1,被减数等于减数。

■ 若 OF=1(有溢出),则有:SF=1,被减数大于减数($A>B$);SF=0,被减数小于减数($A<B$)。

综上所述,可得出判断两个有符号数(A 和 B,做 $A-B$)大小关系的方法:

• 当 OF $\oplus$ SF=0 时,被减数大于减数($A>B$);

• 当 OF $\oplus$ SF=1 时,被减数小于减数($A<B$)。

例 3-12 在内存数据段从 DATA 开始的单元中存放了两个 8 位无符号数,试比较它们的大小,并将大的数送 MAX 单元。

```
         LEA BX,DATA              ;DATA 偏移地址送 BX
         MOV AL,[BX]              ;第一个无符号数送 AL
         INC BX                   ;BX 加 1 指向第二个数
         CMP AL,[BX]              ;两个无符号数进行比较
         JNC DONE                 ;若 CF = 0(无进位,表示第一个数大),转 DONE
         MOV AL,[BX]              ;否则,第二个无符号数送 AL
DONE:    MOV MAX,AL               ;将较大的无符号数送 MAX
         HLT                      ;停机
```

5. 乘法和除法指令

乘/除法指令包括无符号数乘/除法指令和有符号数乘/除法指令两种。采用隐含寻址方式。乘法隐含目标操作数为 AX(与 DX),源操作数由指令给出;除法隐含被除数,除数由指令给出,除数不能为立即数。

无符号数的乘/除法指令格式:

```
MUL reg/mem          ;(EDX,EAX)/(DX,AX)/AX←reg/mem * EAX/AX/AL
DIV reg/mem          ;AX 除 8 位 reg/mem,商→AL,余数→AH
                     ;DX、AX 除 16 位 reg/mem,商→AX,余数→DX
```

例如:

```
MUL CX               ;AX * CX→DX,AX(乘积高 16 位送 DX,乘积低 16 位送 AX)
DIV BL               ;AX/BL 执行后,商→AL,余数→AH
MUL BYTE PTR[SI]     ;AX←AL * [SI]
```

对于无符号数乘法,如果乘积的高半部分(在字节相乘时为 AH,在字相乘时为 DX)不为零,则 CF=OF=1,代表 AH 或 DX 中包含乘积的有效数字;否则 CF=OF=0。对于有符号数乘法,若乘积的高半部分是低半部分的符号位的扩展,则 CF=OF=0;否则 CF=OF=1。对其他标志位均无定义。

例 3-13 设 AL=FEH,CL=11H,均为无符号数,求 AL 与 CL 的乘积。

```
MUL CL               ;AL * CL→AX = 10DEH,因 AH 结果不为零,故 CF = OF = 1
```

当 DIV 指令的被除数不是除数的双倍长度时,则应将其扩展成双倍长度。当除数为零或商超过了保存商的累加器允许的数值范围时,会出现溢出,并产生一个 0 型中断,CPU 会进入溢出错处理程序。除法指令对 6 个标志位均无影响。

例 3-14　计算 7FA2H/03DDH。

```
MOV AX,7FA2H          ;AX = 7FA2H
MOV BX,03DDH          ;BX = 03DDH
CWD                   ;DX AX = 00007FA2H
DIV BX                ;商 AX = 0021H，余数 = 0025H
```

6．BCD 码（十进制数）调整指令

人们习惯使用十进制数，在计算机码制中，人们专门设立了用二进制数表示十进制数的 BCD 码。BCD 码有两种形式：压缩 BCD 码和非压缩 BCD 码。在 80X86 系列中，有相对应加、减、乘、除指令的 BCD 码调整指令。

（1）BCD 码加法调整指令

对应压缩 BCD 码和非压缩 BCD 码的加法十进制调整指令有 DAA 和 AAA。两者的指令助记符后面均不带操作数。但 DAA 指令隐含操作数 AL 和 AH，AAA 指令只能隐含操作数 AL。

BCD 码的运算步骤是：首先对两个 BCD 数按一般二进制数加法运算指令进行运算；然后用相应的调整指令对上述结果进行调整。所以，调整指令必须紧跟在二进制运算类指令的后面。下面举例说明 BCD 码加法运算。

压缩 BCD 码：

$\begin{cases} \text{ADD AL,reg/mem/imm8} \\ \text{DAA} \end{cases}$;完成压缩 BCD 数的加法运算

$\begin{cases} \text{ADC AL, reg/mem/imm8} \\ \text{DAA} \end{cases}$;带进位位的 BCD 数加法指令

非压缩 BCD 码：

$\begin{cases} \text{ADD AL,reg/mem/imm8} \\ \text{AAA} \end{cases}$;非压缩 BCD 数的加法运算

$\begin{cases} \text{ADC AL,reg/mem/imm8} \\ \text{AAA} \end{cases}$;带进位位的非压缩 BCD 数加法运算

那么为什么要进行调整以及怎样进行调整呢？

BCD 码由 4 位二进制数表示一位十进制数，即用 0000～1001 表示十进制数 0～9，最大值为 9。当两个 BCD 码先按二进制数运算时，可能会出现大于 9 的结果，即可能出现 1010～1111 的数，这样的运算结果已不是 BCD 码了，称为非法码或冗余码，所以必须对存放在 AL 中的中间结果进行调整，使其成为 BCD 码。

由于 4 位二进制数是逢 16 进 1，而 BCD 码是逢 10 进 1，所以两者差 6。

① 压缩 BCD 码加法调整指令 DAA 的调整过程

- 两数相加，高 4 位与低 4 位的和均在 0～9 之间，则无须修正或称加 00H 修正；
- 若两数相加后，低 4 位的和大于 9（即出现非法码）或低 4 位向高 4 位有进位（AF=1），但高 4 位相加的和在 0～9 之间，则 DAA 指令对中间结果进行加 06H 修正；
- 若两数相加后，高 4 位的和大于 9 或有向更高位进位（CF=1），而低 4 位的和在 0～9 之间，则 DAA 指令对中间结果进行加 60H 修正；
- 若两数相加后，低 4 位、高 4 位结果均大于 9 或都有进位位（AF=1，CF=1），或高 4 位等于 9，而低 4 位有加 6 修正情况（大于 9 或有进位，即 AF=1），则 DAA 指令对中间结果进行加 66H 修正。

现举例说明如下：

i)

	高4位	低4位	
21H＝	0010	0001B	
＋26H＝	0010	0110B	
47H	0100	0111B	中间结果
＋	0000	0000B	加00H修正
47H	0000	0111B	

ii)

	高4位	低4位	
28H＝	0010	1000B	
＋53H＝	0101	0011B	
7BH	0111	1011B	中间结果
＋	0000	0110B	加06H修正
81H	1000	0001B	

由于低4位出现非法码需修正,高4位无须修正,因此加06H修正。

iii)

	高4位	低4位	
84H＝	1000	0100B	
＋94H＝	1001	0100B	
118H	10001	1000B	中间结果
＋	0110	0000B	加60H修正
178H	10111	1000B	

由于高4位向更高位进位需修正,低4位无须修正,因此加60H修正。

iv)

	高4位	低4位	
45H＝	0010	1000B	
＋57H＝	0101	0011B	
9CH	1001	1100B	中间结果
＋	0110	0110B	加66H修正
102H	10000	0010B	

由于低4位出现非法码,需加6修正,高4位为9,因此加66H修正。

（2）BCD码减法调整指令

DAS/AAS指令对两个压缩BCD码/非压缩BCD码相减后的差进行修正,得到压缩BCD码/非压缩BCD码表示的结果（差）。DAS指令隐含的操作数为AL,其执行结果影响SF、ZF、AF、PF、CF和OF。AAS指令隐含的操作数为AL和AH,其执行结果只影响AF和CF,而其他4位标志位不确定,没有意义。

减法调整指令也都必须紧跟在二进制减法指令之后。

用于压缩 BCD 码：

$\begin{cases} \text{SUB} \quad \text{AL,reg/mem/imm8} \\ \text{DAS} \end{cases}$

$\begin{cases} \text{SBB} \quad \text{AL, AL,reg/mem/imm8} \\ \text{DAS} \end{cases}$

用于非压缩 BCD 码：

$\begin{cases} \text{SUB} \quad \text{AL, AL,reg/mem/imm8} \\ \text{AAS} \end{cases}$

$\begin{cases} \text{SBB} \quad \text{AL, AL,reg/mem/imm8} \\ \text{AAS} \end{cases}$

DAS 指令调整的操作过程如下。

① 两数相减后，若 AL 的低 4 位大于 9 或辅助借位标志位 AF＝1，低 4 位应减 6 修正；否则不需修正，AF 标志位不变。

② 两数相减后，若 AL 的高 4 位大于 9 或借位标志位 CF＝1，高 4 位应减 6 修正；否则不需修正，AF 标志位不变。

③ 若两数相减，结果为负数（即被减数小于减数），执行 DAS 调整指令后 CF＝1，表明 AL 寄存器中的差值是负数，它是相对于模 100 的 BCD 码的补数。

例 3-15 完成 BCD 码 83H－39H＝? 的减法运算。

程序段：

```
MOV AL, 83H        ;AL = 83H
MOV BL, 39H        ;BL = 39H
SUB AL, BL         ;AL = 4AH,按二进制数格式进行减法,得到中间结果
DAS                ;因 AL 低 4 位大于 9,应减 6 修正;高 4 位不要减 6 修正,
                   ;调整运行后,AL = 44H
```

例 3-16 完成 BCD 码 34H－85H＝? 的减法运算。

程序段：

```
MOV AL, 34H        ;AL = 34H
MOV BL, 85H        ;BL = 85H
SUB AL, BL         ;AL = AFH,CF = 1,AF = 1
DAS                ;AL 高 4 位及低 4 位均需修正,即减 66H,结果 AL = 01001001B = 49H
```

CF＝1，表示有借位，结果为负数，表明存于 AL 中的 49H 是负数，相对于模 100H 而言，49H 是－51H 的补码，即 34H－85H＝－51H，存于 AL 中。

3.4.3　逻辑运算与移位指令

80X86 提供了丰富的逻辑运算及移位指令，包括与、或、非、异或、测试（TEST）和左移、右移、循环左/右移指令，这类指令除逻辑非（NOT）指令外，操作结果均影响标志寄存器的相应标志位。

例 3-17 代码转换问题用逻辑运算指令。①从数据段 3000H 单元开始存放了数字 0～9 的 ASCII 码，求对应的十进制数字并存放到从 3500H 开始的单元中；②再将从 3500H 开始的十进制数字转换为对应的 ASCII 码，存放到从 3800H 开始的单元中。

1. 逻辑运算指令

逻辑运算指令有逻辑与（AND）、或（OR）、非（NOT）、异或（XOR）、测试（TEST）5 条指令。逻辑与、或、异或指令将目的操作数与源操作数分别按位进行"与""或""异或"逻辑操作，结果送目的操作数的相应位；逻辑非指令将目的操作数的每位取反，结果送目的操作数中；测试指令将目的操作数与源操作数按位进行逻辑"与"操作，源操作数和目的操作数的值不变，根据"与"结果

置标志寄存器的相应标志位。

源操作数和目的操作数均可为 8/16 位寄存器或存储器操作数,源操作数还可以是立即数。同一指令中两个操作数的位数必须一致,并且不能同时为存储器操作数。

NOT 指令的执行对所有标志位都不影响。其他指令的执行都会使 CF=OF=0,AF 值不定,并对 SF、PF 和 ZF 有影响。

(1) 逻辑与指令 AND

指令格式:

AND reg/mem,reg/mem/imm　　　;reg/mem∧reg/mem/imm→reg/mem,不能同时为 mem

AND 指令常用于屏蔽某些位(使该位置0),其余位不变。欲屏蔽位和"0"进行"与"运算,不变位和"1"进行"与"运算。

例如,将 AL 中 0~9 的 ASCII 码转换成相应的二进制数。

MOV AL,39H　　　　　　　　;9 的 ASCII 码→AL

AND AL,0FH　　　　　　　　;AL 高 4 位被屏蔽,低 4 位不变,即 AL=00001001B=09H

AND 指令还可用于检测某一位是否是 1。如通过检测 AL 中 D_1 位是否是 1 来控制程序走向,程序段如下:

AND AL,00000010B　　　　　;AL 的 D_1 位不变

JZ LOOP1　　　　　　　　　;若 AL 的 D_1=0,则程序转 LOOP1;若 D_1=1,则程序顺序执行

↓

AND 指令的源操作数和目的操作数相同,则进行"与"操作后,操作数不变,但影响 6 个状态标志位,并使 CF=OF=0。例如"AND AL,AL"。

(2) 逻辑或指令 OR

指令格式:

OR reg/mem,reg/mem/imm　　　;reg/mem∨reg/mem/imm→reg/mem,不能同时为 mem

OR 指令常用于将某些位置1,其余位保持不变。例如,将 AL 中的 09H(可看成非压缩 BCD 码)转换成相应的 ASCII 码。程序段如下:

MOV AL,09H　　　　　　　　;非压缩的 BCD 码 09H→AL

OR AL,30H　　　　　　　　 ;AL=39H='9'

OR 指令的源操作数和目的操作数相同,则进行"或"操作后,操作数不变,但影响 6 个状态标志位,并使 CF=OF=0。例如"OR AL,AL"。

(3) 逻辑异或指令 XOR

指令格式:

XOR reg/mem,reg/mem/imm　　　;reg/mem⊕reg/mem/imm→reg/mem,不能同时为 mem

XOR 指令常用于将寄存器内容清零;测试某一数是否与另一数相等。例如:

① XOR AX,AX　　　;AX 的内容清零

② XOR AL,22H　　　;测试 AL 的内容是否等于 22H,若是,执行 XOR 指令后 AL=00H

　 JZ LOOP1　　　;判断,若 AL=0,则程序转 LOOP1 处执行;否则顺序执行

XOR 指令可用于对某些特定位求反,而其余位不变。只要将求反位与 1 进行 XOR 运算,不变位与 0 进行 XOR 运算即可。

例如,已知 AL=11000101B,要求对高 4 位求反,低 4 位不变,程序段如下:

MOV BL,0F0H　　　;高四位是全 1,低四位是全 0 的数是 11110000B=F0H

```
XOR AL,BL          ;执行 XOR 指令后,AL = 00110101B
```

（4）测试指令 TEST

指令格式：

```
TEST reg/mem,reg/mem/imm    ;reg/mem ∧ reg/mem/imm,不能同时为 mem
```

其所完成的操作根据"与"结果状态置标志寄存器的相应标志位,源操作数和目的操作数不变。

测试指令 TEST 常用于对某特定位进行测试,后跟条件转移指令,共同完成对某特定位 0 或 1（实际应用中作为状态信息）的判断,以实现程序的相应转移。例如,检测 AL 中的 D_2 位是否为 1,若 $D_2 = 1$,则转移。程序段如下：

```
TEST AL,04H        ;04H = 00000100B,检测 D₂ = 1?
JNZ LOOP1          ;结果不为 0,即 D₂ = 1,则程序转 LOOP1 处执行,否则顺序执行
```

例 3-18　统计正负数/字符问题。①从 3000H 开始的内存单元中存放有 64 个有符号数,要求统计其中负数的个数,并将统计结果存入 NUM 单元（数据自己定义）；②从 BUF 单元开始存放了 10 字节数据,统计其正数、负数个数（数据自己定义）；③从 BUF 单元开始存放了 10 个字数据,统计其正数、负数个数（数据自己定义）；④从 BUF 单元开始存放了一个字符串,统计其中数字 0~9 的个数（数据自己定义）；⑤从 BUF 单元开始存放了一个字符串,统计其中数字、大写字母和其他字符的个数,并存入字符串后面的 3 个单元中。程序可参考例 3-29。针对问题①的程序段如下：

```
        XOR DX,DX          ;清 DX 内容,DX 用于存放负数个数
        MOV SI,3000H       ;数据区起始地址存 SI,即地址指针
        MOV CX,40H         ;数据区数据个数送 CX,CX 为计数器,控制程序循环次数
AGN:    MOV AL,[SI]        ;取数据区一个数送 AL
        INC SI             ;地址指针 SI 加 1
        TEST AL,80H        ;80H = 10000000B,检测 D₇ 是否等于 1,是 1 为负数
        JZ NEXT            ;结果为 0,即 D₇ = 0,AL 为正数,则程序转 NEXT 处执行
        INC DX             ;结果不为 0,即 D₇ = 1,AL 为负数,则 DX 加 1
NEXT:   DEC CX             ;计数器 CX 减 1
        JNZ AGN            ;若 CX≠0,则继续检测下一个数
        MOV NUM,DX         ;否则,负数个数送 NUM 单元
        HLT                ;停机
```

（5）逻辑非指令 NOT

指令格式：

```
NOT reg/mem        ;将操作数 reg/mem 按位取反再送回 reg/mem
```

NOT 指令的操作对标志位无影响。例如：

```
NOT AX             ;AX 的内容按位取反,结果再送回 AX
NOT WORD PTR[SI]   ;将[SI]所指两个单元中的内容按位取反,结果再送回这两个单元
```

2. 移位指令

移位指令有两种类型：一是逻辑移位指令,移位时连同操作数的符号位一起移位,主要用于对无符号数或非数值数进行操作；二是算术移位指令,在移位过程中保持原操作数的符号位状态不变,主要用于对带符号数进行移位操作。

（1）逻辑与算术移位指令

逻辑与算术移位有如下 4 条指令：

① 逻辑左移指令"SHL　reg/mem,imm8/CL"；

② 算术左移指令"SAL　reg/mem,imm8/CL"；

③ 逻辑右移指令"SHR　reg/mem,imm8/CL"；

④ 算术右移指令"SAR　reg/mem,imm8/CL"。

上述 4 条指令都是将目的操作数按源操作数（8 位立即数或 CL 寄存器中的值）指出的移位次数进行相应移位，并将移出的位送入进位标志位 CF 中，移位结束，结果存于目的操作数中。

其中 SHL/SAL 是逻辑/算术左移指令，这两条指令的功能实质上是相同的。操作数每左移一位，在最低有效位 LSB 上补 0，把最高有效值 MSB 移进 CF，如图 3-18 所示。

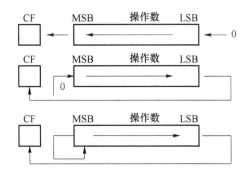

图 3-18　SHL/SAL、SHR、SAR 移位操作示意图

注意：imm8/CL 为移位次数，对于 8086/8088，移位次数用立即数 imm8 时只能是 1，若用 CL 寄存器，CL 的最大值是 255，即最多可移位 255 次。

例如：

```
SHL AL,1              ;AL 寄存器左移 1 位,最高位 MSB 移入 CF
SHL AL,CL             ;AL 寄存器左移 n 位,n 是 CL 的内容
SHL BETA[SI],1        ;从有效地址 EA = BETA + SI 取出字节操作数并左移 1 位后,再
                      ;送入原单元中
SAL AX,CL             ;AX 寄存器左移 n 位,n 是 CL 的内容
SAL WORD PTR[BX + 100],1  ;从有效地址 EA = BX + 100 开始连续两个单元取出字操作数,
                      ;左移 1 位后,再送入原两个单元中
```

在移位次数为 1 的情况下，如果移位结束后，CF 和操作数的最高位相等，则 OF＝0；否则 OF＝1。若移位次数大于 1，OF 为不确定状态。指令还根据结果影响标志位 PF、SF 和 ZF。

左移指令常用于实现乘以 2^n 的操作。将一个二进制无符号数左移一位，相当于将该数乘 2，因此，可以利用左移指令实现乘以 2^n 的运算。

例 3-19　以 DATA 为首地址的连续单元中的 16 位无符号数乘以 10。

分析：因为 $10x = 8x + 2x = 2^3x + 2^1x$，所以可以用左移指令实现该乘法。程序段如下：

```
LEA SI,DATA           ;DATA 单元的偏移地址送 SI,即地址指针
MOV AX,[SI]           ;取被乘数送 AX
SHL AX,1              ;AX = DATA * 2
MOV BX,AX             ;AX 暂存入 BX
```

```
MOV CL,3              ;移位次数3送CL
SHL AX,CL             ;AX = DATA * 8
ADD AX,BX             ;AX = DATA * 10
HLT                   ;停机
```

SHR 是逻辑右移指令,用于对无符号数进行右移。每移一次,操作数各位依次右移,最低位移入 CF,而最高位则补 0。

SAR 是算术右移指令,用于对有符号数进行右移。每移一次,操作数各位依次右移,最低位移入 CF,而最高位是符号位,保持不变。

当移位位数为 1 时,对于 SHR 指令,移位之后新的最高位和次高位不相等,则 OF＝1,否则 OF＝0;若移位次数不为1,则 OF 状态不确定。SAR 指令对标志位 CF、PF、SF 和 ZF 有影响,但不影响 OF、AF。

同样,算术右移指令可用于完成有符号数除以 2^n 的运算。

（2）循环移位指令

循环移位指令有如下 4 条:

① 循环左移指令“ROL reg/mem,imm8/CL”;

② 循环右移指令“ROR reg/mem,imm8/CL”;

③ 带进位循环左移指令“RCL reg/mem,imm8/CL”;

④ 带进位循环右移指令“RCR reg/mem,imm8/CL”。

指令功能如下。

ROL 和 ROR 指令分别将目的操作数按源操作数给出的移位次数进行循环左移和右移。每移位一次,目的操作数移出的位同时送入标志位 CF 和另一端空出的位中,如图 3-19(a)、图 3-19(c)所示。

RCL 和 RCR 指令分别将目的操作数按由源操作数给出的移位次数进行带进位位的循环左移和循环右移。每当目的操作数移一次,移出的位送入标志位 CF,而 CF 原有的内容则送入另一端空出的位,如图 3-19(b)、图 3-19(d)所示。

对于 8086/8088 CPU,上述 4 条指令源操作数中 imm8 只能是 1。4 条循环移位指令对标志位 OP、SF、ZF、AF、PF 都有影响。

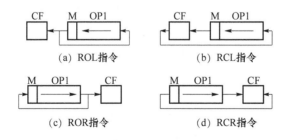

图 3-19　循环移位指令功能示意

循环移位指令与非循环移位指令不同,循环移位后,操作中原来各位数的信息不会丢失,只是改变了位置而已（即在操作数的其他位置或 CF 中）,如果需要还可恢复（反向移动即可）。

利用循环移位指令可以测试操作数某一位的状态（即“0”或“1”代表不同状态）。

例 3-20　测试 BL 寄存器中第 4 位的状态,并保持原内容不变。程序段如下:

```
        MOV CL,4              ;移位次数送 CL
        ROL BL,CL            ;BL 第 4 位移入 CF
        JNC ZERO             ;没借位或进位,即 CF = 0,则转到 ZERO
        ROR BL,CL            ;否则恢复原 BL 的内容
        ...
ZERO:ROR BL,CL               ;恢复原 BL 的内容
        ...
        HLT                  ;停机
```

3.4.4 串操作指令

通常把存放在存储器某一连续地址区域的字符或数据称为字符串或数据串。由字节组成的字符串为字节字符串,简称字节串;由字组成的字符串称为字字符串,简称字串;由双字组成的字符串称为双字串。在存储器中存放字符串各字符时可以用二进制数、BCD 码或 ASCII 码等。

例 3-21 数据块传送问题。①将源串首地址从 2000H:1200H 开始的 100 字节转送到首地址从 6000H:4000H 开始的内存单元中;②将数据段中从 2000H 单元开始存放的 10 个数(16 位数)传送到从 3000H 开始的 10 个字中;③将数据段 DATA1 中的 10 字节数据传送到数据段 DATA2 中 。针对问题①的程序段如下:

```
        MOV AX,2000H         ;源串段基地址通过 AX 送 DS
        MOV DS,AX
        MOV AX,6000H         ;目的串段基地址通过 AX 送 ES
        MOV ES,AX
        MOV SI,1200H         ;源串偏移地址→SI
        MOV DI,4000H         ;目的串偏移地址→DI
        MOV CX,100          ;数据串长度→CX
        CLD                  ;方向标志位 DF = 0,地址增量(若用 STD 指令则 DF = 1,地址
                             ;减量)
LOOP1:MOVSB                  ;从源串传送一字节到目的串,并将 SI、DI 分别加 1
        DEC CX               ;每传一次,长度 CX 减 1
        JNZ LOOP1            ;100 字节数据没有传送完(CX≠0),转 LOOP1 继续传送
        HLT                  ;否则 100 字节数据传送完毕,停机结束串传送,对标志位无影响
```

串操作指令就是用来对串中每个字符或数据做同样操作的指令,可处理字节串、字串、双字串,最大串长度为 64 KB。它们有以下共同点(与 AX、DX 有关的串操作指令部分满足)。

① 80X86 串操作指令包括串传送、串装入、串存储、串比较、串扫描、串输入、串输出等。指令中源串和目的串的存储及寻址方式都隐含规定:源串要放在数据段(DS 段),用 SI 间接寻址方式访问数据段,即约定以 DS:SI 来寻址源串;目的串要放在附加段(ES 段),用 DI 间接寻址方式访问数据段,即约定以 ES:DI 来寻址目的串。

② 源串的段寄存器 DS 可以通过加段超越前缀来改变,而目的串的段寄存器不能改变。

③ 寻找源操作数、目的操作数的地址指针 SI 和 DI,在每次操作后都将根据方向标志位 DF 的值自动增量(DF=0 时)或减量(DF=1 时),以指向下一个字节、字或双字存放的地址。增量/减量的大小是:字节串为加/减 1;字串为加/减 2。

④ 串长度值放在 CX 寄存器中。若在串操作指令前加重复前缀,则用 CX 寄存器作为重复次数计数器,指令每执行一次串操作,CX 内容自动减 1,直到减为 0 为止。

1. 串传送指令

```
MOVSB    ;字节串数据传送。(ES*16+DI) ← (DS*16+SI),SI ← SI ±1, DI ← DI ±1
MOVSW    ;字串数据传送。(ES*16+DI)←(DS*16+SI), (ES*16+DI+1)←(DS*16+SI+1),
         ;SI ← SI ±2, DI ← DI ±2
MOVSD    ;双字串数据传送。(ES*16+DI)←(DS*16+SI),(ES*16+DI+2)←(DS*16+SI+2),
         ;SI ← SI ±4, DI ← DI ±4
MOVS mem1,mem2    ;将一个由 DS:SI 指出的存储器源操作数传送到由 ES:DI 指出的目的存
                  ;储器单元中,并修改有效地址。可以传送字节、字或双字数据。此指令
                  ;不常用
```

这 4 种串传送指令要求源串与目的串的数据类型必须一致。操作的结果均不影响标志位。

串操作类的指令还可利用有 REP 重复前缀的指令格式。例如"REP MOVSB"就可连续将源串数据存入目的串中,直到计数器 CX 等于 0 为止。例 3-21 中针对问题①的程序段可改写如下:

```
MOV AX,2000H    ;源串段基地址通过 AX 送 DS
MOV DS,AX
MOV AX,6000H    ;目的串段基地址通过 AX 送 ES
MOV ES,AX
MOV SI,1200H
MOV DI,4000H
MOV CX,100
CLD
REP MOVSB       ;连续传送,直到 100 字节传送完为止
HLT
```

串传送指令加上重复前缀 REP MOVSB、REP MOVSW、REP MOVSD 指令所完成的功能示意如图 3-20 所示。

2. 串比较指令

串比较指令有 4 种格式:

```
CMPS mem1,mem2    ;不常用
CMPSB             ;字节串比较
CMPSW             ;字串比较
CMPSD             ;双字串比较
```

串比较指令的功能是:将 DS:SI 所指的源串中的字节、字或双字与 ES:DI 所指的目的串中的字节、字或双字做减法(源-目的),若相等则 ZF=1,否则 ZF=0,且源串与目的串的内容不变。每比较一次后,地址指针 SI 和 DI 按 DF 方向标志位自动修改。执行的结果影响 OF、SF、ZF、AF、PF 和 CF 标志位。串比较指令功能示意如图 3-21 所示。

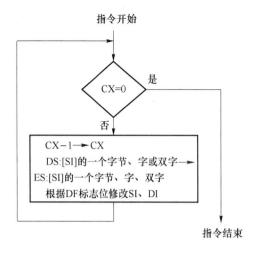

图 3-20 串传送指令功能示意图   图 3-21 串比较指令功能示意图

通常,在串比较指令后紧跟一个条件转移指令,用以测试比较结果。这类指令常用于比较串数据是否对应相等。

例 3-22 分别从 SOURCE 和 DEST 开始存放两个串长为 100 字节的字符串。试比较两个字符串是否相同,若全部相同,则使 BX＝0;若不相同,则将源串中第一个不相同字符的偏移地址送 BX,不相同字符送 AL 中。

```
        CLD                 ;置方向标志位 DF＝0,为增量
        LEA SI,SOURCE       ;取源串 SOURCE 的偏移地址(首地址)→SI
        LEA DI,DEST         ;取目的串 DEST 的偏移地址(首地址)→DI
        MOV CX,100          ;字节串长度→CX
NEXT:   CMPSB               ;字节串比较
        JNZ STOP            ;找到不相同字符(ZF＝0),程序转 STOP
        DEC CX              ;否则字符相同(ZF＝1),继续比较,长度减 1
        JNZ NEXT            ;字符串没有全部比较完毕(CX≠0),继续比较
        MOV BX,00H          ;两字符串完全相等,00H→BX
        JMP DONE            ;程序转 DONE,继续
STOP:   DEC SI              ;求不相同字符的源串偏移地址,并将其送 BX
        MOV BX,SI
        MOV AL,[BX]         ;将不相同的源串字符→AL 保存
DONE:   HLT
```

3. 串扫描指令

串扫描指令有 4 种格式:

SCAS mem   ;mem 为内存目的串,此格式不常用

SCASB   ;字节串扫描,AL −(ES ∗ 16 + DI),DI←DI ±1

SCASW   ;字串扫描,AX −(ES ∗ 16 + DI + 1),(ES ∗ 16 + DI),DI←DI ±2

SCASD   ;双字串扫描,EAX −(ES ∗ 16 + DI + 2),(ES ∗ 16 + DI),DI←DI ±4

串扫描指令的功能与 CMPS 指令的类似,也是进行比较操作。它将累加器(AL、AX)与目

的串(由 ES:DI 指定)中字节、字或双字进行比较,比较结果影响标志位,但累加器和目的串的内容不变。

串扫描指令常用来在一个字符串中搜索特定的关键字,把要找的关键字放在 AL、AX 中,再用此类指令与字符串中各字符逐一进行比较。

例 3-23 从 ES:STRING 附加数据区首地址开始,按地址减量方向顺序存放有 100 个字节字符串,在其中查找是否有"A"字符;若有,则将"A"字符所在偏移地址送 BX,否则置 BX=0。程序段如下:

```
        STD                    ;置 DF = 1,地址减量方向
        MOV DI,OFFSET STRING   ;目的串首地址的偏移地址送 DI
        MOV CX,100             ;串长度 100 送 CX
        MOV AL,'A'             ;字符 A 的 ASCII 码→AL
NEXT:SCASB                     ;字节串扫描
        JZ STOP                ;ZF = 1,找到与"A"相同的字符,转 STOP
        DEC CX                 ;没找到(ZF = 0),长度减 1
        JNZ NEXT               ;CX≠0,没全部搜索完,继续查找
        JMP DONE               ;CX = 0,全部搜索完,没找到转 DONE 处执行
STOP:INC DI                    ;字符 A 所在偏移地址→BX
        MOV BX,DI
        JMP EXIT
DONE: MOV BX,0000H             ;0000H→BX
EXIT: HLT
```

4. 串装入指令

有 3 种串装入指令格式:

```
LODS mem        ;mem 是源串。该指令格式不常用
LODSB           ;字节装入,(DS * 16 + SI)→AL,SI←SI ±1
LODSW           ;字装入,(DS * 16 + SI + 1),(DS * 16 + SI)→AX,SI←SI ±2
```

串装入指令的功能是将 DS:SI 所指源串字节、字或双字装入累加器(AL、AX)中,并按标志位 DF 的状态及源串类型自动修改 SI 值。

串装入指令操作结果不影响标志位,且一般不连续重复执行,因为每重复一次,累加器的内容就被后一次装入的字符所取代。

例 3-24 以 MEM 为首地址的内存区域中有 10 个以非压缩 BCD 码形式存放的十进制数,它们的值可能是 0~9 中的任意一个,现编程序将这 10 个数顺序显示在屏幕上。程序段如下:

```
        LEA SI,MEM      ;源串偏移地址送 SI
        MOV CX,10       ;串长度 10 送 CX
        CLD             ;置 DF = 0,地址增量
        MOV AH,02H      ;功能号(表示单字符显示输出)→AH
NEXT:LODSB              ;取一个 BCD 码→AL,且 SI + 1→SI
        ADD AL,30H      ;将 BCD 码转换为对应的 ASCII 码,数字加 30H 就是其 ASCII 码值
        MOV DL,AL       ;字符的 ASCII 码送 DL
        INT 21H         ;输出显示
```

```
          DEC CX                        ;CX −1→CX
          JNZ NEXT                      ;ZF = 0(CX≠0),则重复
          HLT
```

5. 串存储指令

有 3 种串存储指令格式：

```
STOS mem          ;mem 为内存目的操作数,该指令格式不常用
STOSB             ;字节串存储,AL→(ES * 16 + DI),DI←DI ±1
STOSW             ;字串存储,AX→(ES * 16 + DI + 1),(ES * 16 + DI),DI←DI ±2
```

串存储指令的功能是将累加器(AL、AX)的值存入 ES:DI 所指的目的串中,并按标志位 DF 的值及目的串的类型自动修改 DI。

指令前加重复前缀 REP,可用于对一个连续内存区赋同一值(即对内存区域初始化)。

例 3-25 把从 6000H:1200H 单元开始的 100 个字存储单元的内容清零。可用串存储指令实现。程序段如下：

```
MOV AX,6000H
MOV ES,AX          ;目标串段地址送 ES
MOV DI,1200H       ;存储目的串的偏移地址送 DI
MOV CX,100         ;串长度送 CX
CLD                ;DF = 0,自动增量,从低地址到高地址的方向先进行存储
MOV AX,0           ;要存入的目的串内容 0 送 AX
REP STOSW          ;将 100 个单元清零
HLT
```

6. 重复前缀

重复前缀不能单独使用,只能加在串操作指令之前,用来控制跟在其后的串操作指令,使之重复执行。重复前缀串操作指令的执行速度要比通常用循环程序所能达到的速度快得多。有重复前缀的串比较、串扫描指令功能示意如图 3-22 所示。常用重复前缀有 3 个。

① REP 串操作指令。它使 CPU 重复执行其后的串指令,重复次数由 CX 寄存器指定,直到 CX=0 时结束。

② REPZ/REPE CMPS/SCAS。相等且 CX≠0 时 CPU 重复执行其后的串指令;否则 ZF=0 或 CX=0 结束,重复次数由 CX 寄存器指定。

③ REPNE/REPNZ CMPS/SCAS。不相等且 CX≠0 时 CPU 重复执行其后的串指令;否则 ZF=1 或 CX=0 结束,重复次数由 CX 寄存器指定。

例 3-26 在 ES 段中从 2000H 单元开始存放了 10 个字符,寻找其中有无字符 A。若有则记下搜索次数(次数放 DATA1 单元),并记下存放字符 A 的地址(地址放 DATA2 单元)。程序段如下：

```
MOV DI,2000H       ;目的字符串首地址送 DI
MOV BX,DI          ;首地址暂存 BX
MOV CX,0AH         ;串长度送 CX
MOV AL,'A'         ;关键字符 A 的 ASCII 码送 AL
CLD                ;DF = 0,自动增量,每次扫描后地址指针递增
REPNZ SCASB        ;扫描字符串,直到找到字符 A 或 CX = 0
```

```
        JZ FOUND                ;若找到则转移
        MOV DI,0                ;没找到要搜索的关键字,使 DI = 0
        JMP DONE
FOUND:DEC DI                    ;DI -1,指向找到的关键字所在地址
        MOV DATA2,DI            ;将关键字地址送 DATA2 单元
        INC DI
        SUB DI,BX               ;用找到的关键字地址减去首地址,得到搜索次数
DONE: MOV DATA1,DI             ;将搜索次数送 DATA1 单元
        HLT
```

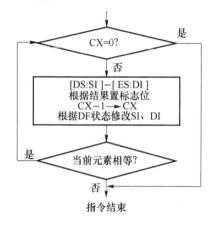

(a) REPE CMPSB、REPE CMPSW、REPE CMPSD
指令功能示意图

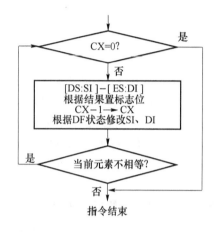

(b) REPNE CMPSB、REPNE CMPSW、REPNE CMPSD
指令功能示意图

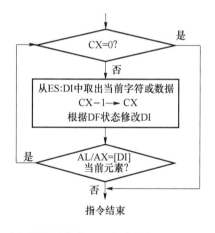

(c) REPE SCASB、REPE SCASW、REPE SCASD
指令功能示意图

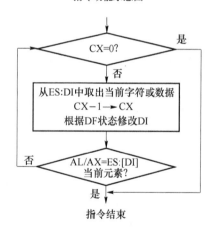

(d) REPNE SCASB、REPNE SCASW、REPNE SCASD
指令功能示意图

图 3-22　有重复前缀的串比较、串扫描指令功能示意图

在此例中,退出 REPNZ SCASB 串循环有两种可能:一种可能是已找到关键字,从而退出,此时 ZF=1;另一种可能是没搜到关键字,但串已搜索完毕,从而退出,此时 ZF=0,CX=0。所以退出之后,可根据对 ZF 标志位的检测来判断属于哪种情况。

执行"REPNZ SCASB"操作时,每比较一次,目的串指针自动加1(因 DF=0),所以找到关键字后,需将 DI 内容减1才能得到关键字所在地址。

3.4.5 控制转移类指令

计算机程序一般是顺序逐条执行的,如果要改变程序的执行顺序,就必须改变(E)IP的内容,或同时改变代码段段基址 CS 和(E)IP 的内容,才能使程序改变执行顺序。在 80X86 指令系统中,控制转移类指令分 5 类:无条件转移指令、条件转移指令、循环控制指令、过程调用和返回指令、中断指令。

1. 无条件转移指令 JMP

JMP 指令的功能是无条件地使程序转移到指定的目标地址,并从此地址开始执行新的程序段。根据与转移内指令有关的寻址方式,无条件转移指令分成 4 种。

(1) 段内直接转移

指令格式:

JMP LABEL

这里,LABEL 是一个标号,也称为符号地址,它表示转移的目的地。该标号在本程序所在代码段内。指令被汇编时,汇编程序会计算出指令的下一条指令到所指示的目标地址之间的位移量(即相距多少字节单元),该地址位移量可正可负,可以是 8 位或 16 位。若是 8 位,表示转移范围为−128～+127 字节(又称为段内直接短转移,可写为"JMP SHORT OP1");若位移量是 16 位,表示转移范围为−32 768～+32 767 字节(又称为段内直接近转移,可写为"JMP NEAR PTR OP1")。

指令的操作是将 IP 的当前值加上计算出的地址位移量,形成新的 IP,CS 保持不变,从而使程序按新地址继续运行(即实现了程序转移)。

下列程序段是一个无条件转移的例子:

```
···
        MOV AX,BX
        JMP NEXT            ;无条件段内直接转移,转向符号地址 NEXT 处
        AND CL,0FH
        ···
NEXT: OR CL,7FH
        HLT
```

例中 NEXT 是一个段内标号,汇编程序计算出 JMP 的下一条指令(即"AND CL,0FH")的地址到 NEXT 标号代表的地址之间的距离(即相对位移量)。执行 JMP 指令时,将这个位移量加到当前 IP 上,于是在执行完 JMP 指令后,转去执行"OR CL,7FH"指令。

(2) 段间直接转移

指令中直接提供了要转移的 16 位段基址 CS 值和 16 位偏移地址 IP 值。指令格式:

JMP FAR PTR LABEL

指令中 FAR 表明其后的标号 LABEL 是一个远标号,即它在另一个代码段内。汇编程序根据 LABEL 的位置确定 LABEL 所在段基地址和偏移地址,分别放在指令操作码后面。当执行指令时,将指令操作码后面的前两个字节装入 IP 寄存器,后两个字节装入 CS 寄存器,从而实现段间直接转移。例如:

```
JMP FAR PTR NEXT        ;转移到另一段的 NEXT 处开始执行
JMP 6000H:1200H         ;1200H→IP, 6000H→CS
```

（3）段内间接转移

指令格式：

JMP reg　　　　　　　　;16 位或 32 位 reg 的内容→(E)IP,即 reg 为目标地址中的偏移地址,CS 不变

JMP WORD PTR mem　　;mem 为内存寻址方式,求出有效地址 EA,将(EA)→IP

指令执行时,将 16 位或 32 位寄存器内容或各种内存寻址方式得到的有效地址中的内容写入 IP 或 EIP 中,CS 不变,实现段内间接转移。例如：

JMP DX　　　　　　　　;DX→IP,实现转移

JMP WORD PTR[BX]　　;(DS＊16＋BX＋1),(DS＊16＋BX)→IP,实现转移

例 3-27　已知在数据段 DATA1 及 DATA2 地址中存有 16 位偏移地址。实现段内间接转移的代码如下：

```
        ;数据段(DS)
            …
        DATA1  DW 2000H       ;存放了 16 位的偏移地址
        DATA2  DW 4200H       ;另一个 16 位偏移地址
            …
        ;代码段(CS)
            …
CS:1000H MOV BX,OFFSET DATA1;DATA1 的偏移地址→BX
        JMP WORD PTR[BX]     ;(DS＊16＋BX＋1),(DS＊16＋BX)→IP,即 2000H→IP,程序转
        …                    ;移至 CS:2000H 处继续执行
        MOV SI,DATA2          ;将 DATA2 符号地址中的内容 4200H→SI
        JMP SI               ;寄存器间接寻址。SI→IP,程序转 CS:4200H 处继续执行
        …
CS:2000H MOV AX,0000H
        …
CS:4200H MOV CX,100
        …
        HLT
```

（4）段间间接转移

指令格式：

JMP DWORD PTR mem　;mem 是与存储器有关的寻址方式,求其 EA, IP←(EA),CS←(EA＋2)

JMP FWORD PTR mem　;mem 是与存储器有关的寻址方式,求其 EA, EIP←(EA),CS←(EA＋4)

目标地址与 JMP 指令不在同一代码段的转移称为段间间接转移。段间间接转移用与存储器有关的各种寻址方式来指定目标地址所在的存储单元。指令执行时将指定的连续 4(6)个存储单元的内容送 IP 和 CS(低字节送 IP,高字节送 CS),从而程序转到另一代码段继续执行。

例如：

JMP DWORD PTR[BX]

设指令执行前,DS＝3000H,BX＝3000H,[33000H]＝0BH,[33001H]＝20H,[33002H]＝10H,[33003H]＝80H。则指令执行后,IP＝200BH,CS＝8010H。

转移的目的地址＝8210BH。CPU 执行该指令的过程如图 3-23 所示。

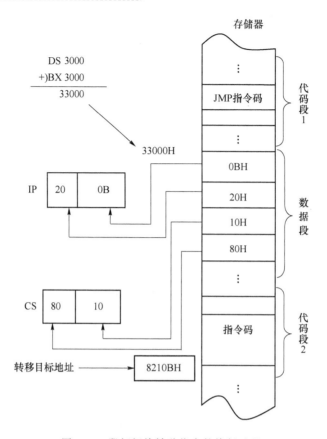

图 3-23　段间间接转移指令的执行过程

段间间接转移不仅 IP 的内容要改变,CS 的内容也要改变,即转移地址一定是 32 位字长。因此,在操作数前要加上 DWORD PTR,表示其后的操作数为双字。

无条件转移指令的目标地址常用属性操作算符表达式来表示,举例归述如下:

JMP SHORT PTR 标号　　　　　;短距离段内转移

JMP NEAR PTR 标号　　　　　;段内直接近转移

JMP FAR PTR 标号　　　　　　;段间直接转移

JMP WORD PTR 变量　　　　　;段内间接转移

JMP DWORD PTR 变量　　　　;段间 16 位寻址间接转移

JMP FWORD PTR 变量　　　　;段间 32 位寻址间接转移

以上所有无条件转移指令,其执行结果均对标志位无影响。

2. 条件转移指令 JCC

条件转移指令格式:

JCC OP1

指令执行时根据前一条指令对标志寄存器各标志位设定的状态来决定程序是否转移,即对预先指定的条件标志位进行测试,如果满足条件,则程序转移到指令指定的目标地址处开始执行;若不满足条件,则顺序执行下一条指令。条件转移指令不影响标志位。表 3-6 列出了各种条件转移指令的转移条件及其功能。

在 8086/8088 中,所有条件转移指令都为短转移(转移距离为 −128～+127)。80386/80486 则将其扩展到段内转移。16 位寻址方式时,即转移的距离为 64K;32 位寻址方式时可为 4G。

表 3-6 条件转移指令表

无符号数 A,B 的比较 (A−B)				带符号数 A,B 的比较 (A−B)				其他条件			
助记符	指令功能描述	条件	备注	助记符	指令功能描述	条件	备注	助记符	指令功能描述	条件	备注
JA/JNBE OP1	高于/不低于且不等于,转移	CF=0且ZF=0	$A>B$	JE/JZ OP1	等于/为零,转移	ZF=1	$A=B$	JC	如果有进位,转移	CF=1	
JAE/JNBE OP1	高于或等于/不低于,转移	CF=0	$A\geqslant B$	JG/JNLE OP1	大于/不小于且不等于,转移	ZF=0且SF=OF	$A>B$	JNC	如果无进位,转移	CF=0	
JB/JNAE OP1	低于/不高于且不等于,转移	CF=1	$A<B$	JGE/JNL OP1	大于或等于/不小于,转移	SF=OF	$A\geqslant B$	JO	如果溢出,转移	OF=1	
JBE/JNA OP1	低于或等于/不高于,转移	CF=1或ZF=1	$A\leqslant B$	JL/JNGE OP1	小于/不大于且不等于,转移	SF≠OF	$A<B$	JNO	如果不溢出,转移	OF=0	
JE/JZ OP1	等于/为零,转移	ZF=1	$A=B$	JLE/JNG OP1	不小于或等于/不大于,转移	ZF=1或SF≠OF	$A\leqslant B$	JS	如果是负数,转移	SF=1	
JNE/JNZ OP1	不等于/不为零,转移	ZF=0	$A\neq B$	JNE/JNZ OP1	不等于/不为零,转移	ZF=0	$A\neq B$	JNS	如果是非负数,转移	SF=0	
								JPE	如果"1"的个数为偶数,转移	PF=1	
								JPO	如果"1"的个数为奇数,转移	PF=0	

在使用条件转移指令时,其前一条指令应是执行后能够对相应状态标志位产生影响的指令,有的根据一个标志位、两个标志位组合或两个以上标志位组合来判断是否实现转移。例如,要判断两个无符号数的大小,应当使用 CMP 指令,然后根据 CF 的状态,在其后使用 JNC(或 JC)指令决定程序转移到何处执行;或者根据 CF、ZF 的状态,在其后使用 JA(或 JNBE)指令决定程序转移到何处执行。

例 3-28 有 10 个无符号字节数据顺序存放在以 2000H 单元为首地址的数据存储区中,编写程序找出其中最大数,并将其存入 2200H 单元。程序段如下:

```
NAXSTA:   MOV BX,2000H      ;数据区首地址 2000H→BX
          MOV AL,[BX]        ;取第一个数据
          MOV CX,9           ;比较次数→CX
NEXT1:    INC BX             ;BX 加 1,指向下一个数据
          CMP AL,[BX]        ;和下一个数相比较
          JAE NEXT2          ;如果 AL 中的数比 BX 指针所取的数大或与其相等,则转 NEXT2
          MOV AL,[BX]        ;否则将大数存至 AL 中
NEXT2:    DEC CX             ;CX 计数值减 1,若不为零转 NEXT1,取下一个数进行比较
          JNZ NEXT1
          MOV BX,2200H       ;否则 10 个数都比较完毕,将最大数→2200H 单元
          MOV [BX],AL
          HLT
```

例 3-29 在内存首地址 TABLE 处顺序存放了 100 个带符号的字节数。编写程序统计出其中正数、负数和零的个数,分别将个数存入 PLUS、MINUS 和 ZERO 单元。

编程思路:先将 PLUS、MINUS、ZERO 3 个单元清零,设计数器为 CX,数据区地址指针为 SI,通过地址指针 SI 逐个取出带符号数放入 AL,利用条件转移指令测试 AL 是正数、负数还是零,分别在对应单元中加 1,构成一个循环,直到 100 个数都处理完。程序段如下:

```
START:    XOR AL,AL         ;AL 清零
          MOV PLUS,AL        ;PLUS 单元清零
          MOV MINUS,AL       ;MINUS 单元清零
          MOV ZERO,AL        ;ZERO 单元清零
          LEA SI,TABLE       ;数据区首地址送 SI
          MOV CX,100         ;数据区数据个数送 CX
          CLD                ;使 DF = 0
CHECK:    LODSB              ;取一个数到 AL,且 SI + 1→SI
          OR AL,AL           ;操作数自身进行或运算,AL 值不变,结果影响标志位
          JS NEXT1           ;若为负,转 NEXT1
          JZ NEXT2           ;若为 0,转 NEXT2
          INC PLUS           ;否则为正,PLUS 单元加 1
          JMP NEXT
NEXT1:    INC MINUS          ;MINUS 单元加 1
          JMP NEXT
NEXT2:    INC ZERO           ;ZERO 单元加 1
```

```
NEXT:     DEC CX                ;CX 减 1 再送 CX
          JNZ CHECK             ;若 CX 不为 0,则转 CHECK
          HLT
```

3. 循环控制指令

循环控制指令与一般条件转移指令相同,也就是根据是否满足给定条件来决定程序执行的顺序:当条件满足时,转目标地址处执行;否则(不满足),顺序执行程序。循环控制指令用存放在 CX 中的数作为循环重复计数值,每执行一次,计数值减 1,直到减至 0 时终止循环,或把 CX 内容与 ZF 标志位相结合作为转移条件。循环控制指令都采用相对寻址的短转移,即以当前 IP 值为中心的-128～+127 范围内。指令执行结果对标志位没有影响。

循环控制指令有 4 条,其指令格式及跳转条件如表 3-7 所示。

表 3-7   循环控制指令

指令格式	跳转条件	指令功能说明
LOOP OP1	CX≠0	CX−1→CX;满足条件则转 OP1 处执行,否则顺序执行
LOOPE/LOOPZ OP1	CX≠0 且 ZF=1	CX−1→CX;满足条件则转 OP1 处执行,否则顺序执行
LOOPNZ/LOOPNE OP1	CX≠0 且 ZF=0	CX−1→CX;满足条件则转 OP1 处执行,否则顺序执行
JCXZ OP1	CX=0	满足条件就转 OP1 处执行,否则顺序执行

其中 LOOP 和 JCXZ 指令根据 CX 是否为零来作为转移条件。其功能分别如同如下指令组:

```
DEC CX
JNZ OP1                         ;等价于 LOOP OP1
DEC CX
JZ OP1                          ;等价于 JCXZ OP1
```

例 3-30   在以 DATA 为首地址的内存数据段中,存放 200 个 16 位带符号数,找出其中的最大数和最小数,分别存放在以 MAX 和 MIN 为首地址的内存单元中。

编程思路:先取数据区中的一个数据作为标准,将其同时暂存于 MAX 和 MIN 中,然后使其他数据分别与 MAX 和 MIN 中的数进行比较,若大于 MAX 中的内容,则取代原 MAX 中的数,若小于 MIN 中的内容,则取代原 MIN 中的数,最后就得到了数据块中最大和最小的带符号数。

注意:比较带符号数大小时,应采用 JG 和 JL 等用于有符号数的条件转移指令。程序段如下:

```
START:    LEA SI,DATA           ;数据块首地址偏移地址→SI
          MOV CX,200            ;数据块长度→CX
          CLD                   ;清方向标志位 DF,按增量
          LODSW                 ;取数据块第一个 16 位符号数→AX
          MOV MAX,AX            ;该数→MAX
          MOV MIN,AX            ;该数→MIN
          DEC CX                ;CX 内容减 1→CX
NEXT:     LODSW                 ;取下一个 16 位带符号数→AX
          CMP AX,MAX            ;与 MAX 单元的内容进行比较
          JG LARGER             ;若大于则转 LARGER
```

```
              CMP AX,MIN          ;与 MIN 单元的内容进行比较
              JL SMALL            ;若小于则转 SMALL
              JMP GOON            ;否则转 GOON
LARGER：      MOV MAX,AX          ;AX→MAX
              JMP GOON
SMALL：       MOV MIN,AX          ;AX→MIN
GOON：        LOOP NEXT           ;CX 减 1→CX,若 CX≠0,则转 NEXT,否则顺序执行
              HLT
```

例 3-31 有两个字数组分别存放在首地址为 DATA1 和 DATA2 的存储区,数组长度为 100。计算两数组对应数据项之和,和值送首地址为 SUM 的数据区中,且当两数组对应项均出现"0"时,停止求和。试编程序段。

```
              MOV AX,0            ;清零
              MOV SI,0            ;设指针初值为 0
              MOV CX,64H          ;数据块长度→CX
NZERO：       MOV AX,DATA1[SI]    ;取被加数
              ADD AX,DATA2[SI]    ;相加
              MOV SUM[SI],AX      ;和存入 SUM 数据区
              INC SI
              INC SI
              LOOPNZ NZERO        ;CX-1→CX,CX≠0 且 ZF=0,循环转 NZERO 处执行,否则顺序执行
              HLT                 ;暂停
```

4. 子程序(过程)调用和返回指令

为便于模块化程序设计和节省内存单元,把经常重复出现的一段程序独立出来,使其成为一

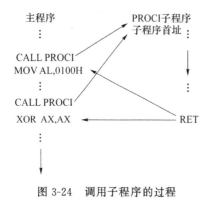

图 3-24 调用子程序的过程

个子程序(过程)。其他程序可用子程序调用指令 CALL 来调用该子程序。CALL 指令能迫使 CPU 暂停执行下一条指令(断点),转去执行指定的子程序。待子程序(过程)执行完成返回指令 RET 后,再返回到断点继续执行程序,如图 3-24 所示。

通常把同一代码段内(CS 不变,IP 变)调用的过程称为近过程,用 NEAR 表示;而把调用其他代码段(段间调用,CS、IP 同时改变)的过程称为远过程,用 FAR 表示。

CALL 指令与 JMP 指令一样,也有 4 种形式:段内直接调用、段内间接调用、段间直接调用、段间间接调用。下面分别进行介绍。

(1)段内直接调用

指令格式:

CALL NEAR PROC

指令中 PROC 是一个近过程名或标号,实际上是一个近过程的符号地址。段内直接调用表示 CALL 指令和被调过程 PROC 在同一代码段内。指令汇编后,CALL 指令的操作数部分给出 CALL 指令的下一条指令与被调用过程的入口地址之间相差的 16 位相对位移量。执行时先将

CALL 指令的下一条指令的偏移地址(E)IP(断点地址)压入堆栈,然后将指令中 16 位的相对位移量和当前 IP 的内容相加送 IP,即所调用过程的入口地址,从而实现程序转移。

指令执行过程如下。

① 修改指针 SP←SP−2。

② 断点地址压入堆栈,IP→SP ＋ 1、SP 所指的字单元。

③ 目标地址(即 IP＋16 位偏移量)→IP。

对于段内直接调用,指令中的 NEAR 可以省略。例如,"CALL SUB1"指令表示要调用一个名为 SUB1 的子程序(过程)。

(2) 段内间接调用

指令格式:

CALL reg/mem

指令执行时,先将 CALL 指令的下一条指令的偏移地址 IP 压入堆栈,当操作数是一个 16 位通用寄存器时,将寄存器内容(即入口地址)送 IP;当是存储器寻址时,操作数给出的是有效地址,将从 EA 中取出的内容(即入口地址)送 IP。例如:

CALL BX 　　　;子程序入口地址是 BX 寄存器内容,即 IP = BX

设 CS＝2000H,IP＝2060H,BX＝4000H,当 CPU 执行指令"CALL BX"时,先将断点地址(即 CALL 指令的下一条指令的首地址,此例为 2062H)压入堆栈,然后将 BX 内容 4000H 送 IP,故子程序入口的逻辑地址为 2000H:4000H,物理地址为 24000H,从此处开始执行子程序。

CALL WORD PTR [BX] 　　;(BX) = EA。从 EA 中取出的内容→IP 低 8 位,从 EA ＋ 1 中取出的内
　　　　　　　　　　　　　　;容→IP 高 8 位

(3) 段间直接调用

有两种指令格式:

CALL PROC 　　　　　　;PROC 是已定义的过程名,在另外一个代码段中

CALL FAR PTR PROC 　　;PROC 是标号或过程名,用 FAR PTR 操作说明符说明是段间直接调用

指令执行时:先将 CALL 指令的下一条指令所在的 CS 和 IP 值(断点地址)分别压入堆栈;然后再将由指令中 PROC 所指过程入口的段内偏移地址送至 IP,段基址送至 CS,从而使程序转到另一代码段的过程中去执行。以 16 位偏移地址为例,执行过程如下:

① SP←SP−2,[SP＋1]、[SP]←CS,修改 SP 指针,断点段基址压入堆栈;

② SP←SP−2,[SP＋1]、[SP]←IP,修改 SP 指针,断点偏移地址压入堆栈;

③ 从指令机器码的第 2、3 字节取出16 位偏移地址→IP;

④ 从指令机器码的第 4、5 字节取出16 位段基址→CS。

例如:

CALL PROCB

PROCB 为一个已定义的远过程名。该指令经汇编程序汇编后在内存存放,其操作示意如图 3-25 所示。执行该指令时,先将断点地址 CS = 2000H,IP =

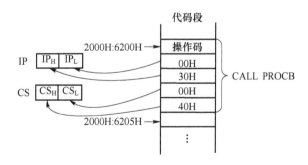

图 3-25 "CALL PROCB"操作示意图

6200H＋05H＝6205H 压入堆栈;再将指令给出的偏移地址 3000H 送至 IP,段基址 4000H 送入

CS,程序转到物理地址 43000H 处执行。

（4）段间间接调用

指令格式：

CALL mem

其中 mem 是由存储器寻址方式确定的有效地址。指令执行时先将 CALL 的下一条指令地址（即断点）CS 和 IP 压入堆栈,然后将由存储器寻址方式求得的有效地址指定的连续 4 个存储单元中的内容送 IP 和 CS,其中前两个单元内容送 IP,后两个单元内容送 CS。例如：

CALL DWORD PRT [BX]

该指令为两字节指令,已知该指令 CS＝2000H,IP＝1000H,DS＝3800H, BX＝4600H。执行该指令时,先将断点地址 CS＝2000H,IP＝1002H 压入堆栈；然后再将从 DS＊16＋BX＝3C600H 存储单元开始的第一个字送入 IP 中,将下一个字送入 CS 中,从而使程序转到过程处执行。

以上所有的 CALL 指令执行结果不影响标志位。

（5）返回指令

过程中至少要有一条返回指令 RET,它不带操作数。功能是使子程序执行完后返回主程序断点处继续往下执行。

如果程序定义的是一个 NEAR（段内）过程,则对应 RET 指令就执行段内过程返回主程序的操作（从堆栈弹出断点偏移地址送 IP）；如果程序定义的是一个 FAR（段间）过程,则 RET 指令执行段间返回主程序操作。从栈顶弹出第一个字（断点偏移地址）送 IP,弹出第二个字（断点段基地址）送 CS。汇编程序会根据过程的 NEAR、FAR 属性将 RET 指令翻译成相应的机器目标代码并存入源程序中。

5. 中断指令

所谓中断是指在程序运行期间因某种随机或异常事件,请求 CPU 暂时中止正在运行的程序,转去执行处理这些事件的程序（称为中断服务程序）,处理完毕后又返回到被中止的原程序处继续执行的过程。

引起中断的事件叫中断源,它可以在 CPU 内部,也可以在 CPU 外部。内部中断源引起的中断称为内部中断,相应地,外部中断源引起的中断称为外部中断。8086/8088 中断系统分为外部中断（或叫硬件中断）和内部中断（或叫软件中断）。外部中断主要用来处理外设和 CPU 之间的通信。内部中断包括运算异常及中断指令引起的中断。

关于中断的详细论述将在本书第 8 章进行介绍,这里仅介绍 8086/8088 指令系统提供的两条与软件中断相关的指令格式及其操作。

（1）INT 指令

指令格式：

INT n   ;n 为中断向量码（也称中断类型码）,是一个常数,取值范围为 0～255

指令执行时,CPU 根据 n 的值计算出中断向量的地址,然后从该地址中取出中断服务程序的入口地址并转到该中断服务程序去执行。中断向量地址的计算方法是将中断向量码 n 乘 4。INT 指令的具体操作步骤如下。

① SP←SP－2,[SP＋1]、[SP]←FLAGS ,修改 SP 指针,标志寄存器内容压入堆栈。

② TF←0,IF←0,保证不会中断正在执行的中断服务子程序且不响应单步中断。

③ SP←SP－2,[SP＋1]、[SP]← CS 或者是 SP←SP－2,[SP＋1]、[SP]← IP,断点地址（INT 指令的下一条指令地址）入堆栈。

④ IP←[n*4+1]、[n*4]，CS←[n*4+3]、[n*4+2]，由 n*4 得到中断向量地址，并进而得到中断服务程序入口地址。

以上操作完成后，CS:IP 就指向中断服务程序的第一条指令，此后 CPU 开始执行中断服务程序。

INT n 指令除对 IF 和 TF 位置 0 外，对其他标志位无影响。

（2）中断返回指令

中断返回指令 IRET 用于从中断服务程序返回到被中断的程序继续执行。任何中断服务程序无论是由外部中断引起的，还是由内部中断引起的，其最后一条指令都是 IRET 指令。该指令首先将堆栈中的断点地址弹出到 IP 和 CS 中，接着将 INT 指令执行时压入堆栈的标志字弹出到标志寄存器中，恢复到中断前的标志位状态，使程序返回到原来发生中断时所指向的指令。显然该指令对各标志位都有影响。指令具体操作为：

① IP←[SP+1]、[SP]，SP←SP+2；

② CS←[SP+1]、[SP]，SP←SP+2；

③ FLAGS←[SP+1]、[SP]，SP←SP+2。

3.4.6　处理器控制指令

处理器控制指令包括标志位操作指令、外同步类指令、空操作类指令等。常用处理器控制指令的格式及功能如表 3-8 所示。其他处理器控制指令的格式及功能见附录的表 4，表中的 OP 可以是 8 位寄存器或存储单元。

表 3-8　常用处理器控制指令的格式及功能

类　别	指令格式	功　能	说　明
单个标志位 操作指令	CLC	清进位标志位(CF←0)	
	STC	置进位标志位(CF←1)	
	CMC	进位标志位取反(CF←CF)	
	CLD	清方向标志位(DF←0)	使串操作指令的地址指针为增量
	STD	置方向标志位(DF←0)	使串操作指令的地址指针为减量
	CLI	清中断允许标志位(IF←0)	IF=0 表示禁止可屏蔽中断(关中断)
	STI	置中断允许标志位(IF←1)	IF=1 表示允许可屏蔽中断(开中断)
	NOP	CPU 保持原状态不做任何工作	一是延时，CPU 每执行一条 NOP 指令，80386 需要 3 个时钟周期，80486 需要 1 个时钟周期，重复多次 NOP 指令实现延时；二是程序中多加几条 NOP 指令，需要时将 NOP 指令改成其他指令，在调试程序时常用到

3.4.7　常用 DOS 功能调用

例 3-32　输入/输出问题。①在显示器上输出字符串；②从键盘输入 10 个个位数字或字符串(0～9 或英文字符)，并存储到数据区 INPUT 中；③将十进制数 25 从显示器上输出；④编写程序完成从键盘上输入一字符串到输入缓冲区，然后将输入的字符串在显示器上以相反的顺序显示。相关程序参考例 3-34。

微型机的系统软件(如操作系统)提供了很多可供用户调用的功能子系统，包括控制台输入输出、基本硬件操作、文件管理、进程管理等。用户可在自己的程序中直接调用这些功能,而无须再自行编写程序来实现它们。

系统软件中提供的功能调用有两种:DOS(Disk Operation System)功能调用(高级调用)和BIOS(Basic Input and Output System)功能调用(低级调用)。用户调用这些系统服务程序时采用软中断指令 INT n 来实现。另外,用户程序也不必与这些服务程序的代码连接,因为这些系统服务程序在系统启动时已被加载到内存中,程序入口也被放到了中断向量表中。用 DOS 和BIOS 功能调用,会使编写的程序简单、清晰,可读性好而且代码紧凑,调试方便。

BIOS 是被固化在计算机主机板上 Flash ROM 型芯片中的一组程序,包括系统测试程序、初始化引导程序、一部分中断矢量装入程序及外部设备服务程序。完整的 BIOS 服务功能读者可查阅相关参考书。

DOS 是 IBM PC 系列微型机的操作系统(目前的 Pentium 系列微型机仍能运行 DOS,而且最新的 Windows 操作系统也继续提供所有的 DOS 功能调用),负责管理系统的所有资源,协调微型机的操作,其中包括大量的可供用户调用的服务程序。

所有 DOS 功能调用都是利用软中断指令 INT 21H 来实现的,即在程序中需要调用 DOS 功能的时候,只要使用一条 INT 21H 指令即可。INT 21H 是一个具有 90 多个子功能的中断服务程序,可分为 4 个方面:设备管理、目录管理、文件管理及其他。读者可查阅相关参考书。为便于用户使用这些子功能,INT 21H 对每一个子功能都进行了编号,称为功能号。这样用户就能通过指定功能号来调用 INT 21H 的不同子功能。DOS 功能调用方法如下:

① 功能号送 AH;
② 在指定寄存器中放入该功能所要求的入口参数;
③ 执行 INT 21H 指令;
④ 分析出口参数。

下面介绍几个最常用的 INT 21H 功能。

1. 键盘输入

键盘上有 3 种类型的键:一是字符键,如字母、数字等;二是功能键,如 Del、Enter 等;三是组合键,如 Shift、Alt 等。

通过 DOS 功能的字符输入子功能,可以接收从键盘上输入的字符,输入的字符将以对应的ASCII 码的形式存放。例如,在键盘上按下数字键"2",则键盘输入功能将返回字符 2 的 ASCII码 32H。如果程序要求的是其他类型的值,则应自行编程进行转换。这里只介绍单字符输入和字符串输入两种。

(1) 单字符输入

功能号 1、7 和 8 都可以接收键盘输入的单字符,输入的字符以 ASCII 码的形式存放在累加器 AL 中。其中 7、8 号功能无回显,1 号功能有回显(即键盘输入的内容同时也显示在显示器上)。编程时,可根据键入的信息是否需要自动显示来选择三者之一。这些功能常用来回答程序中的提示信息,或选择菜单中的可选项,以执行不同的程序段。

例3-33 从键盘接收一个"Y"或"N"字符,以便执行不同程序段。

...

```
QKEY:  MOV   AH,1        ;有回显键盘输入。功能号 1 送 AH
       INT   21H         ;等待按键,当按下键时,返回键字符的 ASCII 码并存在 AL 中
       CMP   AL,'Y'      ;比较键入的是否是"Y"
```

```
        JE    YES            ;键入字符是"Y"则转 YES 处执行
        CMP   AL,'N'         ;比较键入的是否是"N"
        JE    NOY            ;键入字符是"N"则转 NOY 处执行
        JMP   QKEY           ;键入其他字符则转 QKEY 处继续等待键入
YES:    …
        …
NOY:    …
        …
```

（2）字符串输入

可通过 DOS 的 0AH 号功能调用来实现字符串输入。该功能要求用户指定一个键入缓冲区来存放输入的字符串。缓冲区定义在数据段,其格式需按照图 3-26 所示的结构进行定义。第一个字节为用户定义的缓冲区长度,若键入的字符数(包括回车符)大于此值,则蜂鸣器发出嘟嘟声,且光标不再右移,直到键入回车符为止。缓冲区第二个字节为实际键入的字符数(不包括回车符),由 0AH 号功能自动填入。DOS 从第三个字节开始存放键入的字符。可见,缓冲区总长度等于缓冲区长度加 2。在调用本功能前,应把键入缓冲区的起始偏移地址预送 DX 寄存器。

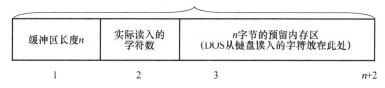

图 3-26　字符串输入缓冲区定义格式

例 3-34　编写程序完成从键盘上输入字符串"HELLO",并在串尾加结束符"$"。

```
DATA    SEGMENT
        STRING DB 10,0,10 DUP(?)      ;定义缓冲区
DATA    ENDS
CODE    SEGMENT
        ASSUME CS:CODE,DS:DATA
START:MOV AX,DATA
        MOV DS,AX
        LEA DX,STRING                 ;缓冲区偏移地址送 DX
        MOV AH,0AH                    ;字符串输入功能号 0AH 送 AH 寄存器
        INT 21H                       ;等待键盘输入并从键盘读入字符串
        MOV CL,STRING + 1             ;实际输入的字符个数送 CL
        XOR CH,CH
        ADD DX,CX                     ;得到字符串尾地址
        MOV BX,DX
        MOV BYTE PTR[BX + 2],'$'      ;插入字符串结束符"$"
        MOV AH,4CH                    ;返回 DOS
        INT 21H
```

```
CODE    ENDS
        END START
```

2. 显示器输出

在显示器(CRT)上显示的内容都是字符形式的,如果是数字应是其对应的 ASCII 码。例如,要在显示器上显示 6,需要先将二进制的 6 转换为 ASCII 码 36H。

要将一个字符串送到显示器上显示,可调用 DOS 功能的 2、6、9 号功能实现。其中,功能号 2、6 用于显示单个字符,功能号 9 用于显示一个字符串。

(1) 单字符显示

用功能号 2 显示一个字符的调用格式为:

```
MOV   DL,要显示字符的 ASCII 码    ;要显示字符的 ASCII 码须放在 DL 寄存器中
MOV   AH,2                        ;功能号送 AH 寄存器
INT   21H                        ;在 CRT 上显示字符。如果 DL 中为<CTRL>+
                                 ;<BREAK>的 ASCII 码,则退出
```

用功能号 6 显示一个字符的调用格式为:

```
MOV   DL,要显示字符的 ASCII 码    ;要显示字符的 ASCII 码须放在 DL 寄存器中(不能是 0FFH)
MOV   AH,6                        ;功能号送 AH 寄存器
INT   21H                        ;在 CRT 上显示字符
```

(2) 字符串显示

要在显示器上显示字符串,可调用 DOS 功能的 9 号功能。该功能要求被显示的字符串必须以"$"字符作为结束符,否则会引起屏幕混乱。显示时如果希望光标能自动换行,则应在字符串结束前加上回车及换行的 ASCII 码 0DH 和 0AH。其调用格式:

```
MOV   DX,OFFSET  BUF    ;要显示字符串在内存缓冲区的首地址送 DX
MOV   AH,9             ;功能号 9 送 AH 寄存器
INT   21H             ;执行系统功能调用
```

3. 返回操作系统

一个实际可运行的用户程序在执行完后,应该返回到 DOS 提示符状态(简称返回 DOS),为此,可使用使当前程序正常终止并返回 DOS 的系统功能调用 4CH 号功能。其格式为:

```
MOV   AH,4CH
INT   21H
```

其具体使用方法在前面的示例中已经介绍过。

在屏幕上依次显示"1A 2B 3C"8 个字符和字符串"Example of string display!"的程序清单请扫描二维码。

从键盘上输入一字符串到输入缓冲区,然后将输入的字符串在显示器上以相反的顺序显示的程序清单请扫描二维码。

宏指令简介请扫描二维码。

显示"1A 2B 3C"8 个字符和字符串
"Example of string display!"
的程序清单

从键盘上输入一字符串到输入缓冲区,
然后将输入的字符串在显示器上以
相反的顺序显示的程序清单

宏指令简介

3.5 汇编语言程序设计案例

前面几节分别介绍了 80X86 CPU 的指令系统、汇编语言源程序的格式、伪指令、宏指令及 DOS 功能调用。本节结合实例介绍综合运用这些知识来设计汇编语言源程序的基本方法,并解决一定的实际工程问题。

参考软件工程理论,汇编语言程序设计与高级语言程序设计一样可按以下步骤进行。

① 通过对编程任务(即实际问题)的分析,抽象出其系统的数学模型,并建立系统的模块结构图。

② 确定各程序模块的数据结构及算法。算法设计是非常重要的,对同一个问题可能有不同的算法,一个算法的好坏对程序执行的效率会有很大影响。

③ 绘程序流程图。绘流程图是指采用标准的符号(如图 3-27 所示),根据算法把程序设计的大纲绘制出来,仔细分析各部分之间的关系,找出其中的逻辑错误,及时加以修正和完善。

④ 用指令或伪指令为数据和程序代码分配内存单元和寄存器。这是汇编语言程序设计的一个重要特点。

⑤ 根据流程图编写汇编语言源程序并保存,形成源程序文件(.ASM)。

⑥ 通过汇编生成目标代码文件(.OBJ),同时完成静态语法检查。

⑦ 对目标文件进行链接,生成可执行文件(.EXE)。

⑧ 程序调试。对程序的执行文件进行上机运行验证,通过后可对整个系统进行测试。

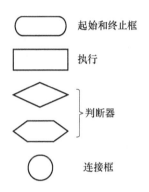

图 3-27 标准流程图符号

任何一个复杂的程序都是由简单的基本程序构成的,同高级语言类似,汇编语言程序设计也常用到 4 种基本程序结构:顺序结构、分支结构、循环结构和子程序结构。本节介绍这 4 种程序结构的设计方法。

3.5.1 顺序结构程序

顺序结构也称线性结构,其特点是其中的语句或结构按排列顺序逐条执行。

例 3-35 试编写一程序,求出下列公式中的 Z 值,并存放在 RESULT 单元中。

$$Z = \frac{(X+Y) \times 8 - X}{2}$$

其中 X、Y 的字值分别存放在 VARX、VARY 单元中。

解题思路: 有两个字值数据 X、Y 参加运算,所以要定义两个 16 位源操作数,分别放在从 VARX 和 VARY 开始的单元中;还需要定义一个存放运算结果的单元,由 RESULT 指定,且是 16 位;运算的乘法、除法可以用 MUL、DIV 或用 SAL(算术左移)、SRL(算术右移)指令。源程序编写如下:

```
        ITLE    EXAMPLE3-41
DATA            SEGMENT
        VARX    DW 6    ;定义两个 16 位源数据 X、Y
```

```
        VARY      DW 7
        RESULT    DW ?                    ;定义结果存储单元
DATA              ENDS
STACK1            SEGMENT PARA STACK
                  DW 50 DUP(?)
STACK1            ENDS
COSEG             SEGMENT
        ASSUMECS:COSEG,DS:DATA,SS:STACK1
START:    MOV     AX,DATA
          MOV     DS,AX
          MOV     AX,STACK1
          MOV     SS,AX          ;给各段寄存器赋段基地址,指向本程序定义的各段
          MOV     DX,VARX        ;DX←X
          ADD     DX,VARY        ;DX←(X+Y)
          MOV     CL,3
          SAL     DX,CL          ;DX←(X+Y)*8,用乘法指令如何修改?
          SUB     DX,VARX        ;DX←(X+Y)*8-X
          SAR     DX,1           ;DX←((X+Y)*8-X)/2,用除法指令如何修改?
          MOV     RESULT,DX      ;存结果
          MOV     AH,4CH         ;返回DOS
          INT     21H
COSEG ENDS
          END     START
```

例 3-36　自内存 TABLE 开始的连续 16 个单元中存放着 0～15 的平方值(即平方表),查表求任意数 $X(0 \leqslant X \leqslant 15)$ 的平方值,并将结果存入 RESULT 单元中。

解题思路:查表是一个普遍的问题,如查学生成绩表,将一位十六进制数转换成与它相应的 ASCII 码等。本题首先要建立一个表 TABLE,将表中 0～15 的平方值按照从小到大的顺序存在数据段;由表的存放规律可见,表的起始地址与数 X 的和就是 X 的平方值所在单元的地址。编写程序如下:

```
DSEG      SEGMENT
TABLE     DB 0,1,4,9,16,25,36,49,64,81
          DB 100,121,144,169,196,225    ;定义平方表
DATA      DB 4                          ;定义要查找的数X
RESULT    DB ?                          ;定义结果存放单元
DSEG      ENDS
SSEG      SEGMENT PARA STACK
          DW 50 DUP(0)                  ;定义堆栈段空间
SSEG      ENDS
COSEG     SEGMENT
        ASSUME CS:COSEG,DS:DSEG,SS:SSEG
```

```
BEGIN:    MOV   AX,DSEG              ;初始化数据段
          MOV   DS,AX
          MOV   AX,SSEG              ;初始化堆栈段
          MOV   SS,AX
          MOV   BX,OFFSET TABLE      ;置数据指针
          MOV   AH,0
          MOV   AL,DATA              ;取待查数
          ADD   BX,AX                ;求得查表地址
          MOV   AL,[BX]              ;查表
          MOV   RESULT,AL            ;平方数送 RESULT 单元
          MOV   AH,4CH
          INT   21H
COSEG     ENDS
          END   BEGIN
```

类似这种查表常使用换码指令 XLAT,这样会使程序更加精练。请读者试做一下。

3.5.2　分支结构程序

分支结构程序也称条件结构,是指根据不同的条件转移到不同的程序段执行相关分支程序。通常有两种形式,如图 3-28 所示。由图可见 IF-THEN-ELSE 结构可以引出两个分支;CASE 结构(也称选择结构)可以引出多个分支。它们的共同点是:在某一种确定条件下,只能执行多个分支中的一个分支,而程序的分支要靠条件转移指令来实现。

例 3-37　编写计算下面函数值的程序:

$$Y=\begin{cases} 1, & X>0 \\ 0, & X=0 \\ -1, & X<0 \end{cases}$$

解题思路:分段函数根据 X 的值给 Y 赋值。先定义一个数据段分别存放 X、Y,取 X 值与数 0 进行比较,如果大于等于 0,再进一步判断是否大于 0,是则给 Y 赋数值 1 并退出程序;否则给 Y 赋数值 0 并退出程序。如果不是大于等于 0,则给 Y 赋数值 1 并退出程序。为此可画出如图 3-29 所示的流程图,可以看出,这是一个典型的 IF-THEN-ELSE 程序结构。

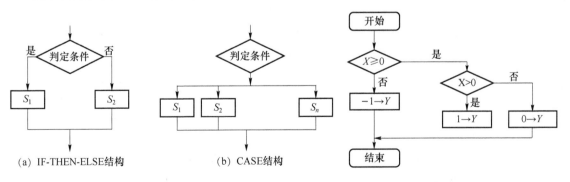

图 3-28　分支程序的结构形式　　　　图 3-29　分段(符号)函数流程图

程序清单如下:

```
DATA      SEGMENT
          X   DB  - 10                          ;定义数据段,假设 X 值为 - 10
          Y   DB ?                              ;给函数值 Y 预留一个单元
DATA      ENDS
SSEG      SEGMENT PARA STACK 'STACK'
          DB   200 DUP(0)
SSEG      ENDS
CODE      SEGMENT
   ASSUME  DS:DATA,SS:SSEG,CS:CODE
START:    MOV  AX,DATA                          ;给相关段寄存器赋值
          MOV  DS,AX
          MOV  AX,SSEG
          MOV  SS,AX
          CMP  X,0                              ;与 0 进行比较
          JGE  A1                               ;X≥0 转 A1
          MOV  Y, - 1                           ;X < 0 时 , - 1→Y
          JMP  EXIT
A1:       JG  A2                                ;X>0 转 A2
          MOV  Y,0                              ;X = 0 时 ,0→Y
          JMP  EXIT
A2:       MOV  Y,1                              ;X>0,1→Y
EXIT:     MOV  AH,4CH                           ;返回 DOS
          INT  21H
CODE      ENDS
          END  START
```

例 3-38　在数据段从 DATA 1 开始的连续 80 个单元中存放 80 名同学某门课的考试成绩(0~100),请编程序统计大于等于 90 分、80~89 分、70~79 分、60~69 分、小于 60 分的人数,分别放在同一数据段的从 DATA2 开始的 5 个单元中。

解题思路:这是一个典型的 CASE 程序结构。先建一个数据段存放 80 名学生的考试成绩,并预留 5 个单元用来存放各分数段的统计结果,取每位学生的成绩放入 AL 并依次与 90、80、70、60 进行比较。因是无符号数,所以用 CF 标志位作为分支条件,相应指令为 JC;根据每次比较确定成绩所在范围,用 INC 指令将存放相应结果单元的内容加1;因为学生和成绩都没有超过一字节所能表示的范围,故所定义的变量均为字节类型;因每次只能处理一名学生的成绩,所以要通过一个循环来处理 80 名学生的成绩。请读者自行画出流程图。

程序清单如下:

```
DATA      SEGMENT
          DATA1 DB 80,69,78,65,45,88,…,92,90    ;80 名学生的考试成绩表
          DATA2 DB 5 DUP(0)                     ;为统计结果留出存储单元
DATA      ENDS
CODE      SEGMENT
```

```
        ASSUME DS:DATA,CS:CODE
START:  MOV   AX,DATA
        MOV   DS,AX
        MOV   CX,80              ;统计人数送 CX,即循环次数
        LEA   SI,DATA1           ;设学生成绩表指针 SI
        LEA   DI,DATA2           ;设统计结果表指针 DI
AGAIN:  MOV   AL,[SI]            ;取一个学生成绩送 AL
        CMP   AL,90              ;学生成绩与 90 比较
        JC    NEXT1              ;若小于 90 分,继续比较判断
        INC   BYTE PTR[DI]       ;若大于等于 90 分,对应结果单元人数加 1
        JMP   STO                ;转循环控制处理下一个学生成绩
NEXT1:  CMP   AL,80              ;学生成绩与 80 比较
        JC    NEXT2              ;若小于 80 分,继续比较判断
        INC   BYTE PTR[DI + 1]   ;若是 80~89 分,对应结果单元人数加 1
        JMP   STO                ;转循环控制处理下一个学生成绩
NEXT2:  CMP   AL,70              ;学生成绩与 70 比较
        JC    NEXT3              ;若小于 70 分,继续比较判断
        INC   BYTE PTR[DI + 2]   ;若是 70~79 分,对应结果单元人数加 1
        JMP   STO                ;转循环控制处理下一个学生成绩
NEXT3:  CMP   AL,60              ;学生成绩与 60 比较
        JC    NEXT4              ;若小于 60 分,则转到 60 分以下
        INC   BYTE PTR[DI + 3]   ;若是 60~69 分,对应结果单元人数加 1
        JMP   STO                ;转循环控制处理下一个学生成绩
NEXT4:  INC   BYTE PTR[DI + 4]   ;60 分以下结果单元加 1
STO:    INC   SI                 ;指针指向下一个学生成绩
        LOOP  AGAIN              ;学生个数减 1,循环,直到 80 个学生成绩处理完
        MOV   AH,4CH             ;返回 DOS
        INT   21H
CODE    ENDS
        END   START
```

3.5.3　循环结构程序

在程序设计中常碰到某些操作需多次重复执行的情况,这时采用循环结构程序是最为合适的。常见循环结构程序有两种:DO-UNTIL 结构,如图 3-30(a)所示;WHILE-DO 结构,如图 3-30(b)所示。DO-UNTIL 结构的主要思想是:先执行循环体程序,再判断循环控制条件是否满足,若不满足则执行循环体程序,否则退出循环。WHILE-DO 结构的主要思想是:当循环控制条件满足时,执行循环体程序,否则退出循环。编程时可根据具体情况选择。

每个循环程序都必须选择一个控制循环运行和结束的条件。常用的循环控制方法如下。

① 计数器控制。循环次数已知的情况。

② 条件控制。循环次数未知,判断循环过程中某个特定条件是否满足。

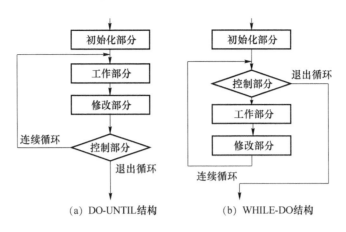

图 3-30　循环程序的结构形式

③ 开关变量控制。根据开关变量的值确定是否进入下一个循环体,由循环条件来控制整个循环的执行。

④ 逻辑尺控制。以某一存储单元中某位是 1 还是 0 去执行不同的循环体。

例 3-39　在内存某区域有一批 16 位的数,找出其最大值(或最小值)并放到指定单元。

本题的解题思路是将这批数一个个拿来比较,每比较一个保留最大(或最小)值,当所有数都比较完后就找到最大值了。程序如下:

```
NAME    SEARCH_MAX
DSEG    SEGMENT
        BUFFER DW 23,45,87,…,98     ;定义一批数
        COUNT EQU $-BUFFER          ;求这批数的字节数,$ 表示当前偏移地址值
        MAX   DW ?                  ;留一个字单元存放最大值
DSEG    ENDS
SSEG    SEGMENT PARA STACK 'STACK'  ;定义堆栈段
            DB 100 DUP(?)
SSEG    ENDS
CSEG    SEGMENT
        ASSUME CS:CSEG,DS:DSEG,SS:SSEG
START:MOV AX,DSEG                   ;赋有关段寄存器的值,以指向定义的各段
        MOV DS,AX
        MOV AX,SSEG
        MOV SS,AX
        MOV CX,COUNT/2              ;数据个数送 CX。COUNT 是字节数,除 2 是字数
        LEA BX,BUFFER              ;取 BUFFER 的偏移地址送 BX,即数据区指针
        MOV AX,[BX]                ;取第一个数送 AX
        INC BX                     ;指针 BX 加 1
        INC BX                     ;指针 BX 加 1,指向第二个字
        DEC CX                     ;数据个数减 1
AGAIN:CMP AX,[BX]                  ;AX-[BX],即 AX 与下一个数进行比较
        JGE NEXT                   ;大于等于转 NEXT
```

```
        MOV AX,[BX]                 ;否则把大的数送 AX
NEXT: INC BX
      INC BX                        ;调整指针,指向第二个字
      LOOP AGAIN                    ;CX 减 1,CX≠0 转 AGAIN 继续循环
      MOV MAX,AX                    ;否则 CX＝0,保存最大值到 MAX 单元
CSEG ENDS
      END START
```

例 3-40 内存从 BUFF 开始放有 N 个字数据,按从大到小的顺序排列。

解题思路: 这是一个排序问题,通常采用气泡排序法。从第一个数开始依次对相邻两个数进行两两比较,若次序对,则不交换两数位置;如次序不对则使两数交换位置。第一遍比较共进行 N−1 次,最小数放到数据区最后。进行第二遍比较,只需考虑前 N−1 个数,即依次对相邻两数进行 N−2 次比较。同理第三遍只需进行 N−3 次比较,最多进行 N−1 遍就完成排序。这是个多重循环结构,其中 COUNT1 为外循环变量,存于 DI 寄存器中,COUNT2 为内循环变量,存于 CX 寄存器中。程序清单如下:

```
DSEG    SEGMENT
    BUFF        DW 3746, 45, 67, 6721, …, 9855
    CUN         EQU $－BUFF
    DSEG        ENDS
    CSEG        SEGMENT
    START:  MOV  AX, DSEG
            MOV  DS, AX
            MOV  CX, CUN/2          ;内循环变量存于 CX 中,初始值为 N－1
            DEC  CX
    LOOP1:  MOV  DI, CX             ;外循环变量存于 DI 中,初始值为 N－1
            MOV  BX, 0              ;地址指针预置为 0
    LOOP2:  MOV  AX, BUFF[BX]       ;取相邻两数进行比较
            CMP  AX, BUFF[BX＋2]
            JGE  CONTINUE           ;若符合排列次序,转移
            XCHG AX, ADDR[BX＋2]     ;若不符合排列次序,两数交换
            MOV  ADDR[BX], AX       ;存大数
    CONTINUE:ADD  BX, 2             ;修改地址指针
            LOOP LOOP2              ;若一遍未比较完,继续
            MOV  CX, DI
            LOOP LOOP1              ;若 N－1 遍未做完,继续
            MOV  AH,4CH
            INT  21H
    CSEG    ENDS
            END  START
```

3.5.4 子程序设计

在程序设计中,某一程序段多处出现,只是某些变量(参数)的赋值不同,这时就应将该程序

段设计成一个子程序(或称过程)。它相当于高级语言的过程和函数。设计好的过程就能被其他程序调用,并进行参数传递。子程序执行完成后便返回调用程序处。

1. 过程定义与调用

前面已介绍了过程定义和调用指令为 PROC/ENDP 和 CALL。过程和主程序使用时可在同一代码段内,也可不在同一代码段内。

① 当过程和主程序在同一代码段时,可采用段内调用方式,即过程具有 NEAR 属性。过程定义和调用格式如下:

```
CSEG    SEGMENT         ;代码段定义
MAIN    PROC FAR        ;主程序属性应为 FAR,被看作 DOS 的子程序
        …
CALL    SUBT            ;调用子过程 SUBT
        …
        RET             ;执行完返回 DOS
MAIN    ENDP            ;主程序结束
SUBT    PROC NEAR       ;SUBT 过程定义,属性为 NEAR
        …               ;子过程语句序列
        RET             ;子过程返回
SUBT    ENDP            ;子过程结束
CSEG    ENDS            ;代码段结束
```

② 当过程和主程序不在一个代码段时,只能采用段间调用方式,即过程具有 FAR 属性。则过程定义和调用格式如下:

```
XSEG    SEGMENT         ;定义代码段 XSEG
SUBT1 PROC FAR          ;定义过程 SUBT1,具有 FAR 属性
        …
        RET
SUBT1 ENDP
        …
        CALL SUBT1      ;同一代码段内调用 SUBT1
XSEG    ENDS
YSEG    SEGMENT         ;定义代码段 YSEG
        …
        CALL SUBT1      ;调用 XSEG 代码段定义的过程 SUBT1
YSEG    ENDS
```

2. 寄存器内容的保护和恢复

一个 CPU 的寄存器数量是有限的,在进行主程序和过程设计时,它们所使用的寄存器会发生冲突。如主程序中某些寄存器内容过程调用后还要用,而被调用过程也用到这些寄存器,这就会造成程序运行出错。为此,在进入过程时(或过程前)将该过程所用寄存器的内容保存起来,称为保护现场。而在过程返回主程序前,再恢复这些寄存器的内容,称为恢复现场。保护现场和恢复现场分别用堆栈压入指令和弹出指令来实现。但在主程序和过程间传递参数和向主程序回送结果的寄存器除外。例如:

```
SUBRP   PROC   FAR
```

```
        PUSH    AX              ;按需要保护现场。进入子过程首先保护有关寄存器
        PUSH    BX              ;也可以放在主程序 CALL 指令前,即保护现场放到主程序中
        PUSH    CX
        PUSH    DX
        …                       ;过程语句序列
        POP     DX              ;恢复现场,注意保护时的顺序,放在子过程 RET 之前
        POP     CX              ;也可以放到主程序 CALL 指令之后
        POP     BX
        POP     AX
        RET                     ;子过程的返回
SUBPR   ENDP
```

3. 主程序和过程间的参数传送

主程序调用过程时,往往需要一些参数(入口参数)传给过程,过程执行完毕返回主程序时,也往往将过程运行的结果和状态(出口参数)回送给主程序。这种主程序和过程间的参数传送可通过寄存器、内存单元(变量)、地址表、堆栈等方式进行。

(1) CPU 寄存器传送参数

过程的入口参数和出口参数均用寄存器传送,下面举例说明。

例 3-41 编写一个将存放在内存的 4 位十六进制 ASCII 码转换为等值二进制数的程序。

解题思路:十六进制 ASCII 码可能是数字 0~9 的 30H~39H、字母 A~F 的 41H~46H,从最低位 ASCII 码开始,逐位将一字节的 ASCII 码对于数字减 30H、对于字母减 37H 转换为等值二进制数,最后将它们拼装起来即可。入口参数:存放 4 位十六进制 ASCII 码的内存首地址送入 DS:SI,ASCII 码的位数 4 存放在 CL 中。出口参数:转换结果(等值二进制数)存放在 DX 中。

程序清单如下:

```
DATA            SEGMENT
ASC_STG         DB 32H,35H,42H,38H    ;4 位 ASCII 码数据
BIN_RESULT      DW ?                  ;存放等值二进制数
DATA            ENDS
XSEG            SEGMENT
                ASSUME CS:XSEG,DS:DATA
MAIN            PROC   FAR
START:          MOV    AX,DATA
                MOV    DS,AX
                MOV    SI,OFFSET ASC_STG
                MOV    CL,4
                CALL   ASC_BIN
                MOV    BIN_RESULT,DX
                RET                   ;可用"MOV AH,4CH;INT 21H"代替
MAIN            ENDP
ASC_BIN         PROC
                PUSH   AX             ;保护寄存器内容
```

```
        MOV    CH,CL               ;位数送 CH
        CLD                        ;方向标志位清零
        XOR    AX,AX               ;AX 及 DX 清零
        MOV    DX,AX
AGAIN:  LODSB                      ;(DS:SI)→AL,SI+1→SI
        AND    AL,7FH              ;设置标志位并将 AL 最高位清零
        CMP    AL,'9'              ;判断该位 ASCII 码是否大于 39H
        JG     A_TO_F
        SUB    AL,30H
        JMP    ROTATE
A_TO_F: SUB    AL,37H
ROTATE: OR     DL,AL               ;拼装各位转换结果
        ROR    DX,CL
        DEC    CH
        JNZ    AGAIN
        POP    AX                  ;恢复 AX 值
        RET
ASC_BIN ENDP
XSEG    ENDS
        END    START
```

（2）内存单元（变量）传递参数

例 3-42　在程序中需对 N 个元素的数组求和。完成数组 N 个元素求和的设计为属性是 NEAR 的过程，且过程及主程序在同一代码段。

主程序中将入口参数直接定义到一个数据段里，子程序从该数据段内存单元读取入口参数，子程序执行结果（返回参数）直接写入内存单元。程序如下：

```
DSEG    SEGMENT
ARY     DW      100,23,456,12,45,…,87;定义 N 个字元素
COUNT   EQU     ($-ARY)/2           ;求元素个数并赋给 COUNT
SUM     DW      2 DUP(?)            ;留两个字单元存放和值
DSEG    ENDS
SSEG    SEGMENT STACK 'STACK'
        DB      100 DUP(?)
SSEG    ENDS
CSEG    SEGMENT
        ASSUME CS:CSEG,DS:DSEG,SS:SSEG
START:  MOV    AX, DSEG
        MOV    DS, AX
        MOV    AX, SSEG
        MOV    SS, AX
        CALL   PROADD              ;调过程
```

```
        MOV     AH, 4CH                 ;返回 DOS
        INT     21H
PROADD  PROC    NEAR                    ;过程 PROADD 定义
        PUSH    AX                      ;保护现场
        PUSH    CX
        PUSH    DX
        PUSH    SI
        LEA     SI, ARY                 ;取数组首地址
        MOV     CX, COUNT               ;数组元素个数
        XOR     AX, AX                  ;和低 16 位清零
        MOV     DX, AX                  ;和高 16 位清零
AGAIN   ADD     AX, [SI]                ;累加 N 个元素的低位字
        JNC     NEXT
        INC     DX                      ;若有进位,则和的高位字加 1
NEXT：  ADD     SI, 2                   ;调整指针,指向数组下一个数
        LOOP    AGAIN
        MOV     SUM, AX                 ;和值低 16 位送结果单元
        MOV     SUM + 2, DX             ;和值高 16 位送结果单元
        POP     SI                      ;恢复现场
        POP     DX
        POP     CX
        POP     AX
        RET                             ;过程返回
PROADD  ENDP
CSEG    ENDS
        END     START
```

（3）地址表传送参数

仍以数组元素求和为例,从例 3-42 可见有 3 个变量:与数组首元素地址联系的数组名、数组元素个数及累加和。每个变量都有对应的偏移地址,段基地址均在 DS 寄存器中。把它们的偏移地址顺序存放在一张地址表中,该表长度为 3 个字。若需调用过程,应先将地址表的首地址送某寄存器,如 BX。进入过程后可采用寄存器间接寻址方式从地址表中取出变量地址,以便访问所需变量。程序清单如下:

```
DSEG    SEGMENT
ARY1    DW  100,23,456,12,45,…,87   ;定义 N 个字元素
COUNT1  EQU  ($ - ARY1)/2
SUM1    DW  2 DUP(?)
NUM     DW  100 DUP(?)
N       DW  ?
TOTAL   DW  2 DUP(?)
TABLE   DW  3 DUP(?)
```

```
DSEG        ENDS
SSEG        SEGMENT STACK,'STACK'
            DB 100 DUP(?)
SSEG        ENDS
CSEG        SEGMENT
        ASSUME CS:CSEG,DS:DSEG,SS:STACK
START:      MOV     AX, DSEG
            MOV     DS, AX
            MOV     AX, SSEG
            MOV     SS, AX
            MOV     TABLE, OFFSET ARY1      ;装填地址表
            MOV     TABLE + 2, OFFSET COUNT1
            MOV     TABLE + 4, OFFSET SUM1
            MOV     BX, OFFSET TABLE        ;表地址存入 BX
            CALL    NEAR PTR PROADD         ;求数组 ARY1 的和
            MOV     TABLE, OFFSET NUM       ;重新建立地址表
            MOV     TABLE + 2, OFFSET N
            MOV     TABLE + 4, OFFSET TOTAL
            LEA     BX, TABLE
            CALL    NEAR PTR PROADD         ;求数组 NUM 的和
            MOV AH, 4CH
            INT 21H
PROADD      PROC    NEAR
            PUSH    AX                      ;保护现场
            PUSH    DX
            PUSH    CX
            PUSH    SI
            PUSH    DI
            MOV     SI, [BX]                ;取数组地址
            MOV     DI, [BX + 2]            ;取元素个数,并送入 CX
            MOV     CX, [DI]
            MOV     DI, [BX + 4]            ;取和数地址
            XOR     AX, AX
            MOV     DX, AX
NEXT:       ADD     AX, [SI]
            JNC     NO_CARRY
            INC     DX
NO_CARRY:   ADD     SI,2
            LOOP    NEXT
            MOV     [DI], AX
```

```
        MOV     [DI+2],DX
        POP     DI                  ;恢复现场
        POP     SI
        POP     CX
        POP     DX
        POP     AX
        RET
PROADD  ENDP
CSEG    ENDS
        END     START
```

（4）堆栈传送参数或参数地址

其方法是调用过程前在主程序中用 PUSH 指令将参数或参数地址压入堆栈；进入过程后再用 POP 从堆栈中取出参数或参数地址。

例 3-43 从一个字符串中删除一个字符。

程序如下：

```
DSEG    SEGMENT
STRING  DB      'Exxperiene…'   ;定义字符串
LENG    DW      $-STRING        ;取字符串长度
KEY     DB      'x'             ;定义要从字符串中删除的字符
DENDS   ENDS
SSEG    SEGMENT  PARA STACK 'STACK'
        DB      100 DUP(?)
SSEG    ENDS
CSEG    SEGMENT
    ASSUME CS:CSEG,DS:DSEG,ES:DSEG,SS:SSEG
MAIN    PROC    FAR
START:  MOV     AX,DSEG
        MOV     DS,AX
        MOV     ES,AX
        MOV     AX,SSEG
        MOV     SS,AX
        LEA     BX,STRING
        LEA     CX,LENG
        PUSH    BX              ;参数地址 STRING、LENG 压入堆栈
        PUSH    CX
        MOV     AL,KEY          ;要删除字符送 AL 寄存器
        CALL    DELCHR          ;调用删除一个字符的子程序
        MOV     AH,4CH          ;返回 DOS
        INT     21H
MAIN    ENDP
```

```
DELCHR    PROC                         ;定义删除一个字符的子程序
          PUSH      BP                 ;保存 BP 内容
          MOV       BP，SP             ;将 BP 指向当前栈顶
          PUSH      SI                 ;保护 SI、DI
          PUSH      DI
          CLD                          ;设增量方式
          MOV       SI，[BP + 4]       ;得到 LENG 地址
          MOV       CX，[SI]           ;取串长度送 CX
          MOV       DI，[BP + 6]       ;得到 STRING 地址
          REPNE     SCASB              ;查找待删除字符
          JNE       DONE               ;若没有找到则退出
          MOV       SI，[BP + 4]       ;若找到,SI 指向串长度单元
          DEC       WORD PTR[SI]       ;串长度减 1
          MOV       SI, DI
          DEC       DI
          REP       MOVSB              ;被删除字符后的字符串中字符依次向前移位
DONE：    POP       DI                 ;恢复寄存器内容
          POP       SI
          POP       BP
          RET                          ;返回
DELCHR    ENDP
CSEG      ENDS
          END       START
```

关于过程的嵌套、递归调用和可重入性知识请扫描二维码。

常用子程序及程序设计举例请扫描二维码。

模块程序设计简介请扫描二维码。

汇编语言程序上机操作过程请扫描二维码。

关于过程的嵌套、递归
调用和可重入性知识

常用子程序及
程序设计举例

模块程序
设计简介

汇编语言程序
上机操作过程

习　　题

3.1　请解释名词:操作码、操作数、立即数、寄存器操作数、存储器操作数。

3.2　什么叫寻址方式? 8086 指令系统有哪几种寻址方式?

3.3　指出下列指令中操作数的寻址方式。

① MOV SI,200

② MOV AL,[2000H]

③ MOV CX,DATA[SI]

④ ADD AX,[BX+DI]

⑤ AND AX,BX

⑥ MOV [SI],AX

⑦ MOV AX,DATA[BP+SI]

⑧ PUSHF

⑨ MOV AX,ES:[BX]

⑩ JMP FAR PTR PROCS_1

3.4 设 DS＝1000H,ES＝2000H,BX＝2865H,SI＝0120H,偏移量 D＝47A8H,试问下列各指令中源操作数所在位置,若有物理地址请计算出其物理地址值。

① MOV AL,D

② MOV AX,BX

③ MOV AL,[BX+D]

④ MOV AL,[BX+SI+D]

⑤ MOV [BX+5],AX

⑥ INC BYTE PTR[SI+3]

⑦ MOV DL,ES:[BX+SI]

⑧ MOV AX,2010H

⑨ MOV AX,DS:[2010H]

3.5 现有 DS＝2000H,BX＝0100H,SI＝0002H,20100H＝12H,20101H＝34H,20102H＝56H,20103H＝78H,21200H＝2AH,21201H＝4CH,21202H＝B7H,21203H＝65H,试说明下列指令执行后,AX 寄存器中的内容。

① MOV AX,1200H

② MOV AX,BX

③ MOV AX,[1200H]

④ MOV AX,[BX]

⑤ MOV AX,1100H[BX]

⑥ MOV AX,[BX+SI]

⑦ MOV AX,[1100H+BX+SI]

3.6 已知 AX＝75A4H,CF＝1,分别写出下列指令执行后 AX、CF、SF、ZF、OF 的值。

① ADD AX,08FFH

② INC AX

③ SUB AX,4455H

④ AND AX,0FFFH

⑤ OR AX,0101H

⑥ SAR AX,1

⑦ ROR AX,1

⑧ ADC AX,5

3.7 假如 AL＝20H,BL＝10H,当执行"CMP AL,BL"后,问：

① 若 AL、BL 中内容是两个无符号数,比较结果如何? 影响哪几个标志位?

② 若 AL、BL 中内容是两个有符号数,结果又如何? 影响哪几个标志位?

3.8 已知 AX=2040H,DX=380H,端口(PORT)=(80H)=1FH,(PORT+1)=45H,指出执行下列指令后,结果是什么?

① OUT　　DX,AL

② OUT　　DX,AX

③ IN　　　AL,PORT

④ IN　　　AX,80H

3.9 假设下列程序执行前 SS=8000H,SP=2000H,AX=7A6CH,DX=3158H。执行下列程序段,画出每条指令执行后,寄存器 AX、BX、CX、DX 的内容和堆栈存储的内容的变化情况,执行完毕后,SP=?

PUSH　AX

PUSH　DX

POP　　BX

POP　　CX

3.10 编程序段分别完成如下功能。

① AX 寄存器低 4 位清零。

② BX 寄存器低 4 位置"1"。

③ CX 寄存器低 4 位变反。

④ 测试 DL 寄存器位 3、位 6 是否同时为 0,若是,将 0 送 DL;否则将 1 送 DH。

3.11 写出 3 种不同类型的指令将寄存器 BX 清零。

3.12 已知从 DS:2200H、ES:3200H 单元起分别存放 20 个 ASCII 的字符。找出这两个字符串中第一个不同字符的位置(段内偏移地址),并放入从 DS:22A0H 开始的连续两个字单元中。请设计完成此任务的程序段。

① 使用通常用的比较指令(CMP)实现。

② 使用数据串比较指令(CMPSB)实现。

3.13 读下面的程序段,请问在什么情况下,本段程序的执行结果是 AH=0?

```
BEGIN:    IN    AL,5FH
          TEST  AL,80H
          JZ    BRCH1
          MOV   AH,0
          JMP   STOP
BRCH1:    MOV   AH,0FFH
STOP:     HLT
```

3.14 阅读程序并回答问题:

```
START:    IN    AL,20H
          MOV   BL,AL
          IN    AL,30H
          MOV   CL,AL
          MOV   AX,0
```

```
              MOV    CH,AL
L1：          ADD    AL,BL
              ADC    AH,0
              LOOP   L1
              HLT
```

问：①本程序实现什么功能？②结果在哪里？③用乘法指令 MUL BL 编程并使结果不变。（假设 20H、30H 端口输入的数据均为无符号数。）

3.15 读程序段，回答问题。

```
MOV   AL,05H
XOR   AH,AH
ADD   AX,AX
MOV   BX,AX
MOV   CX,2
SHL   BX,CL
ADD   AX,BX
```

该程序段的功能是什么？执行程序段后 AX＝？ 是否可用更简单的程序段完成此功能，请写出这段程序。

3.16 阅读下列程序：

```
          MOV CX,100
NEXT：     MOV AL,[SI]
          MOV ES：[DI],AL
          INC SI
          INC DI
          LOOP NEXT
```

写出用串指令完成上述功能的程序段。

3.17 假设寄存器 AX＝1234H,DX＝0A000H,阅读下列程序段：

```
MOV BX,0
MOV CX,BX
SUB CX,AX
SBB BX,DX
MOV AX,CX
MOV DX,BX
```

上述程序执行后 AX＝？ DX＝？ 程序的功能是什么？

3.18 比较 AX、BX、CX 中带符号数的大小，将最大的数放在 AX 中，请编写汇编源程序。

3.19 编写汇编源程序,在数据区从 0000H:2000H 开始的 100 字节范围内,查找字符'A',若找到,则将偏移地址送入 DX,若没有找到,则结束。

3.20 什么叫汇编？ 汇编程序的功能有哪些？

3.21 汇编程序和汇编源程序有什么差别？ 两者的作用是什么？

3.22 一个汇编源程序应该由哪些逻辑段组成？ 各段如何定义？ 各段的作用和使用注意事项是什么？

3.23　语句标号和变量应具备的3种属性是什么？各属性的作用是什么？

3.24　指令性语句和指示性语句的本质区别是什么？

3.25　有数据段为：

```
DATA    SEGMENT
        ORG   200H
        TAB1   DB      16,-3,5,'ABCD'
        TAB2   DW      'XY',-2,0,0AH
        ARR1   DW      TAB1
        ARR2   DD      TAB2
DATA    ENDS
```

汇编后,设数据段从200H开始的单元存放,请画出存放示意图。

3.26　已知数据段DATA从存储器实际地址02000H开始,作如下定义：

```
DATA    SEGMENT
        VAR1   DB    2 DUP(0,1,?)
        VAR2   DW    50 DUP(?)
        VAR3   DB    10 DUP(0,1,2 DUP(4),5)
DATA    ENDS
```

求出3个变量的SEG、OFFSET、TYPE、LENGTH和SIZE属性值。

3.27　已知数据区定义了下列语句,采用图示说明变量在内存单元的分配情况以及数据的预置情况。

```
DATA    SEGMENT
        A1   DB   20H,52H,2 DUP(0,?)
        A2   DB   2 DUP(2,3 DUP(1,2),0,8)
        A3   DB   'GOOD!'
        A4   DW   1020H,3050H
DATA    ENDS
```

3.28　已知3个变量的数据定义如下,分析给定的指令是否正确,有错误时加以改正。

```
DATA    SEGMENT
        VAR1   DB ?
        VAR2   DB 10
        VAR3   EQU 100
DATA    ENDS
```

① MOV   VAR1,AX

② MOV   VAR3,AX

③ MOV   BX,VAR1

　　MOV   [BX],10

④ CMP   VAR1,VAR2

⑤ VAR3   EQU   20

3.29　执行下列指令后,AX寄存器中的内容是什么？

```
TABLE   DW   10,20,30,40,50
ENTRY   DW   3
```

```
MOV  BX, OFFSET  TABLE
ADD  BX, ENTRY
MOV  AX,［BX］
```

3.30 编程实现求 $S=(X^2+Y^2)/Z$ 的值,并将结果放入 RESULT 单元。

3.31 在数据区中,从 TABLE 开始连续存放 0~6 的立方值(称为立方表),设任给一数 x $(0 \leqslant x \leqslant 6)$,$x$ 在 TAB1 单元,查表求 x 的立方值,并把结果存入 TAB2 单元。

3.32 以 BUF 为首地址的存储区存放有若干个有符号字数据,试编写汇编源程序求出其中负数的平均值(负数之和大于 $-32\,768$),并存放在 MEA2 单元中。

3.33 编写程序,计算下面函数的值。

$$s=\begin{cases} 2x & (x<0) \\ 3x & (0 \leqslant x \leqslant 10) \\ 4x & x>10 \end{cases}$$

3.34 设 AX 寄存器中有一个 16 位二进制数,编写汇编源程序统计其中"1"的个数并送 CX 中。

3.35 假设学生某门课的成绩存放在数据区中,请编写汇编源程序统计该成绩中小于 60 分的人数、60~90 分的人数、大于 90 分的人数,并显示在屏幕上。

3.36 现有两个多字节压缩 BCD 码数 9876543219H 和 1234567891H,它们分别按低位字节在前、高位字节在后的方式存放在变量 A1 和 A2 中,求它们的和与差,并将结果放在变量 SUM 和 DEF 中。

3.37 设变量 K 中存放了由 100 个有符号整数组成的字数组,编写汇编源程序找出其中最大的一个,放到 AX 中。

3.38 编写汇编源程序,比较两个字符串 STRING1 和 STRING2 所含字符是否完全相同,若相同则显示"MATCH",若不同则显示"NO MATCH"。

3.39 从 A1 单元开始定义了一长度为 N 的字符串,找出其中所有的小写字母并存放到从 A2 单元开始的存储区中。统计出小写字母的个数,存放到 SL 单元中。请编写汇编源程序。数据段如下:

```
DATA SEGMENT
    A1  DB  'AB1243ADCBBCDED94R3'
    N   EQU  $-A1
    A2  DB N DUP(?)
    SL  DB  ?
DATA  ENDS
```

3.40 在数据段中有一个字节数组,编写汇编源程序统计其中正数的个数,放入 A 单元,负数的个数放入 B 单元。

3.41 编写汇编源程序,用十六进制输出一个按键的 ASCII 码值,要求输出形式是:A=41H。

3.42 编写汇编源程序,判断一个按键是不是回车键。若是,输出"Yes!",否则输出"No!"。

3.43 编一子程序,利用 XLAT 指令把十六进制数转换成 ASCII 码。假设 ASCII 码存放在以 DAT1 为首地址的数据区中,对应的十六进制数放在以 DAT2 为首地址的数据区中,转换结果送以 DAT3 为首地址的数据区中。

3.44 编写排序子程序 SORT,以 DS、SI 和 CX 作为入口参数,把以 DS:SI 为起始地址的一个带符号的字型数组由小到大进行排序,参数 CX 中存放的是数组中元素的个数。

3.45 编写递归子程序,求两个正整数的最大公约数。

第4章 存储器系统

案例 4-1　8 位 CPU 存储器系统设计

要求:在 8088 CPU 工作在最小工作模式时,需要配置 16 KB EPROM(地址空间为 10000H～13FFFH)及静态 SRAM 的存储器 32 KB(地址空间为 18000H～1FFFFH)。静态 RAM 存储器芯片为 6264(容量为 8 KB),EPROM 存储器芯片为 2764(容量为 8 KB),采用全地址译码法进行设计,译码器为 74LS138。

案例 4-2　16 位存储器系统设计

要求:在案例 4-1 的基础上,将 8088 CPU 换成 8086 CPU 后,在其他条件不变的情况下完成存储器系统的设计。

4.1　存储器系统的基本知识

存储器可分为内存储器(简称内存)和外存储器(简称外存),内存是主存储器,一般由 MOS 型半导体存储器组成,用来存放计算机当前运行的程序和数据,CPU 通过总线直接访问内存。

目前在微机系统中,存储器系统采用多层结构。内存又分为高速缓冲存储器(Cache)和主存储器。高速缓冲存储器是计算机系统中的一个高速但容量小的存储器,用来存放 CPU 正在使用和可能将要使用的局部指令和数据。高速缓冲存储器通常由静态存储器(SRAM)构成。主存储器通常由容量较大的动态存储器(DRAM)构成。

内存容量的大小受 CPU 地址总线条数的限制,对于 8086 系统,20 条地址总线直接寻址的内存空间为 1 MB($2^{20}=1$ M)。计算机启动时,一般由只读存储器 ROM 中的引导程序来启动系统,随后从外存中读取系统程序和应用程序,送到随机存储器 RAM 中,程序运行的结果放在 RAM 或外存储器。

外存储器是辅助存储器,其主要的特点是容量大,可以长期保存程序和数据,但存取速度较慢。常见的外存储器有磁盘、光盘等。但外存储器要配置专门的驱动设备才能完成对它的读/写。

4.1.1　半导体存储器的分类

微型计算机的内存储器通常是由半导体存储器构成的。按存取方式分类,半导体存储器分为随机读写存储器(RAM)和只读存储器(ROM)。随机读写存储器是一种易失性存储器,其特点是在使用过程中,信息可以随机写入或读出,一旦掉电,信息就会自动丢失,其常用来存放正在运行的程序和数据;只读存储器是一种非易失性存储器,其特点是信息在一定条件下写入,掉电时信息也不会丢失。在正常使用过程中,ROM 中的存储信息只能读出,而不能写入。ROM 常用于保存固定不变的程序和数据,如主板上的基本输入/输出系统程序 BIOS、打印机中的汉字库等,也可作为 I/O 数据缓冲存储器、堆栈等。

随机读写存储器分为静态存储器(SRAM)和动态存储器(DRAM);只读存储器又可分为掩膜式 ROM、可编程 ROM(PROM)、可擦除可编程 ROM(EPROM)、电可擦除可编程 ROM(E²PROM)和闪速存储器(FLASH)。半导体存储器的分类如图 4-1 所示。

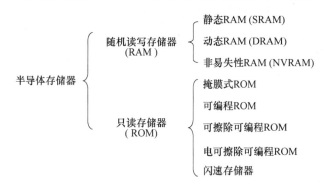

图 4-1 半导体存储器的分类

1. 随机读写存储器

随机读写存储器可以随机地在任意位置上读/写信息,电源切断后,所存数据全部丢失。通常我们所说的 CPU 内存容量一般指 RAM 存储器的容量。根据存储器芯片内部基本单元电路结构的不同,RAM 又分为两种。

(1) 静态随机读写存储器

静态 RAM 的基本存储电路又称为存储元,是存放一位二进制信息"0"或"1"的电路,通常由双稳态触发器电路构成。静态 RAM 只要不断电,"0"或"1"的状态能一直保持,除非写入新的数据。同样,读出操作后,所保存的信息不变。SRAM 的主要特点是存取时间短(几十到几百纳秒),外部电路简单,便于使用。常见的 SRAM 芯片容量为 1~64 KB 之间。

(2) 动态随机读写存储器

动态随机读写存储器的存储元以电容来存储信息,电路简单。但电容总有漏电存在,时间长了存放的信息就会丢失或出现错误。因此需要对这些电容定时充电,这个过程称为刷新,即定时地将存储元中的内容读出再写入。DRAM 的存取速度较 SRAM 的存取速度慢,但集成度高,容量大。目前 DRAM 芯片的容量已达几百兆比特,另外 DRAM 功耗低,价格比较便宜。目前在微型计算机中的内存主要由 MOS 型 DRAM 组成。

(3) 非易失性随机读写存储器

NVRAM(Non Volatile RAM)是一种非易失性随机读写存储器。它的存储电路由 SRAM 和 E²PROM 共同构成,在正常运行时 NVRAM 和 SRAM 的功能相同,既可以随时写入,又可以随时读出。但在掉电或电源发生故障的瞬间,它可以立即把 SRAM 中的信息保存到 E²PROM 中,使信息得到自动保护。NVRAM 多用于掉电保护和保存存储系统中的重要信息。

2. 只读存储器

ROM 将程序和数据固化在芯片中,数据只能读出,不能写入,断电后数据也不会丢失,ROM 中通常存储操作系统的引导程序(BIOS)或用户的固定程序。

根据不同的编程写入方式,ROM 分为以下几种。

(1) 掩膜式 ROM

掩膜式 ROM 存储的信息是由生产厂家根据用户的要求,在生产过程中采用掩膜工艺(即光刻图形技术)一次性直接写入的。掩膜式 ROM 一旦制成后,其内容不能再改写,因此它只适合于存储永久性保存的程序和数据,常用于批量生产。

(2) 可编程 ROM

PROM(Programmable ROM)为一次编程 ROM。它的编程逻辑器件靠存储元中熔丝的断开与接通来表示存储的信息:当熔丝被烧断时,表示信息"0";当熔丝接通时,表示信息"1"。由于存储元的熔丝一旦被烧断就不能恢复,因此 PROM 存储的信息只能写入一次,不能擦除和改写。

(3) 可擦除可编程 ROM

EPROM(Erasable Programmable ROM)是一种紫外线可擦除可编程 ROM。写入信息是在专用编程器上实现的,具有多次改写的功能。EPROM 芯片的上方有一个石英玻璃窗口,当需要改写时,将它放在紫外线灯光下照射 $15\sim20$ min 便可擦除信息,使所有的擦除单元恢复到初始状态,然后编程写入新的内容。由于 EPROM 在紫外线照射下信息易丢失,故在使用时应在玻璃窗口处用不透明的纸封严,以免信息丢失。

(4) 电可擦除可编程 ROM

E^2PROM(Electrically Erasable Programmable ROM)是一种电可擦除可编程 ROM,也是一种在线(即不用拔下来)可擦除可编程只读存储器。它能像 RAM 那样随机地进行改写,又能像 ROM 那样在掉电的情况下使所保存的信息不丢失,即 E^2PROM 兼有 RAM 和 ROM 的双重功能特点。E^2PROM 的编程改写不需要使用专用编程设备,只需在指定的引脚上加上规定的电压即可进行在线擦除和改写,使用起来更加方便灵活。

(5) 闪速存储器

闪速存储器(Flash Memory)简称 Flash 或闪存。它与 E^2PROM 类似,也是一种电可擦写型 ROM。与 E^2PROM 的主要区别是:E^2PROM 按字节擦写,速度慢;而闪存按块擦写,速度快,一般读写时间在 $65\sim170$ ns 之间。

Flash 是近年来发展非常快的一种新型半导体存储器。由于它具有在线电擦写、低功耗、大容量、擦写速度快的特点,同时,还具有与 DRAM 等同的低价位、低成本的优势,因此受到广大用户的青睐。目前,Flash 在微机系统、嵌入式系统和智能仪器仪表等领域得到了广泛应用。

4.1.2　半导体存储器的主要性能指标

半导体存储器的主要性能指标反映了计算机对其性能的要求,常用性能指标如下。

1. 存储容量

存储容量是指存储器可以存储的二进制信息总量。存储器芯片的存储容量用"存储单元个数×存储单元中数据的位数"来表示。例如,SRAM 芯片 6264 的容量为 8K×8 bit,即它有 8K(1K=1 024)个单元,每个单元存储 8 位二进制数据(一字节)。一般计算机内存容量确定后,建议选用单片容量大的芯片来构成,以使得电路连接简单,功耗也低。

存储容量的大小在一定程度上影响了计算机对信息的处理能力,存储容量通常以字节(Byte)为单位来表示。

2. 存取时间和存取周期

存取时间又称存储器访问时间,即启动一次存储器操作(读或写)到完成该操作所需要的时间。CPU 在读/写存储器时,其读/写时间必须大于存储器芯片的额定存取时间。如果不能满足这一要求,CPU 不能从存储器读到正确的数据。内存的存取时间通常用 ns(纳秒)表示。超高速存储器的存取时间约为 20 ns,高速存储器的存取时间为几十纳秒。

存取周期是连续启动两次独立的存储器操作所需的最小时间间隔。存取周期应大于等于存取时间。

3. 可靠性

可靠性指存储器对磁场、热噪声等外界干扰的抵抗能力。存储器的可靠性直接与构成它的芯片有关,其可靠性用平均无故障时间(Mean Time Between Failures,MTBF)来衡量,MTBF 越长,可靠性越高。目前,所用的存储器无故障连续工作时间可达数百万小时。

4. 功耗

功耗反映存储器件耗电的多少,同时也反映了其发热程度。功耗越小,存储器件的工作稳定性越好。

功耗分为操作功耗和维持功耗。当 CPU 读/写存储器芯片数据时,该芯片的功耗称为操作功耗;当 CPU 不读/写存储器芯片时,该芯片的功耗称为维持功耗。大多数半导体存储器的维持功耗小于工作功耗。

5. 性能价格比

常用性能价格比来衡量存储器经济性能的好坏,性能价格比是以上指标的综合参数。目前常用芯片每位的价格来衡量存储器芯片的性能。

4.1.3 半导体存储器的基本结构

半导体存储器芯片内部的基本结构如图 4-2 所示。图中虚线框为半导体存储器,由存储体、地址寄存器、地址译码器、读/写驱动电路、数据寄存器和读/写控制电路等组成。半导体存储器通过 n 位地址线、m 位数据线和一些相关的控制线同 CPU 交换信息。n 位地址线用来确定存储单元的地址,m 位数据线用来传送数据信息,而控制线用来协调和控制 CPU 与内存之间的读/写操作。

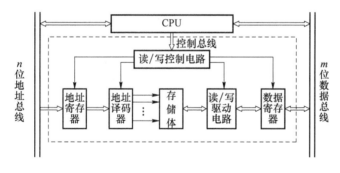

图 4-2 半导体存储器芯片内部的基本结构

1. 存储体

存储体是存储器中存储信息的实体,是存储元的集合体,存储元是存储一位二进制"0"或"1"的基本存储电路,若干个存储元构成一个存储单元。通常,8 个存储元构成一个存储单元,即一个存储单元存放 8 位二进制数。为了区分不同的存储单元和便于读/写操作,每个存储单元都被分配一个地址(称为存储单元地址),CPU 按地址访问存储单元。

存储体内基本存储单元的排列结构通常有两种方式:字结构和位结构。例如,某存储器芯片内部有 1 024 个基本存储电路(存储元),如果按字结构方式排列,排列为 128×8,即该芯片中有 128(2^7)个存储单元,每个单元有 8 个二进制位,需要 7 根地址线、8 根数据线,再加控制线和电源线若干;如果按位结构排列,排列为 1 024×1 bit,即该芯片中有 1 024(2^{10})个存储单元,每个单元有 1 个二进制位,需要 10 根地址线、1 根数据线,再加控制线和电源线若干。采用字结构方式排列的主要缺点是芯片封装时引线较多;而位结构芯片封装时引线较少,但需要得到一字节数据时,需要将 8 个芯片上同一地址读出的信息组合在一起。

存储器系统的最大存储容量取决于 CPU 本身提供的地址线条数,当 CPU 的地址线为 n 条时,可生成的编码状态有 2^n 个,也就是说 CPU 可直接寻址的存储单元个数为 2^n。若采用字节编址,那么存储器的最大容量为 $2^n \times 8$ bit。

2. 地址译码器

地址译码器的功能是接收 CPU 的地址信息,完成译码,找到对应的存储单元。地址译码器通常有两种译码方式。一种是单译码方式,仅有一个译码器。译码器输出的每条译码线对应一个存储单元。如地址位数 $n=10$,即译码器可以有 $2^{10}=1\,024$ 种状态,对应有 $1\,024$ 条译码线(字线),即 $1\,024$ 个存储单元。单译码方式如图 4-3 所示。

另外一种是双译码方式,即将输入的地址码分成两部分,低位地址部分接入 X 译码器(称为行地址译码器),其输出的字选择线称为行选择线,选中存储矩阵中位于同一行的所有存储单元;较高位地址接入 Y 译码器(称为列译码),其输出的字选择线称为列译码,选中位于同一列中的存储单元。当行地址、列地址同时有效选中一个存储单元时,才能对该存储单元进行读/写操作。采用双译码电路可以减少译码器输出线的条数。例如,设地址线条数为 10,将其中的前 5 位输入到 X 地址译码器中,译出 $X_0 \sim X_{31}$ 译码线,分别选择 $0 \sim 31$ 行。将后 5 位输入到 Y 地址译码器中,译出 $Y_0 \sim Y_{31}$ 译码线,分别选择 $0 \sim 31$ 列。用 X 译码器和 Y 译码器交叉控制可以选择从存储单元 $(0,0)$ 至 $(31,31)$ 共 $2^5 \times 2^5 = 1\,024$ 个存储单元。X 和 Y 输出的地址线共计 64 条。双译码方式如图 4-4 所示。

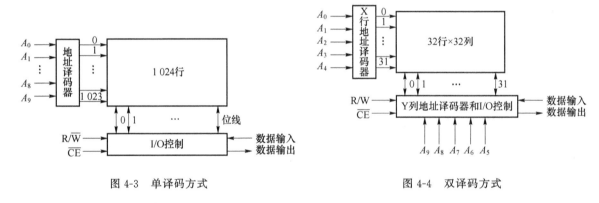

图 4-3　单译码方式　　　　　　　　　　图 4-4　双译码方式

3. 读/写控制电路

读/写控制电路接收 CPU 传来的控制命令,经过控制电路一系列的处理,产生一组时序信号,对存储器进行读/写控制。

4.1.4　存储器的读/写操作

CPU 通过执行指令对存储单元进行存储器读/写操作。半导体存储器在工作时,有其固有的读/写时序。存储器在与 CPU 协调工作时,只有 CPU 提供合适的时序信号,才能正确地完成数据的读出或写入。

1. 存储器读周期

存储器读周期是指从启动一个读操作到启动下一个读操作所需要的时间,读周期 $t_{RC} =$ 读取时间 $t_A +$ 读恢复时间 t_{AR}。

- 读取时间 t_A。地址有效到数据读出有效之间的时间，MOS 器件的读取时间在 $50\sim500$ ns 之间。
- 片选到数据稳定输出时间 t_{CO}。从 $\overline{CS}$ 片选信号有效到数据输出稳定的时间，一般 $t_A > t_{CO}$。
- 片选到输出有效时间 t_{CX}。从 $\overline{CS}$ 片选信号有效到数据输出有效的时间。
- 读恢复时间 t_{AR}。存储器在输出数据有效后要有一定的时间来进行内部操作，这段时间称为读恢复时间。

图 4-5 给出了静态 RAM 存储器读周期。从 A 点开始进入读周期，首先 CPU 通过地址总线送出存储单元地址，在地址信号有效后，不超过 $t_A - t_{CO}$ 的时间段中，片选信号 $\overline{CS}$ 必须有效，存储单元输出的数据送到系统数据总线（图 4-5 中 C 点）。当片选信号 $\overline{CS}$ 有效后，只要地址信号和输出允许信号没有撤销，输出数据就一直保持有效。在整个读周期，要求 R/$\overline{W}$ 保持高电平。

2. 存储器写周期

存储器写周期指将数据写入存储器所需要的时间，写周期用 t_{WC} 表示。图 4-6 给出了静态 RAM 存储器写周期。

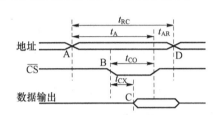

图 4-5 存储器读周期

- 地址建立时间 t_{AW}。地址出现到稳定的时间。
- 写脉冲宽度时间 t_W。读/写控制线维持低电平的时间。
- 数据有效时间 t_{DW}。数据出现在总线上的时间。
- 数据保持时间 t_{DH}。数据在总线上停留的时间。
- 写操作恢复时间 t_{WR}。存储器完成内部操作所需时间。

从图 4-6 中 A 点开始进入写周期。首先 CPU 通过地址总线送出存储单元地址，经过地址建立时间 T_{AW}（从 A 点到 B 点，使地址稳定在地址总线上）。从 B 点开始，$\overline{CS}$、$\overline{WE}$ 低电平有效，经过写脉冲宽度时间 t_W，数据写入存储单元。

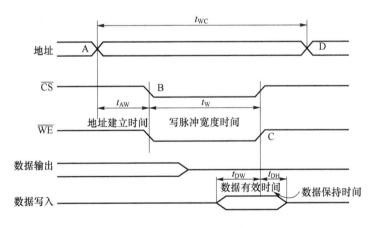

图 4-6 存储器写周期

写周期（图 4-6 中 A 点到 D 点）为地址建立时间、写脉冲宽度时间、数据有效时间和数据保持时间之和。

上述讨论的存储器读周期和写周期都是指存储器芯片本身能达到的最小时间要求，当将存储器系统作为一个整体考虑时，涉及系统总线驱动电路和存储器接口电路的延迟，实际的读/写周期要长些。

4.1.5 典型存储器芯片

1. 随机读写存储器

随机读写存储器是对其中存储单元可以随机访问的存储器芯片。根据存储器芯片内部基本单元电路的结构,RAM 分为静态 RAM 和动态 RAM。

(1) 静态读写存储器

静态读写存储器所存储的"0"或"1"信息,只要不断电就能一直保持,除非重新写入新的数据。同样对存储信息的读出过程也是非破坏性的,读出操作后,所保存的信息不变。

SRAM 的内部基本结构如图 4-7 所示,通常由存储单元、地址译码器(分为 X 译码器和 Y 译码器)、控制电路和输出驱动等部分组成。

① 存储单元

存储单元由基本存储电路构成,基本存储电路用来存储一位二进制信息"0"或"1"。通常一块存储器芯片内的基本存储电路按矩阵形式排列。典型的基本存储电路由 6 个 MOS 管构成。

② 地址译码器

地址译码器完成存储单元的选择。接入存储器芯片的地址信号分为行地址信号和列地址信号,分别由 X 译码器和 Y 译码器进行译码,选中存储单元。

③ 控制电路与输出驱动

存储器芯片是否被选中由片选信号$\overline{CS}$控制。当$\overline{CS}$有效时,允许对该芯片进行读/写,当读/写信号送到存储器芯片的 R/W 端时,存储器中的数据经驱动电路送到数据总线或将数据写入存储器。

SRAM 的优点是访问速度快,工作稳定,外部电路简单,但集成度较低,功耗较大。

(2) 典型 SRAM 芯片

典型静态 RAM 芯片有 Intel 公司生产的 6264(8K×8 位)、62128(16K×8 位)、62256(32K×8 位)、62512(64K×8 位)等。

图 4-8 给出了 Intel 公司生产的 6264 芯片引脚图。下面以 6264 芯片为例,说明其引线功能。

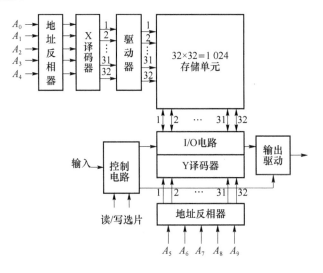

图 4-7 SRAM 的内部基本结构

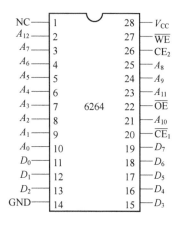

图 4-8 6264 芯片引脚图

- $A_0 \sim A_{12}$ 为地址信号线。共 13 条,用于片内寻址 $8 \times 1\,024$ 个存储单元。使用时通常与 CPU 地址总线的低位地址相连。
- $D_0 \sim D_7$ 为数据线。8 位,双向。该芯片每个单元可存放一字节(8 位二进制数)。该数据线与 CPU 数据总线相连。对于存储芯片的读/写数据,CPU 通过数据总线对指定的单元进行读出或写入。
- $\overline{CE_1}$、CE_2 为片选信号。当两个片选信号有效时($\overline{CE_1}=0$、$CE_2=1$ 时),才选中该芯片, CPU 与该芯片可以进行数据交换。片选信号通常由高位地址线通过外部译码电路产生。
- $\overline{OE}$ 为输出允许信号。当 $\overline{OE}=0$,即有效时,允许该芯片某个单元的数据送到 $D_0 \sim D_7$ 上。
- $\overline{WE}$ 是写允许信号。当 $\overline{WE}=0$ 时,将数据写入芯片;当 $\overline{WE}=1$ 时,允许芯片的数据读出。
- 其他引线:V_{CC} 为 $+5$ V 电源,GND 是接地端,NC 为空端。

Intel 6264 的操作方式如表 4-1 所示。

表 4-1　Intel 6264 的操作方式

操作方式	$\overline{CE_1}$	CE_2	$\overline{WE}$	$\overline{OE}$	$D_7 \sim D_0$
读出	0	1	1	0	数据输出
保持	1	$\times$	$\times$	$\times$	高阻
写入	0	1	0	1	数据输入

- 读出操作。当 $\overline{CE_1}$ 和 $\overline{OE}$ 为低电平,且 $\overline{WE}$ 和 CE_2 为高电平时,被选中单元的数据送到数据线 $D_7 \sim D_0$ 上。
- 保持。当 $\overline{CE_1}$ 为高电平,CE_2 为任意时,芯片未被选中,处于保持状态,数据线呈现高阻隔离状态。
- 写入操作。当 $\overline{CE_1}$ 和 $\overline{WE}$ 为低电平,且 $\overline{OE}$ 和 CE_2 为高电平时,数据由数据线 $D_7 \sim D_0$ 写入被选中的存储单元。

2. 动态随机读写存储器

(1) 动态 RAM 基本存储单元

动态 RAM 利用 MOS 管的栅极对其衬底间的分布电容来保存信息,即用电容端电压的高低来表示"1"和"0"信息。由于电容的特性,所存储信息在 $10^{-6} \sim 10^{-3}$ s 之后自动消失,因此必须周期性地在信息消失之前进行刷新。所谓刷新,就是定期地将动态存储器中存放的每一位信息读出并重新写入的过程。要设置专门的刷新控制电路来完成对动态 RAM 的刷新。

动态 RAM 存储元电路主要由 4 管动态 RAM、3 管动态 RAM 或单管动态 RAM 组成,它们各有特点。动态 RAM 与静态 RAM 一样,也是将存储元电路按矩阵方式排列。

DRAM 集成度高、价格低,被广泛应用在微型计算机系统中。构成微机内存的内存条一般由 DRAM 组成。

(2) 典型 DRAM 芯片

Intel 2164 是 $64K \times 1$ bit 的 DRAM 芯片,外部引脚如图 4-9 所示。

- 地址信号线 $A_0 \sim A_7$。用于行/列地址分时输入,用来确定 2164 中的 $64 \times 1\,024$ (2^{16}) 个单元地址。

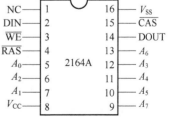

图 4-9　DRAM 2164 引脚图

- 数据输入线 DIN。当 CPU 写芯片的某一单元时,要写入的数据由 DIN 送到芯片。
- 数据输出线 DOUT。当 CPU 读芯片的某个单元时,数据由此引脚输出。
- 行地址锁存信号$\overline{RAS}$。将行地址锁存在芯片内部的行地址缓冲寄存器中。
- 列地址锁存信号$\overline{CAS}$。将列地址锁存在芯片内部的列地址缓冲寄存器中。
- 写允许信号$\overline{WE}$。当该信号为低电平时,将数据写入。当$\overline{WE}$为高电平时,从芯片读出数据。

2164 DRAM 有 3 种工作方式。

- 读出数据。当要从 DRAM 芯片读出数据时,CPU 首先将行地址加在 $A_0 \sim A_7$ 上,然后送出$\overline{RAS}$锁存信号,该信号的下降沿将行地址锁存在芯片内部。接着将列地址加到芯片的 $A_0 \sim A_7$ 上,再送$\overline{CAS}$锁存信号,该信号的下降沿将列地址锁存在芯片内部。然后保持 $\overline{WE}=1$,则在$\overline{CAS}$有效期间(低电平),数据输出在 DOUT 上并保持。
- 写入数据。数据写入 DRAM 芯片时,其过程与数据读出的基本相似,行、列地址先由 $\overline{RAS}$和$\overline{CAS}$信号锁存在芯片内部,然后$\overline{WE}$有效(低电平),随后把要写入的数据从 DIN 端输入,该数据写入选中的存储单元。
- 刷新。DRAM 2164 的存储矩阵由 256 行和 256 列构成。存储单元的刷新过程是,每次送出行地址加到芯片上去,利用$\overline{RAS}$有效将行地址锁存于芯片内部的行地址寄存器中,这时$\overline{CAS}$保持无效(高电平),芯片内部的刷新电路就会对所选中行上的各单元的信息进行刷新(读出重写)。每次送出不同的行地址,就可以刷新不同行的存储单元。将行地址循环一遍,就可以刷新整个芯片的所有单元。

3. 只读存储器

这里主要介绍常用的 EPROM、E^{2}PROM。

(1) EPROM

EPROM 允许用户多次进行擦除和重写。在实际工作中,往往一个程序在经过一段时间运行之后,又需要进行修改,通常使用可擦除可编程的 EPROM 存储器。

EPROM 在初始状态下,所有位均为"1"。芯片上有一个石英窗口,紫外光源照射到石英窗口上,照射 15 min 左右才能擦除信息,将"0"变为"1"。这样又可以对 EPROM 重新进行编程。但 EPROM 写入过程很慢,所以它仍然作为只读存储器使用。用紫外光源照射时间视具体器件型号而定,光照时间过长,会影响器件使用寿命。

(2) 典型 EPROM 芯片

常用的 EPROM 芯片有 Intel 2732(4 KB)、2764(8 KB)和 27128(16 KB)等。下面我们以 Intel 2764 芯片为例说明 EPROM 的应用,2764 EPROM 的引脚图如图 4-10 所示。

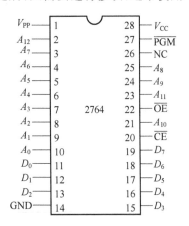

图 4-10 Intel 2764 EPROM 的引脚图

Intel 2764 是容量为 8K×8 bit 的 EPROM 芯片,引线与前面介绍的 6264 芯片兼容。在进行软件调试时,先将程序放在 RAM 中,进行调试和修改。一旦调试成功,再把程序固化在 EPROM 中,并将 EPROM 插在原 RAM 的插座上,即可运行。Intel 2764 的引脚功能如下。

- $A_{12} \sim A_0$ 为地址信号输入线。共 13 条,有 $8 \times 1\,024(2^{13})$ 个存储单元。
- $D_7 \sim D_0$ 为 8 条数据线。每个存储单元可存放一字节(8 位二进制数)。在其工作过程中,$D_7 \sim D_0$ 为数据输出线;当对芯片进行编程时,$D_7 \sim D_0$ 为数据输入线,输入要编程的数据。
- $\overline{CE}$ 为片选信号,输入。当它有效(低电平)时,选中该芯片。
- $\overline{OE}$ 是输出允许信号。当 $\overline{WE}$ 为低电平时,芯片中的数据可由 $D_7 \sim D_0$ 输出。
- $\overline{CE}$ 为编程脉冲输入信号。当对 EPROM 进行编程时,加入编程脉冲(低电平脉冲);读操作时 $\overline{PGM}$ 为高电平。
- V_{PP} 为编程电源输入端,V_{CC} 为电源输入端,GND 是接地端,NC 表示空端,没用。

下面介绍读出和编程写入两种工作方式,并描述其擦除方法。表 4-2 给出了 Intel 2764 的工作方式。

表 4-2　Intel 2764 的工作方式

工作方式	$\overline{CE}$	$\overline{OE}$	V_{PP}	$\overline{PGM}$	$D_7 \sim D_0$
读出	0	0	+5 V	1	数据输出
保持	1	×	+5 V	×	高阻
编程写入	0	1	+12.5 V	0	数据输入
编程校验	0	0	+12.5 V	1	数据输出
编程禁止	1	×	+12.5 V	×	高阻

① 读出

这是 2764 的基本工作方式,用于读出 2764 中存储的内容。V_{PP} 接 +5 V,$\overline{PGM}$ 接高电平,先把要读出的存储单元地址送到 $A_0 \sim A_{12}$ 地址线,然后使 $\overline{CE}=0$、$\overline{OE}=0$,就可在芯片的 $D_7 \sim D_0$ 上读出数据。

② 编程写入

将信息写入芯片内。V_{CC} 接 +5 V,V_{PP} 接编程电压 +12.5 V,在地址线 $A_0 \sim A_{12}$ 上给出要编程存储单元的地址,然后使 $\overline{OE}=1$、$\overline{CE}=0$,并在数据线上给出写入的数据。上述信号稳定后,在 $\overline{PGM}$ 端输入宽度为 (50 ± 5) ms 的负脉冲,就可将一字节的数据写入相应的地址单元中。不断重复这个过程,就可将要写入的数据逐一写入对应的存储单元中。

编程校验:在编程过程中,如果其他信号状态不变,在一字节编程完成后,$\overline{OE}$ 变为低电平,同一单元的内容由数据线输出,以检验写入的内容是否正确。

上述编程过程称为标准编程方式。目前新型的 EPROM 采用快速编程方式。快速编程与标准编程的工作过程类似,但编程脉冲要窄得多。不同型号的 EPROM 芯片,对编程的要求不一定相同,编程的脉冲宽度也不一样,但编程的思想是相同的。

③ 擦除

EPROM 的一个重要特点是可以擦除重写,而且可以多次擦除。一个新的或擦除干净的 EPROM 芯片,其每个存储单元的内容都是 FFH。要对一个使用过的 EPROM 进行编程,则首先应该将其放到专门的擦除器上进行擦除操作。擦除器利用紫外线光照 EPROM 窗口,一般经过 15~20 min 即可擦除干净,其内容均为 FFH,就认为擦除干净了。

E²PROM 的介绍请扫描二维码。

4.2 存储器系统设计

E²PROM 的介绍

存储器系统设计是指 CPU 与存储器的连接,包括地址总线、数据总线和控制总线的连接。

4.2.1 系统内存配置

系统内存配置首先应考虑计算机运行环境的需求,其中包括系统软件、应用软件以及数据所占用的存储单元的大小。对于专用的计算机而言,这部分内容是确定的,而通用计算机往往由于运行程序不同,对内存的需求有很大差异。图 4-11 是 IBM PC/XT 内存配置示意图。

当系统的微处理器确定之后,地址总线的条数确定了系统内存的最大容量。为了满足某些应用软件的要求,目前的微机系统采用软、硬件结合的虚拟存储方式,把大容量的外存与内存融为一体,从而使系统廉价地获得一个大的虚拟内存。

```
00000H  ┌─────────────┐
        │   RAM区      │
        │   640 KB     │
9FFFFH  ├─────────────┤
        │ 保留区  128 KB│
BFFFFH  ├─────────────┤
        │ ROM区  256 KB │
FFFFFH  └─────────────┘
```

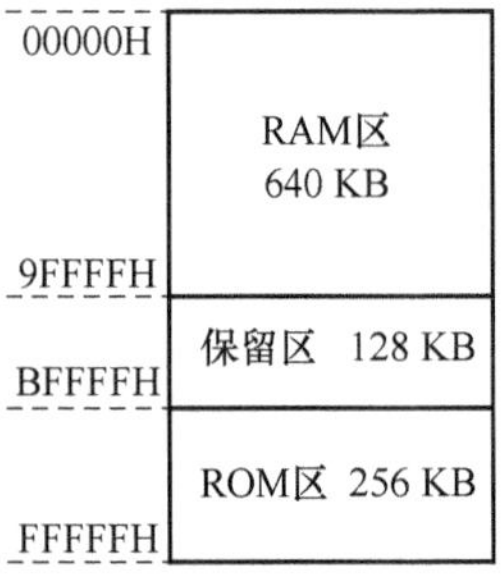

图 4-11　IBM PC/XT
内存配置示意图

在确定了系统的总容量之后,就要对各地址区域的使用进行合理分配。首先是 ROM 区的设置。为了使系统能在加电后,正常进入指定程序运行,ROM 不仅设有固定的启动地址,而且还有一些特殊用途的固定地址。例如 8086 CPU 的中断矢量地址(即中断服务程序入口地址),它们被固定存放在内存的 00000H~003FFH 地址空间。

RAM 区域内 CPU 当前正在运行的程序与数据、存放 RAM 的读/写操作主要受软件控制。但是系统中也有特殊的 RAM 区域,它的工作不但受软件控制,同时也受硬件控制。例如显示缓冲存储区,除了与微处理器的有关信号连接外,还要与显示控制器相连。

在存储器系统设计进行总线连接时要考虑以下几个问题。

(1) CPU 总线负载能力

一般来说,CPU 总线的直流负载能力可带一个 TTL 负载,对于 MOS 存储器来说,它的直流负载很小。在小型系统中,CPU 可以直接和存储器芯片相连。在较大系统中,为了提高 CPU 的驱动能力,CPU 接数据缓冲器或总线驱动器后再与存储器芯片相连。

(2) CPU 时序和存储器存取速度之间的配合

CPU 在取指令和读/写操作数时有固定的时序,存储器芯片也有读/写时序,两者的时序应相配合。

(3) 存储器地址分配和片选

存储器系统由多片芯片组成,每个芯片都有确定的地址范围。微机系统对某个存储器芯片存储单元的寻址通过存储器芯片的片选信号和片内地址信号确定。由 CPU 的高位地址线和控制信号线通过译码后形成片选信号,由 CPU 低位地址线来确定片内存储单元。

(4) 控制信号的连接

8086 CPU 与存储器交换信息时,提供以下几个控制信号:M/$\overline{\text{IO}}$、$\overline{\text{RD}}$、$\overline{\text{WR}}$、ALE、READY、$\overline{\text{WAIT}}$、DT/$\overline{\text{R}}$、$\overline{\text{DEN}}$。需要考虑这些信号与存储器芯片要求的控制信号连接实现控制功能。

4.2.2　存储器扩展与译码方式

1. 存储器扩展

在实际应用中,由于单片存储芯片容量有限,很难满足实际需要的存储容量,因此需要将若干存储芯片组合后与系统进行连接,称为存储器扩展,包括位扩展、字扩展,以及字位同时扩展 3 种方式。

(1) 位扩展

如果单片存储芯片的数据位数(即字长)不能满足存储系统要求(按字节),就需要进行位数扩展。位扩展是指通过存储芯片数据线并联来扩展存储单元的位数,又称为位并联法。

例如,用 $1K \times 4$ 位的存储器芯片构成 $1K \times 8$ 位的存储器。由于单片存储器芯片的数据位数为 4 位,不能满足存储器系统 8 位数据位的要求,需要 2 片 $1K \times 4$ 位的芯片构成 $1K \times 8$ 位的存储器。存储器位扩展连接原理图如图 4-12 所示,其中♯1 芯片的数据线接数据总线的低 4 位,♯2 芯片的数据线接数据总线的高 4 位。两个芯片的物理地址完全一致,其地址线、片选线与读/写控制线并联连接,两个芯片同时被选中,各输出 4 位数据组成 8 位字节数据。

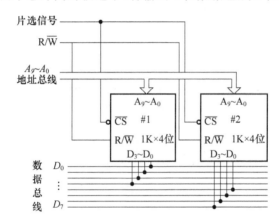

图 4-12　存储器位扩展连接原理图

(2) 字扩展

字扩展就是增加存储单元数量,对地址空间的扩充。如果单个存储芯片的容量不能满足存储系统的空间要求,需要进行字扩展。字扩展利用芯片地址线串联的方式实现。

例如,存储器系统需要配置 $64K \times 8$ 位的存储器,现有存储器芯片容量为 $16K \times 8$ 位。为满足系统存储容量要求,需要 4 片 $16K \times 8$ 位的芯片来构成 $64K \times 8$ 位的存储器,如图 4-13 所示。图中 4 个芯片的数据线与数据总线相连,地址总线 $A_0 \sim A_{13}$($2^{14}=16K$)形成并联方式直接连接到各个芯片上。为了保证在任何时候只选中一个芯片,片选信号由高位地址线 A_{14}、A_{15} 经译码器译码提供。当 $A_{15}A_{14}$ 为 00、01、10、11 时,分别选中♯0、♯1、♯2、♯3 芯片。对于♯0 芯片,其片内地址 $A_0 \sim A_{13}$ 由全 0 变到全 1 时,对应地址范围是 0000H~3FFFH。同理,当 $A_{15}A_{14}$ 为 01 时,选中♯1 芯片,对应地址范围是 4000H~7FFFH。依此类推,可确定其他芯片地址。

(3) 字位同时扩展

当存储器芯片的位数和地址单元数都不满足系统要求时,需要同时扩展位数与地址空间。如图 4-14 所示,用 $1K \times 4$ 位的芯片构成 $2K \times 8$ 位的存储器,需要用($2K \times 8$ 位)/($1K \times 4$ 位)= 4 个芯片。将 4 个芯片分成两组,每 2 个芯片组成一组 $1K \times 8$ 的存储器,采用位线并联方式,其中

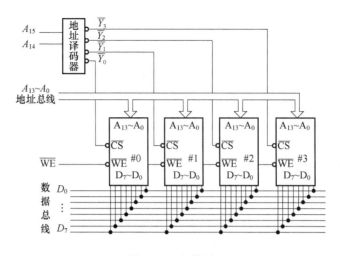

图 4-13 字扩展

一个芯片接数据总线的低 4 位,另一个芯片接数据总线的高 4 位;再用字扩展组合成 2 KB 的存储器系统。

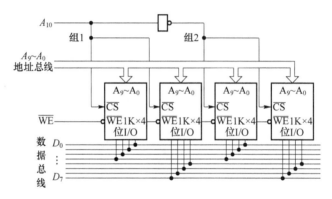

图 4-14 字位同时扩展

可见,无论需要多大容量的存储器系统,均可利用有限的存储器芯片,通过字位同时扩展来实现。

2. 存储器系统的地址译码方式

一个存储器系统通常由多个存储器芯片组成,CPU 要实现对存储单元的访问,首先要选存储器芯片(片选),然后再从选中的芯片中根据输入的地址来选择相应的存储单元(片内寻址),进行数据读/写。通常,由 CPU 输出的低位地址线用作片内寻址;而芯片的片选信号则通过 CPU 的高位地址线经过译码器产生,以选择该芯片的所有存储单元在整个存储地址空间中的具体位置。因此,存储单元地址由片选信号线和片内地址信号线确定。片选信号需要自行设计,片内地址由芯片内译码电路确定。有 3 种片选信号译码方式:线选法、部分地址译码法和全地址译码法。

(1)线选法

线选法是指用系统高位地址线中的某根线作为存储器芯片的片选信号,系统低位地址线与存储器芯片地址线相连。在图 4-14 中 A_{10} 作为片选信号,就是采用了线选法,$A_{10}=0$ 选中组 1 芯片,$A_{10}=1$ 选中组 2 芯片。

分析图 4-14,对于 8086 CPU,$A_{19} \sim A_{11}$ 不参加译码,假设 $A_{19} \sim A_{11} = 000000000$,当 $A_{10} = 0$ 时,选中组 1 芯片,其地址范围为 00000H~003FFH;当 $A_{10} = 1$ 时,选中组 2 芯片,其地址范围为 00400H~007FFH。组 1 芯片的最后一个地址与组 2 芯片的第一个地址顺序排列,即这两组地址是连续的。

对于 8086 CPU,图 4-14 中改用 A_{11} 作为片选信号,$A_{19} \sim A_{12}$ 及 A_{10} 不参加译码,假设 $A_{19} \sim A_{12} = 00000000$,$A_{10} = 0$,当 $A_{11} = 0$ 时,选中组 1 芯片,其地址范围为 00000H~003FFH;当 $A_{11} = 1$ 时,选中组 2 芯片,其地址范围为 00800H~00BFFH。这两组地址是不连续的。

从图 4-14 中还可以看出,8086 CPU 系统的高位地址线 $A_{19} \sim A_{11}$ 未参加译码,它们不一定是全 0,可以是 000000000~111111111 中的任一值,会得出其他地址范围,这些地址范围重叠到对应芯片组的同一个单元,导致每组芯片有多组地址空间,即存储单元的地址不唯一,这些地址范围称为重叠地址。当不参加译码的地址线条数为 n 时,地址重叠的个数为 2^n。

线选法片选的优点是不需要外加逻辑电路,线路简单。但用不同的高位地址线做片选信号时,确定的地址范围不同,会使地址空间不连续,且存在地址重叠情况。

(2)部分地址译码法

部分地址译码法是指用 CPU 高位地址线的一部分地址线,经过译码电路产生片选信号。在图 4-13 中,系统地址总线的低位 $A_{13} \sim A_0$ 与 16 KB 的存储器芯片 $A_{13} \sim A_0$ 相连接,用来确定片内存储单元。系统地址总线的高位 A_{15} 和 A_{14} 接入地址译码器,产生片选信号;译码器输出 $\overline{Y_0}$ 接第一片片选输入端 $\overline{CS}$,$\overline{Y_1}$ 接第二片片选输入端 $\overline{CS}$,依次类推。在确定芯片地址时,未连接的高位地址线 $A_{19} \sim A_{16}$ 可以是 0000~1111 之间的任意值。可见,部分地址译码法也会存在地址空间不连续及地址重叠的问题。

(3)全地址译码法

全地址译码法是全部高位地址线都参与地址译码,经译码电路全译码后产生各存储器芯片的片选信号。优点是每个(或组)芯片的地址范围唯一确定,而且是连续的,不会产生地址重叠。

全地址译码电路可采用门电路或 74LSl38 地址译码器来完成,图 4-15 所示为一种可能的全地址译码法实现的译码电路。当 CPU 输出的地址线 $A_{19} \sim A_{13} = 0001110$ 时,会使译码器输出低电平信号,作为 EPROM 2764 芯片的片选信号;当 EPROM 2764 片内地址线 $A_{12} \sim A_0$ 从全 0 到全 1 连续变化时,该芯片的地址范围是 1C000H~1DFFFH。

74LS138 译码器的引脚如图 4-16 所示。74LS138 的 G_1、$\overline{G_{2A}}$、$\overline{G_{2B}}$ 为使能控制端,当它们分别为 1、0、0 时输出才有效,当输入端 C、B、A 3 位相应组合为 000~111 时,每组译码使一个输出端为 0,其余输出端为 1。74LS138 译码器真值表如表 4-3 所示。

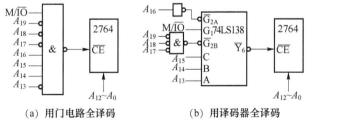

图 4-15 全地址译码法   图 4-16 74LS138 译码器的引脚

表 4-3　74LS138 译码器真值表

输　入						输　出
使　能			选　择			
G_1	$\overline{G_{2A}}$	$\overline{G_{2B}}$	C	B	A	$\overline{Y_7} \sim \overline{Y_0}$
1	0	0	0	0	0	$\overline{Y_0}=0$,其他均为 1
1	0	0	0	0	1	$\overline{Y_1}=0$,其他均为 1
1	0	0	0	1	0	$\overline{Y_2}=0$,其他均为 1
1	0	0	0	1	1	$\overline{Y_3}=0$,其他均为 1
1	0	0	1	0	0	$\overline{Y_4}=0$,其他均为 1
1	0	0	1	0	1	$\overline{Y_5}=0$,其他均为 1
1	0	0	1	1	0	$\overline{Y_6}=0$,其他均为 1
1	0	0	1	1	1	$\overline{Y_7}=0$,其他均为 1
0	×	×	×	×	×	
×	1	×	×	×	×	$\overline{Y_7} \sim \overline{Y_0}$ 均为 1
×	×	1	×	×	×	

4.2.3　存储器系统设计

存储器系统设计是指将 CPU 与存储器各个芯片按照给定的地址空间进行连接,保证存储器芯片以及芯片内的存储单元与实际地址一一对应,使 CPU 能通过地址信号选中存储器芯片及存储单元并进行读/写。

这里主要介绍 8086/8088 CPU 存储器系统设计,其设计内容及步骤如下:

① 根据系统存储容量要求,确定存储器地址范围,选择存储器芯片及数量;

② 列出地址分配表,选择合适的译码方式和译码器件;

③ 根据地址分配表及存储芯片,确定系统低位地址线的条数,用于片内寻址,高位地址线的条数用来产生片选信号;

④ 设计译码电路,将地址总线高位作为译码器输入端,译码器输出端接到对应的存储器芯片片选端。

✍ 将低位地址、数据线和控制线与存储芯片相连,画出存储器与 CPU 系统总线的连接图。

说明:控制线的连接一般指存储器的 $\overline{WE}$、$\overline{OE}$、$\overline{CS}$ 等与 CPU 的 $\overline{RD}$、$\overline{WR}$ 等相连,不同的存储器和 CPU 连接时,其使用的控制信号也不完全相同。

1. 8088 CPU 存储器系统设计

由于存储器按字节进行组织,因此其与 8 位 CPU 的接口设计比较简单。8088 是准 16 位微处理器,内部寄存器和运算器为 16 位,其外部数据总线为 8 位,一个总线周期只能访问一字节,要进行字操作,必须用两个总线周期,第一个总线周期访问低位字节,第二个总线周期访问高位字节。

以本章开头的案例 4-1 为例来实现 8 位 CPU 存储器系统设计。

案例分析:8088 CPU 是准 16 位处理器,外部数据总线为 8 位,对外数据传送一个总线周期只能传送一字节。在 8088 CPU 最小系统的基础上配置 16 KB EPROM(地址空间为 10000H~13FFFH)及静态 SRAM 的存储器 32 KB(地址空间为 18000H~1FFFFH),分别选用 EPROM 芯片 2764(容量为 8 KB)、静态 RAM 芯片 6264(容量为 8 KB)和地址译码器 74LS138。实现过程如下。

(1) 计算芯片数量

根据存储器系统总容量及选定存储器芯片容量,计算芯片数量的公式为:芯片数量=总容量/片容量。已知 EPROM 总容量为 16 KB,芯片 2764 容量为 8 KB,则需 2764 芯片数=16 KB/8 KB=2 个;已知 SRAM 总容量为 32 KB,芯片 6264 容量为 8 KB,则需 6264 芯片数=32 KB/8 KB=4 个。

(2) 地址分配表

根据已知的存储器地址空间,画出地址分配表,如表 4-4 所示。依据地址分配表、存储器片内寻址的地址线条数,分配用于片选的高位地址数量和用于片内寻址的低位地址数量。

表 4-4 8 位 CPU 存储器地址分配表

编　号	型　号	地址分配	$A_{19}A_{18}A_{17}A_{16}$	$A_{15}A_{14}A_{13}$	A_{12}			...	A_0
U11	2764	10000H~11FFFH	0 0 0 1	0 0 0	0	0 0 0 0	0 0 0 0	0 0 0	0
			0 0 0 1	0 0 0	1	1 1 1 1	1 1 1 1	1 1 1	1
U12	2764	12000H~13FFFH	0 0 0 1	0 0 1	0	0 0 0 0	0 0 0 0	0 0 0	0
			0 0 0 1	0 0 1	1	1 1 1 1	1 1 1 1	1 1 1	1
U13	6264	18000H~19FFFH	0 0 0 1	1 0 0	0	0 0 0 0	0 0 0 0	0 0 0	0
			0 0 0 1	1 0 0	1	1 1 1 1	1 1 1 1	1 1 1	1
U14	6264	1A000H~1BFFFH	0 0 0 1	1 0 1	0	0 0 0 0	0 0 0 0	0 0 0	0
			0 0 0 1	1 0 1	1	1 1 1 1	1 1 1 1	1 1 1	1
U15	6264	1C000H~1DFFFH	0 0 0 1	1 1 0	0	0 0 0 0	0 0 0 0	0 0 0	0
			0 0 0 1	1 1 0	1	1 1 1 1	1 1 1 1	1 1 1	1
U16	6264	1E000H~1FFFFH	0 0 0 1	1 1 1	0	0 0 0 0	0 0 0 0	0 0 0	0
			0 0 0 1	1 1 1	1	1 1 1 1	1 1 1 1	1 1 1	1

对地址分配表进行分析:系统低位地址线 $A_{12} \sim A_0$,直接与存储器芯片的地址线 $A_{12} \sim A_0$ 相连,用于片内寻址,地址变化从 0 0000 0000 0000B 到 1 1111 1111 1111B;系统高位地址线 $A_{19} \sim A_{13}$ 用来产生片选信号,其中 $A_{19} A_{18} A_{17} A_{16}$ 接入译码器的控制端,$A_{15} A_{14} A_{13}$ 接入译码器的输入端。每个芯片 $A_{15} A_{14} A_{13}$ 的编码都是不同的,只要 CPU 输出不同的高位地址,就能选中对应的存储器芯片,而 CPU 的低位地址线直接确定芯片内的存储单元。

（3）存储器系统原理接线图

根据表 4-4 的地址线分配,可画出存储器系统全地址译码电路的连接原理图,如图 4-17 所示,芯片每个存储单元都有唯一的地址。

（4）Proteus 仿真原理图

在 Proteus ISIS 中设计的 8086 CPU 存储器扩展原理图如图 4-18 所示。

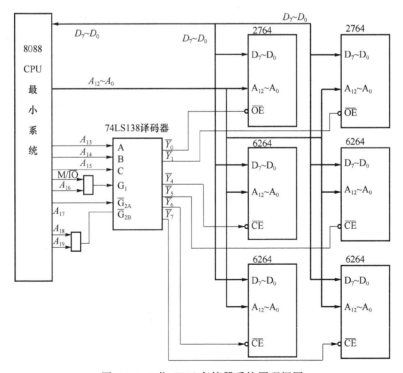

图 4-17 8 位 CPU 存储器系统原理框图

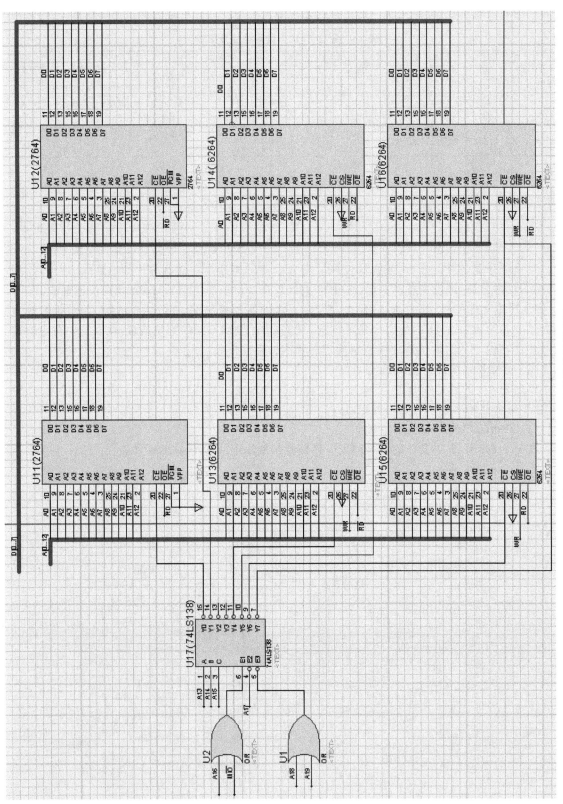

图 4-18 8088 CPU 存储器扩展原理图

（5）扩展存储器系统设计验证

编写数据传送程序，验证扩展存储器系统设计。将 00H～0FH 数据传送到内存从 18000H 开始的单元中，程序运行后检查从 1800H:0000H 开始的内存单元中是否有 00H～0FH 数据。程序如下：

```
DATA      SEGMENT
ABC       DB 16 DUP(0)
DATA      ENDS
CODE      SEGMENT
          ASSUME CS:CODE, DS:DATA
START：    MOV AX, 1800H
          MOV DS, AX              ;段地址
          MOV BX, OFFSET ABC      ;取内存单元的偏移地址
          MOV CX ,16
          MOV AL, 00H
NEXT：     MOV [BX], AL
          INC AL
          INC BX
          DEC CX
          JNZ NEXT
          MOV AH,4CH
          INT 21H
CODE ENDS
          END START
```

2. 8086 CPU 存储器系统设计

（1）存储器奇偶分体

8086 CPU 在存储器系统设计时要考虑 16 位数据线，即要按照奇偶存储体(高 8 位存储体与低 8 位存储体)进行设计。8086 CPU 有 20 条地址线，可直接寻址 1 MB 内存地址空间，这 1 MB 的地址空间是按字节顺序排列的。8086 CPU 的数据总线是 16 位的，为了能满足一次存取一字又能存取一字节的数据要求，将 1 MB 的地址空间分成两个 512 KB 的存储体。偶存储体是指所有偶数地址单元构成的存储体，奇存储体是指所有奇数地址单元构成的存储体。偶存储体的数据线与低 8 位数据总线 $D_7 \sim D_0$ 相连接，奇存储体的数据线与高 8 位数据总线 $D_{15} \sim D_8$ 相连接，地址总线的 $A_{19} \sim A_1$ 同两个存储体中的地址线 $A_{18} \sim A_0$ 相连接，地址线 A_0 和高位允许控制信号 $\overline{BHE}$ 联合用来选择存储体。A_0 和 $\overline{BHE}$ 对奇偶存储体的选择如表 4-5 所示。

表 4-5　奇偶存储体选择编码表

$\overline{BHE}$	A_0	传送的字节
0	0	两字节(偶地址单元为低 8 位数据，奇地址单元为高 8 位数据)
0	1	奇地址单元的高位字节
1	0	偶地址单元的低位字节
1	1	不传送

（2）存储器与 8086 CPU 的连接

以本章开头的案例 4-2 为例来实现 16 位 CPU 存储器系统设计。

案例 4-2 在案例 4-1 中，将 8088 CPU 换成 8086 CPU，在其他条件不变的情况下完成存储器系统扩展设计。

8086 CPU 对外数据总线是 16 位的，扩展存储器系统设计时采用奇偶分体的存储器结构，

两个存储体使用 A_0 和 $\overline{BHE}$ 来区分：$A_0=0$ 选中偶存储体，$\overline{BHE}=0$ 选中奇存储体，存储体内的片选和片内寻址由 $A_{19}\sim A_1$ 来确定。当 $A_0=0$ 及 $\overline{BHE}=0$ 时，则奇偶存储体同时选中，传送 16 位数据。具体步骤如下。

① 计算芯片数量

EPROM 芯片数量=16 KB/8 KB=2 个，静态 RAM 芯片数量=32 KB/8 KB=4 个。

② 地址分配表

地址分配表分析：A_0 和 $\overline{BHE}$ 用于选择奇偶存储体；系统低位地址 $A_{13}\sim A_1$ 用于片内寻址，直接连接到存储芯片的地址线 $A_{12}\sim A_0$，地址信号可从 0 0000 0000 0000 到 1 1111 1111 1111 变化；高位地址线 $A_{19}\sim A_{14}$ 用来产生片选信号，其中 $A_{19}A_{18}A_{17}$ 接入译码器的控制端，$A_{16}A_{15}A_{14}$ 接入译码器的输入端。从表 4-6 可以看出，每个芯片 $A_{16}A_{15}A_{14}$ 的编码是不同的，当译码器工作时，根据 $A_{16}A_{15}A_{14}$ 编码来产生片选信号，从而选中对应的存储器芯片。只要 CPU 输出不同的高位地址，就能选中对应的存储器芯片，而 CPU 的低位地址线直接确定芯片内的存储单元。

表 4-6　16 位 CPU 存储器地址分配表

芯片编号	名称	地址分配	$A_{19}A_{18}A_{17}$	$A_{16}A_{15}A_{14}$	A_{13}	A_{12}	...	A_1	A_0
U11	2764(偶)	10000H~13FFEH	000	100	0	0	0000 0000 000		0
			000	100	1	1	1111 1111 111		0
U12	2764(奇)	10001H~13FFFH	000	100	0	0	0000 0000 000	1	
			000	100	1	1	1111 1111 111	1	
U13	6264(偶)	18000H~1BFFEH	000	110	0	0	0000 0000 000		0
			000	110	1	1	1111 1111 111		0
U14	6264(奇)	18001H~1BFFFH	000	110	0	0	0000 0000 000		1
			000	110	1	1	1111 1111 111		1
U15	6264(偶)	1C000H~1FFFEH	000	111	0	0	0000 0000 000		0
			000	111	1	1	1111 1111 111		0
U16	6264(奇)	1C001H~1FFFFH	000	111	0	0	0000 0000 000		1
			000	111	1	1	1111 1111 111		1

③ 存储器系统原理接线图

根据表 4-6 的地址分配，可画出存储器系统全地址译码电路的连接原理图，如图 4-19 所示，芯片的每个存储单元都有唯一的地址。

④ Proteus 仿真原理图

在 Proteus ISIS 中设计的 8086 CPU 存储器扩展原理图如图 4-20 所示。

⑤ 扩展存储器系统设计验证

编写数据传送程序，验证扩展存储器系统设计。将 00H~0FH 数据传送到内存从 18000H 开始的单元中，然后将这 16 个数据传送到从 1C000H 开始的单元中。程序运行后检查从 1800H：0000H 开始和从 1C000H 开始的内存单元中是否有 00H~0FH 数据。程序如下：

```
DATA1 SEGMENT
    ABC1  DB 16 DUP(0)
DATA1 ENDS
DATA2 SEGMENT
    ABC2 DW 8 DUP(0)
DATA2 ENDS
CODE  SEGMENT
    ASSUME CS:CODE,DS:DATA1,ES:DATA2
START:MOV AX, 1800H
    MOV DS, AX                ;段地址
```

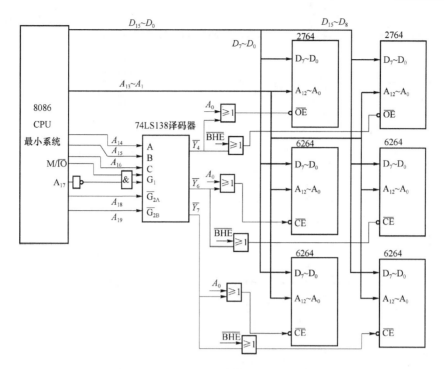

图 4-19　16 位 CPU 存储器扩展原理框图

```
        MOV BX, OFFSET ABC1          ;取内存单元的偏移地址
        MOV CX ,16
        MOV AL, 00H
NEXT1:  MOV [BX], AL
        INC AL
        INC BX
        DEC CX
        JNZ NEXT1
        MOV AX, 1C00H
        MOV ES, AX                   ;段地址
        MOV SI, OFFSET ABC1          ;取内存单元的偏移地址
        MOV DI, OFFSET ABC2
        MOV CX ,8
NEXT2:  MOV AX,[SI]
        MOV ES:[DI], AX
        INC SI
        INC SI
        INC DI
        INC DI
        DEC CX
        JNZ NEXT2
DONE:   JMP DONE
CODE    ENDS
        END START
```

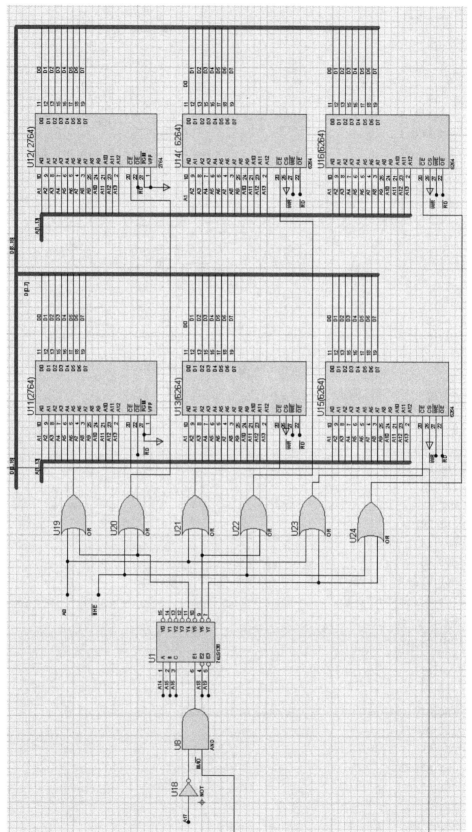

图 4-20　8086 CPU 存储器扩展原理图

习 题

4.1 分析半导体随机存储器和只读存储器的特点和分类。静态存储器和动态存储器的最大区别是什么？它们各有什么优缺点？

4.2 说明字扩展和位扩展的实现方法。

4.3 存储器的寻址范围是怎样确定的？举例说明它的确定方法。

4.4 设计 RAM 存储器系统，起始地址为 20000H，容量为 512 KB，使用你熟悉的芯片完成此设计。

4.5 用下列芯片构成存储系统，各需要多少个 RAM 芯片？需要多少位地址作为片外地址译码？设系统为 20 位地址线，采用全译码方式。

① 512×4 位 RAM 构成 16 KB 的存储系统。

② 1 024×1 位 RAM 构成 128 KB 的存储系统。

③ 2K×4 位 RAM 构成 64 KB 的存储系统。

④ 64K×1 位 RAM 构成 256 KB 的存储系统。

4.6 现有一种存储芯片，容量为 512×4 位，若要用它组成 4 KB 的存储容量，需多少这样的存储芯片？4 KB 存储系统最少需多少寻址线？每块芯片需多少寻址线？

4.7 有一个 6264S RAM 芯片的译码电路，如图 4-21 所示，请计算该芯片的地址范围及存储容量。

4.8 使用 8K×8 位的 EPROM 2764 和 8K×8 位的静态 RAM 6264 以及 LS138 译码器，构成一个存储容量为 16 KB ROM（00000H～03FFFH）、16 KB RAM（13000H～16FFFH）的存储系统。系统地址总线为 20 位，数据总线为 8 位。画出存储器系统连接图。

4.9 使用 8K×8 位的 EPROM 2764 和 8K×8 位的静态 RAM 6264 以及 74LS138 译码器，构成一个 8 KB 的 ROM、地址范围为 FE000H～FFFFFH 以及 16 KB 的 RAM 存储器系统，地址范围为 00000H～03FFFH。系统 CPU 8086 工作于最小模式。画出存储器系统连接图。

4.10 试为 8088 微机系统设计一个具有 16 KB ROM 和 32 KB RAM 的存储器。

① 选用 EPROM 芯片 2764 组成只读存储器（ROM），从 00000H 地址开始。

② 选用 SRAM 芯片 6264 组成随机存取存储器（RAM），从 40000H 地址开始。

③ 分析出每个存储芯片的地址范围。

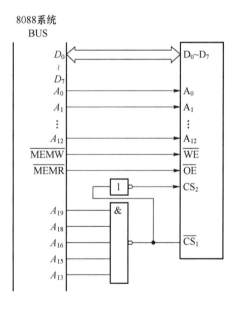

图 4-21 习题 4.7 图

第5章 输入/输出技术

到此我们已经学习了计算机系统的中央处理器(CPU)、存储器、指令系统和汇编程序设计,它们分别用来处理信息、存储信息和描述信息处理过程。信息是怎么进入计算机系统的呢?这就靠输入/输出技术来解决。计算机所处理的各种信息,包括程序和数据通过输入设备输入,而处理的结果则通过输出设备输出人们才能查看。本章主要介绍输入/输出(I/O)接口的基本概念、输入/输出方法、简单接口电路和 DMA 控制器 8237。读者可根据不同应用、不同的外部设备正确地选用接口电路,以组成特定的微机应用系统。利用本章所介绍的输入/输出技术,可实现一个简单交通信号灯系统。

5.1 I/O 接口基础及简单接口应用

案例 5-1 开关控制二极管

要求根据开关的状态控制 8 个二极管,开关闭合,二极管开始闪亮;开关打开,二极管保持当前状态不变。

5.1.1 基础知识——I/O 接口、I/O 端口编址、接口电路基本结构

1. I/O 接口概述

微型计算机软硬件的基本部分 CPU、存储器及汇编程序设计前面已经作了介绍,但还需配上各种外部设备,才能使微型计算机进行信息的输入/输出。计算机所配置的外部设备(或称输入/输出设备,简称外设)多种多样,常见的有键盘、显示器、软/硬盘驱动器、鼠标、打印机、扫描仪、绘图仪、调制解调器(Modem)、网络适配器、音频识别系统、模数转换器(ADC)和数模转换器(DAC)等。

通常,在计算机系统中把处理器和主存储器以外的部分称为输入/输出系统,包括输入/输出设备、输入/输出接口和输入/输出软件。微型计算机上的所有部件都是通过总线互连的,外部设备也不例外。通常,I/O 接口是将外设连接到系统总线上的一组逻辑电路的总称。如图 5-1 所示,对于主机,接口提供了外部设备的工作状态及数据;对于外部设备,接口电路记录了主机下达给外设的命令和数据,从而使主机与外设之间能协调一致地工作。

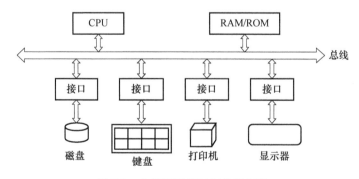

图 5-1 主机通过接口与外设相连

为什么主机与外设间交换信息(可以是数据、命令、状态信息)要通过接口？接口应具备哪些功能呢？我们知道计算机只能处理0、1的数字信息,而外设种类很多,CPU无法对各种类型的外设提供的信息进行直接处理,它们之间存在以下问题。

- 速度匹配。CPU速度越来越快,而不同的外设速度有高有低,且差异很大。
- 信号的驱动能力。CPU的信号一般是TTL电平且功率也小,而外设需要的电平宽,驱动功率也较大。
- 信号形式的匹配。CPU只能处理数字信号,而外设信号可能是数字量、开关量、模拟量(电流、电压、频率、相位)、压力、流量、温度、速度等。
- 信息格式。CPU处理的信息一般是8位、16位、32位等并行二进制数据,而不同外设使用不同形式的信息格式,如字节流、块、数据包、帧、并行数据、串行数据等。
- 时序匹配。CPU的各种操作都规定了自己的总线周期,是在统一的时钟信号作用下完成的。而外设有自己的定时与控制逻辑,与CPU的时序不一致。

这些问题是通过CPU与外设之间设置的I/O接口来解决的。因此,I/O接口应具有以下基本功能。

(1) 命令、数据和状态的缓冲、隔离和锁存

外设种类繁多,不能直接和CPU总线相连,要借助于接口电路使外设与总线隔离(高阻状态)。外设用于缓冲或锁存数据、命令和状态信息,以确保计算机和外设之间可靠地进行信息传送。外设经接口与总线相连,其连接方法必须遵循"输入要三态,输出要锁存"的原则。

(2) 信息形式和格式转换

CPU只能处理数字信息,其电平一般在0~5 V之间。而外部设备的信息形式和格式多种多样,I/O接口应能实现信息格式变换、电平转换、码制转换、传送管理以及联络控制等。例如数字与模拟信号的相互转换、并行数据与串行数据的相互转换等。

(3) 信息的输入/输出

通过I/O接口,CPU可以从外部设备输入各种信息,也可将处理结果输出到外设;CPU可以控制I/O接口的工作,还可以随时监测与管理I/O接口与外设的工作状态;必要时,I/O接口还可以向CPU发出中断请求。

(4) 根据寻址信息选择外设

一个计算机系统往往有多种外部设备,CPU在某一时刻只能与一台外设交换信息,因此需要通过接口的地址译码对外设进行寻址,以选定所需的外设,只有选中的设备才能与CPU交换信息,而未被选中的I/O接口呈现高阻隔离状态,与总线隔离;当同时有多个外设需要与CPU交换数据时,也需要通过I/O接口来安排其优先顺序。

2. I/O端口的编址方式

在接口电路中,为了完成上述功能,CPU与I/O接口进行通信是通过I/O接口内部的一组寄存器来实现的,这些寄存器统称为I/O端口。I/O端口有3种类型:数据端口、状态端口、控制(或命令)端口。根据需要,不同外设具有的端口数各不相同。CPU通过数据端口从外设读入数据或向外设输出数据;从外设的状态端口读入其当前状态;通过控制端口向外设发出控制命令。

8088/8086 CPU最多能管理64×1024个端口(只用地址总线的$A_0 \sim A_{15}$寻址),那么当前的操作针对的是哪一个端口呢？要像为内存单元分配地址那样为每一个端口赋予一个唯一编号——端口地址(或端口号)。

在微型计算机系统中,I/O端口的编址通常有两种方式:①I/O端口与内存统一编址;②I/O

端口与内存独立编址。

（1）I/O端口与内存统一编址

这种编址方式也称为存储器映射编址方式，它把内存的一部分地址分配给I/O端口，即端口与存储器单元在同一个地址空间中进行编址。已经用于I/O端口的地址，存储器不能再使用。例如，将内存地址的最后64 KB空间（F0000H～FFFFFH）分配给外设。

该编址方式的优点是：I/O端口与内存统一编址后，访问内存单元和I/O端口使用相同指令，且它们有相同的控制信号，有助于降低CPU电路的复杂性，并给使用者提供方便。但其缺点是：I/O端口占用内存地址，相对减少了内存可用的地址范围；难以区分当前是访问内存还是外设。

（2）I/O端口与内存独立编址

I/O端口与内存独立编址是指内存储器和I/O端口各有自己独立的地址空间。访问I/O端口需要专门的I/O指令。8086/8088 CPU就采用这种方式。访问内存储器使用20根地址线$A_0 \sim A_{19}$，同时使8088 CPU的存储器与I/O选择信号IO/$\overline{\text{M}}$=0（8086是M/$\overline{\text{IO}}$=1），内存地址范围为00000H～FFFFFH，共1 MB；访问I/O端口时使用低16根地址线$A_0 \sim A_{15}$，同时使8088 CPU的存储器与I/O选择信号IO/$\overline{\text{M}}$=1（8086是M/$\overline{\text{IO}}$=0），I/O端口地址范围为0000H～FFFFH。两个地址空间相互独立，互不影响。

在8086/8088 CPU中，I/O端口寻址方式有直接寻址和间接寻址两种方式，直接寻址方式的地址范围为00H～0FFH，间接寻址方式的地址范围为0000H～0FFFFH。输入/输出指令是IN和OUT，其具体格式及功能已在第3章中介绍。

I/O端口与内存独立编址方式的特点是：I/O端口的地址空间与内存的地址空间完全独立；I/O端口与内存使用不同的控制信号；指令系统中设有专门用于访问外设的I/O指令。

3. 接口电路的基本结构

CPU与外设交换的信息有3类：数据信息、状态信息和控制信息。

（1）数据信息

数据信息主要指键盘、磁盘、扫描仪输入设备及过程通道读入的信息，以及CPU输出至打印机、显示器、绘图仪等输出设备及过程通道的信息。

（2）状态信息

状态信息是反映外部设备工作状态的信息。例如，在输入时，CPU先检测外设欲输入的信息是否准备就绪，如果已准备好，则CPU可以读入信息，否则CPU等待"就绪"信号出现后再读入；在输出时，CPU先检测外设是否已处于准备接收状态，即"空闲"状态，若是"空闲"状态，则CPU输出数据至外设，若外设处于"忙"状态，CPU不能向外设输出信息。这种"空闲""忙""就绪"均为状态信息。

（3）控制信息

控制信息主要指CPU向接口内部控制寄存器发出的各种控制命令，用于改变接口的工作方式及功能，使接口与不同的外设协调工作，扩大接口的应用范围。

通用I/O接口电路的基本结构如图5-2所示，通常是一块中、大规模或超大规模集成电路芯片，常称为I/O接口电路芯片，简称接口芯片。它主要由以下几部分组成。

- 数据输入寄存器和数据输出寄存器。又分别称为输入端口和输出端口，合称为数据端口。用来暂存CPU和内存送往外设的数据或外设送往CPU和内存的数据。输入端口要求具有三态输出能力（三态门），以便与总线挂接；输出端口常用锁存器实现。

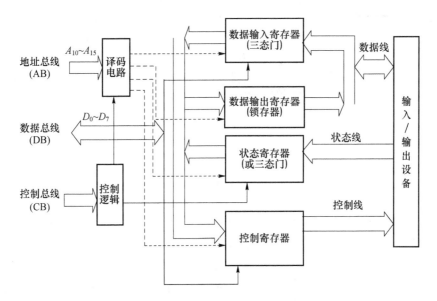

图 5-2 I/O 接口电路的基本结构

- 控制寄存器。又称为命令端口或控制端口,用来存放 CPU 发出的控制命令(信息),以控制接口的工作方式及功能和控制外设按命令要求动作。
- 状态寄存器。又称为状态端口,用于存放外设或接口本身的状态信息。CPU 可以通过读状态端口来检测外设或接口当前的工作状态。此端口一般是只读寄存器。
- 译码电路。CPU 在执行输入/输出指令时,向地址总线发送 16 位外部设备的端口地址。由片选信号是否有效判定 CPU 是否选中本接口芯片,若选中,则译码电路应能产生相应的选通信号,使相关端口的寄存器/缓冲器进行数据、命令或状态的传输,完成一次 I/O 操作。
- 控制逻辑。用于产生接口的内部控制信号和对外控制信号,以实现处理器和外设间相互协调的读/写(输入/输出)操作。

不是所有接口都具备上述全部功能。接口需要哪些功能取决于 I/O 设备的特点,有的还需要专用的 I/O 接口电路。按不同方式分类,接口主要有以下几种。

① 按数据传送方式分,可分为并行接口和串行接口。

② 按功能选择的灵活性分,可分为可编程接口和不可编程接口。

③ 按通用性分,可分为通用接口和专用接口。

④ 按数据控制方式分,可分为程序型接口和 DMA(Direct Memory Access)型接口。程序型接口一般都可采用程序中断的方式实现主机与 I/O 设备间的信息交换。DMA 型接口用于连接高速的 I/O 设备,如磁盘、光盘等大信息量的传输。

下面介绍一些结构简单又较为常用的通用接口芯片。

5.1.2 简单接口芯片

1. 三态门接口

一个典型的三态门芯片 74LS244 如图 5-3 所示,有 2 个控制端 $\overline{E_1}$ 和 $\overline{E_2}$。当两个控制端同时有效(低电平)时,相应的 8 个三态门导通;否则,为高阻状态(断开)。这样使得 8 个三态门同时导通或同时断开。

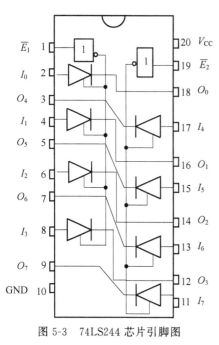

图 5-3　74LS244 芯片引脚图

由于三态门具有"通断"控制能力,故可作为输入接口。因为三态门本身没有对信号的保持或锁存能力,所以在用三态门作为输入信号接口时,要求信号的状态是能够保持的。图 5-4 是用三态门 74LS244 作为开关量输入接口的例子。其中 74LS244 的输入端接有 8 个开关 K_0,K_1,…,K_7。当 CPU 读该接口时,总线上的 16 位地址信号通过译码使 E_1 和 E_2 有效,三态门导通,8 个开关的状态经数据线 $D_0 \sim D_7$ 被读入 CPU 中。这样,就可测量出这些开关当前的状态是打开还是闭合。当 CPU 不读此接口地址时,E_1 和 E_2 为高电平,则三态门的输出为高阻状态,使其与数据总线断开。74LS244 芯片除用作输入接口外,还常用来作为信号的驱动器。

例 5-1　编写程序判断图 5-4 中的开关状态。如果所有的开关都闭合,则程序转向标号为 NEXT1 的程序段执行,否则转向标号为 NEXT2 的程序段执行。

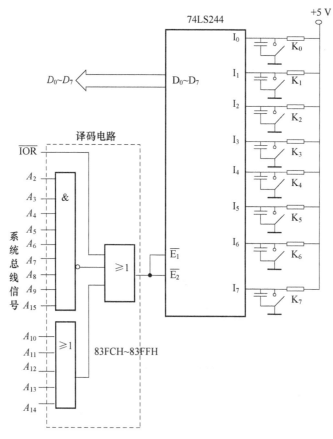

图 5-4 三态门作输入接口

解:在图 5-4 中,开关闭合时输入为低电平(0),否则为高电平(1)。其中 I/O 地址采用了部分地址译码,地址线 A_1 和 A_0 未参加译码,故它所占用的地址为 83FCH～83FFH,可以用其中

任何一个地址,而其他重叠的 3 个地址空着不用。程序段如下:

```
MOV   DX,83FCH
IN    AL,DX
AND   AL,0FFH
JZ    NEXT1
JMP   NEXT2
```

2. 锁存器接口

数据输出接口通常采用具有信息存储能力的双稳态触发器来实现。最简单的输出接口可用 D 触发器构成,例如锁存器 74LS373 或 74LS374。带有三态输出的锁存器 74LS374,其引线图和真值表如图 5-5 所示。当 $\overline{OE}=0$ 时,74LS374 的输出三态门才导通;当 $\overline{OE}=1$ 时,则呈高阻状态。

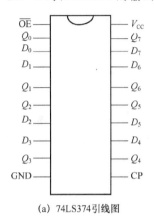

D_i	CP	$\overline{OE}$	Q_i
1	↑	0	1
0	↑	0	0
×	×	1	高阻

(a) 74LS374引线图   (b) 74LS374真值表

图 5-5　74LS374 引线图和真值表

74LS374 在用作输入接口时,端口地址信号经译码电路接到 $\overline{OE}$ 端,外设数据由外设提供的选通脉冲锁存在 74LS374 内部。当 CPU 读该接口时,译码器输出低电平,使 74LS374 的输出三态门打开,读出外设的数据;如果用作输出接口,将 $\overline{OE}$ 端接地,使其输出三态门一直处于导通状态,输出数据到外设。

分别用 74LS374 作为输出和输入接口的电路如图 5-6 所示。

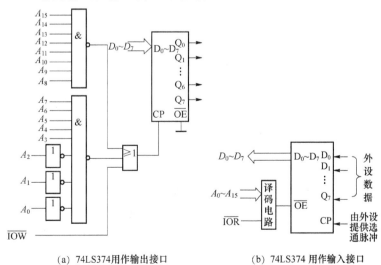

(a) 74LS374用作输出接口   (b) 74LS374 用作输入接口

图 5-6　74LS374 用作输入和输出接口

另外还有一种常用的带有三态门的锁存器芯片 74LS373,它与 74LS374 在结构和功能上完全一样,区别是数据锁存的时机不同,带有三态门的锁存器芯片 74LS373 在 CP 脉冲的高电平期间将数据锁存。

总之,简单接口芯片常作为一些功能简单的外部设备的接口电路,对较复杂的功能要求就难以胜任。后面还将介绍一些功能较强的可编程接口芯片。

5.1.3 案例实现:开关控制二极管

1. 实现过程

通过三态门芯片 74LS244 将开关的状态输入 8086,利用程序判断开关的状态,使用锁存器芯片 74LS273 输出信号,控制二极管的状态。

2. 电路原理图设计

该仿真电路输入接口原理图如图 5-7 所示。将输入选通信号 INPUT 通过锁存器接口芯片 74LS273 保存为信号 IN_LOCK,在 CPU 读信号 $\overline{RD}$ 有效的前提下利用三态门接口 74LS244 芯片,将开关的状态经引脚 2 和引脚 18 由数据线 AD8 送入 CPU 内部进行检测。

CPU 通过执行程序输出相应数据,利用地址总线送出选通信号,并结合 ALE 信号及锁存器接口芯片 74LS273 进行保存,通过数据线的高 8 位或低 8 位送出相应数据。在写信号 $\overline{WR}$ 有效的前提下利用 74LS273 输出数据到 8 位 LED,完成输出过程。

注意:8086 CPU 的数据线在使用时,和访问的端口地址有关。若为偶地址,则使用低 8 位传输数据;若为奇地址,则使用高 8 位传输数据。

该案例中所使用的程序代码如下。

```
CODE   SEGMENT 'CODE'
    ASSUME CS:CODE
START:MOV BL,55H           ;BL 中的值用于显示 LED 灯
N:    MOV DX,83FDH         ;输入接口地址
      IN AL,DX             ;读入开关的状态
      TEST AL,01H          ;测试开关状态
      JZ L                 ;合上开关,跳转到相应程序
      JMP N                ;继续检测开关状态
L:    MOV DX,0FFFFH        ;输出接口地址
      MOV AL,BL            ;准备输出数据
      OUT DX,AL            ;输出
      ROL BL,1             ;对输出数据进行变换
      JMP N                ;继续检测开关状态
CODE  ENDS
      END START
```

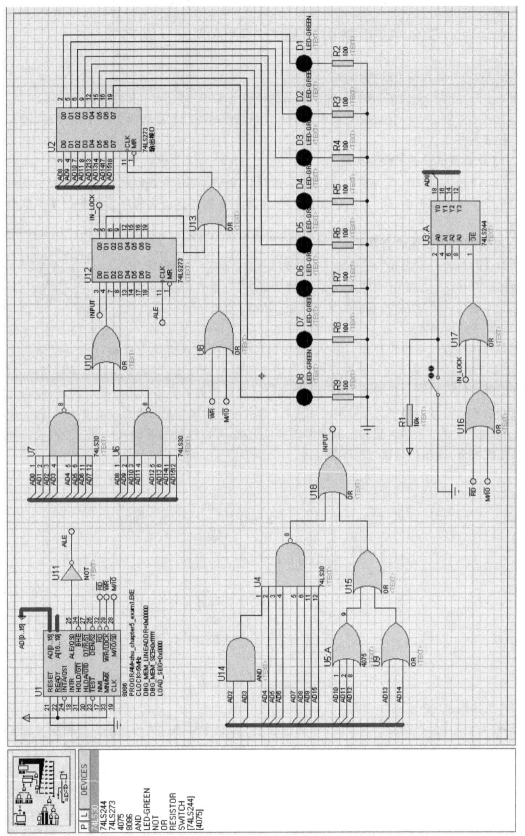

图 5-7 开关控制 LED 灯仿真效果图

5.2　LED 数码管及 I/O 设备信息交换方式

案例 5-2　开关控制 LED 数码管

用 74LS138 译码器完成对输入、输出接口的译码选择,并结合 4 个开关的组合状态,在 LED 数码管上显示对应的十六进制数值。掌握 74LS138 译码器及 LED 数码管的使用方法,提高编写 I/O 控制程序的能力。

1. LED 数码管及开关控制实现

74LS244 和 74LS273 作为输入/输出接口上面已介绍过,LED 数码管显示不同数字或符号同学们在电子学课程里学过。为此,利用 Proteus 对本案例进行仿真的连接图及程序清单请扫二维码。

2. 微机与 I/O 设备的信息交换方式

微型计算机与外设之间数据的输入/输出,是 CPU、内存与外设接口之间进行的信息传送。主要有 4 种方式:无条件传送方式、条件传送(查询工作)方式、中断控制传送方式、直接存储器存取(DMA)方式。

案例 5-2 的 Proteus 仿真连接图及程序清单

（1）无条件传送方式

无条件传送方式是指程序执行输入/输出(I/O)指令,无条件地立即执行相应操作来完成 CPU 与接口的信息交换。这种传送方式只适用于简单 I/O 设备,即外设始终准备好接收 CPU 数据或 CPU 读数据,指令执行的过程即数据传送过程。例如前面的数码管显示例子,数码管随时都可接收输出信号。程序员可以随时用输入/输出指令读取开关的状态和输出数字,而无须考虑它的"状态"。图 5-8 是典型的无条件传送接口组成,可以连接简单输入/输出设备,输入信号通过三态缓冲器,输出信号通过锁存器。

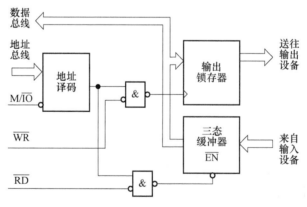

图 5-8　无条件传送接口组成

（2）条件传送(查询工作)方式

条件传送也称为查询工作方式,CPU 通过程序不断读取并测试外设状态。如果输入设备处于准备好状态,则 CPU 执行输入指令从该设备输入数据;或者输出设备处于空闲状态,CPU 向该设备输出数据。为此,接口电路除了有传送数据的端口以外,还应有传送状态的端口。对于输入过程来说,外设将数据准备好时,同时使接口状态端口中"准备好"标志位有效。对于输出过程来说,外设取走一个数据后,接口便将状态端口的对应标志位清除,表示当前输出寄存器已经处于"空闲"状态,可以接收下一个数据。单个外设条件传送方式流程图如图 5-9 所示,多个外设条件传送方式流程图如图 5-10 所示。其工作过程描述如下：

① 将描述外设工作状态的信息（如"准备好"，即状态字）读入 CPU 相应寄存器，检测相应状态位，看收发数据是否"准备就绪"；

② 若外设没有"准备就绪"，则重复执行①，等待"准备就绪"；

③ 若外设"准备就绪"，则执行预定的数据传送，完成输入或输出；

④ 数据传送后，CPU 向外设发响应信号，表示数据已传送，外设收到响应信号之后，即开始下一个数据的准备工作；

⑤ CPU 判断是否已传送完全部数据，若没有传送完，则重新执行①～④，否则就结束传送。

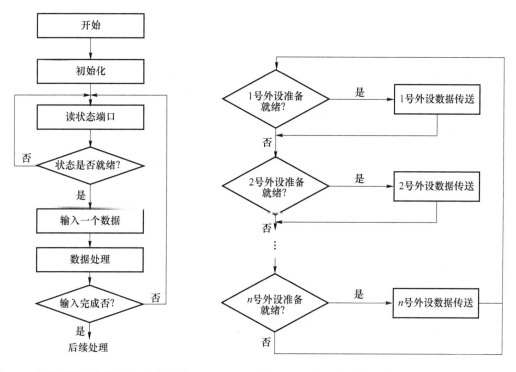

图 5-9　单个外设条件传送方式流程图　　　图 5-10　多个外设条件传送方式流程图

例 5-2　以查询方式工作的字符输入设备，数据输入端口地址为 54H，状态端口地址为 56H。状态寄存器中 D_0 位为 1，表示输入缓冲器中已经有一字节准备好，可以进行输入；D_1 位为 1，表示输入设备发生故障，则显示错误信息后停止。要求从该设备上输入 80 个字符，配成偶校验。然后从输出设备输出，其数据输出端口地址为 55H，状态端口地址为 57H，状态寄存器 D_7 位为 0 表示"空闲"，可以输出一个字符。试编写汇编语言程序。

分析：字符用 7 位 ASCII 码表示，奇偶校验时通常用一字节的最高位作为校验位，低 7 位存放字符的 ASCII 码。程序中产生偶校验的方法是：从设备读入数据后，清除最高位，然后根据剩余 7 位的奇偶特性决定最高位置 1 或 0。汇编语言程序如下。

```
DSEG    SEGMENT
BUFFER    DB 81 DUP( ? )
MESSAGE  DB 'Device Fault ! ',0DH,0AH,'$'
DSEG    ENDS
CSEG    SEGMENT
```

```
        ASSUMECS:CSEG,DS:DSEG
START:MOV   AX,DSEG        ;对 DS 进行初始化
      MOV   DS,AX
      LEA   SI,BUFFER      ;SI 为输入缓冲区指针
      MOV   CX, 80         ;设置 CX 为计数器,内容是字符个数
NEXT: IN    AL, 56H        ;读入状态信息
      TEST  AL,02H         ;测状态寄存器的 D₁
      JNZ   ERROR          ;D₁ 为 1,设备故障,转 ERROR
      TEST  AL,01H         ;测状态寄存器 D₀
      JZ    NEXT           ;D₀ 为 0,未准备好,则转 NEXT,再测
      IN    AL,54H         ;否则 D₀ 为 1,准备好,读入字符信息
      AND   AL, 7FH        ;清最高位,进行校验
      JPE   STORE          ;已经是偶数个"1",则转 STORE
      OR    AL,80H         ;奇数个"1",将最高位置 1
STORE:MOV   [SI], AL       ;将字符送缓冲区
      INC   SI             ;修改地址指针
      LOOP  NEXT           ;80 个字符未输入完成,继续输入
      LEA   SI,BUFFER      ;否则 80 个字符输入完,准备发送,SI 中放置字符串首地址
      MOV   CX,80          ;发送字符数
ONE:  IN    AL,57H         ;读输出设备状态信息
      TEST  AL,80H         ;测 D₇ 位
      JNZ   ONE            ;D₇ 不为 0,转 ONE 继续测
      MOV   AL, [SI]       ;否则 D₇ 为 0,取出一个字符
      OUT   55H,AL         ;从输出设备输出一个字符
      INC   SI             ;修改指针
      LOOP  ONE            ;输出下一个字符
      JMP   DONE
ERROR:MOV   AH, 09H        ;设备故障,输出出错信息
      LEA   DX, MESSAGE
      INT   21H
DONE: MOV   AH, 4CH
      INT   21H            ;返回 DOS
CSEG  ENDS
      END   START
```

上文介绍了单个外设利用查询方式进行数据传送的工作过程。实际系统通常连接有多个外设,这时 CPU 可采用循环查询的方法。发现哪个外设准备就绪,就对该外设进行数据传送,然后再查询下一个外设,依次循环。其流程图如图 5-9 所示。条件传送方式的主要优点是能保证主机与外设之间协调同步工作;硬件线路简单,程序容易实现,在微机系统中较为常用。条件传送方式的主要缺点是 CPU 需要不断地查询外设是否"准备就绪",而不能进行任何其他操作,大大地降低了 CPU 的工作效率;数据交换的实时性差。

（3）中断控制传送方式

在条件传送方式中，CPU要用大量时间去执行状态查询程序，大大地降低了CPU的工作效率。是否可以不要CPU去查询外设工作状态，而让外设在数据准备好后通知CPU，然后启动执行与外设的数据传输工作，CPU没有接到通知前只管做自己的工作？这样可以大大地提高CPU的工作效率，为此引入了中断概念。

中断就是CPU在执行程序时，某个外设需要进行数据传送而向CPU发出中断请求，CPU在接到请求后若条件允许，则打断（或中断）正在进行的任务而转去对该外设服务，并在对外设服务结束后回到被中断的地方继续执行原来的任务。有关中断的进一步讨论将在第8章中展开。

（4）直接存储器存取方式

对于上述各种方式，数据传送是通过CPU执行输入/输出指令完成的，传送速度不快。若存储器与快速I/O设备间有大量数据需要传送，为了提高传送速度和效率让存储器与快速I/O设备间直接进行传送而不经过CPU，这就是直接存储器存取（Direct Memory Access DMA）方式。新型的DMA传送可扩展到存储器的两个区域之间，或两种高速外围设备之间。

在DMA方式下，要求CPU放弃对总线的控制和管理，而由一个称为DMA控制器（DMAC）的硬件来控制。DMA方式的主要优点是速度快；缺点是需要专用硬件支持，硬件连接也复杂些。

为了更好地说明DMAC的工作过程，图5-11给出了典型的DMA传送流程图。DMA工作过程如下。

① 当外设准备好，要DMA传送时，外设向DMA控制器发DMA传送请求信号。

② DMAC收到请求后，向CPU发出"总线请求"信号HOLD，希望占用总线。

③ CPU在完成当前总线周期后会立即对HOLD信号进行响应。包括两个方面：一是CPU将数据总线、地址总线和相应的控制信号线均置为高阻态，放弃对总线的控制权；二是CPU向DMAC发出"总线响应"信号（HLDA）。

④ DMAC收到HLDA信号后，就开始控制总线，并向外设发出DMA响应信号DACK。

⑤ DMAC送出地址信号和相应的控制信号，实现内存与外设或内存与内存之间的直接数据传送。

⑥ DMA控制器自动修改地址和字节计数器，并据此判断是否需要重复传送操作。规定的数据传送

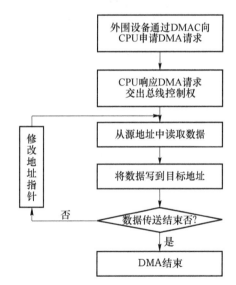

图5-11 典型的DMA传送流程图

完后，DMA控制器就撤销发往CPU的HOLD信号。CPU检测到HOLD失效后，紧接着撤销HLDA信号，并在下一时钟周期重新开始控制总线，继续执行原来的程序。

通常DMAC有两种基本的DMA传送方式。①每次DMA请求只传送一字节数据，每传送完一字节数据，都撤除DMA请求信号释放总线，称为单字节方式。②每次DMA请求连续传送一个数据块，待规定长度的数据块传送完后才撤除DMA请求信号释放总线，称为字节组方式。

5.3　简单交通信号灯系统的实现

1. 概述

简单交通信号灯系统产生的地址信号由 74HC373 进行锁存,利用 74LS138 进行译码,结合 8086 CPU 的写信号将系统总线上输出的信号锁存到 74LS273 中,从 74LS273 的输出端控制各个路口的红、黄、绿灯的变化。

2. 电路原理图设计

简单交通信号灯系统 Proteus 仿真电路原理图如图 5-12 所示。

程序清单如下:

```
CODE     SEGMENT PUBLIC 'CODE'
    ASSUME CS:CODE
START:   MOV DX,8000H              ;DX 是地址
AGAIN:   MOV AL,11100001B          ;|R-G,红、绿
         OUT DX,AL
         CALL DELAY1
         CALL DELAY1
         MOV AL,11010001B          ;|R-Y,红、黄
         OUT DX,AL
         CALL DELAY1
         MOV AL,11001100B          ;|G-R,绿、红
         OUT DX,AL
         CALL DELAY1
         CALL DELAY1
         MOV AL,11001010B          ;|Y-R,黄、红
         OUT DX,AL
         CALL DELAY1
         JMP AGAIN

DELAY1 PROC NEAR
         MOV CX,0FFFFH             ;4 s 左右的延时
DELAY:   PUSH AX
         POP AX
         PUSH AX
         POP AX
         PUSH AX
         POP AX
         LOOP DELAY
         RET
         DELAY1 ENDP
CODE     ENDS
         END START
```

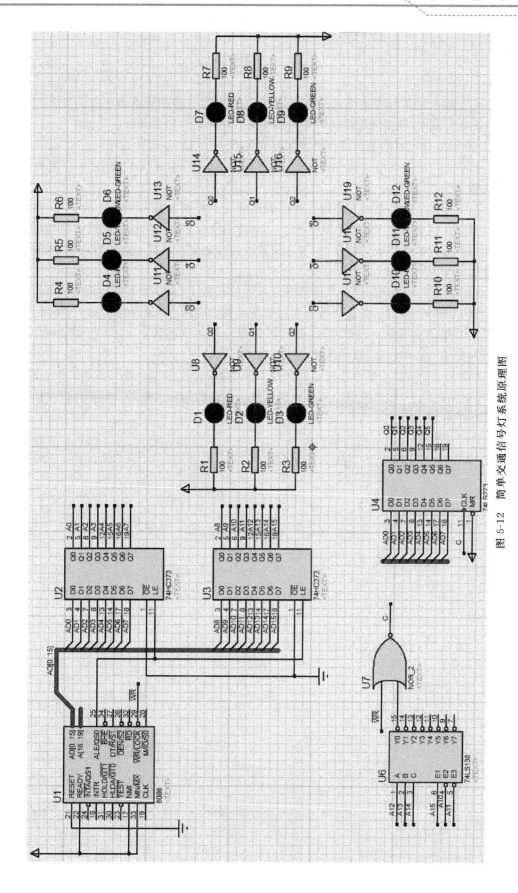

图 5-12 简单交通信号灯系统原理图

习　题

5.1　输入/输出设备有哪些特点？CPU通过什么与输入/输出设备通信？

5.2　CPU与输入/输出设备通信时所用到的接口电路通常应具备哪些功能？

5.3　计算机与外设之间的数据传送控制方式有哪些？它们各有什么特点？

5.4　何谓"I/O端口与内存独立编址"？何谓"I/O端口与内存统一编址"？这两种编址方式各有什么特点？

5.5　CPU与外设采用查询方式传送数据的过程是怎样的？现有一输入设备，其数据端口的地址为FFE0H，并于端口FFE2H提供状态，当其D_0位为1时表明输入数据已准备好。请编写采用查询方式进行数据传送的程序段，要求从该设备读取100字节并输入到从2000H:2000H开始的内存中。

5.6　在本章5.3节实现的简单交通信号灯系统的基础上，添加重要事件处理功能，当按住按钮时，所有信号灯均为红色，禁止通行。当松开按钮时，恢复之前的通行状态。（提示：可利用74LS244或74LS245作为输入接口芯片，结合读信号将按钮状态读入8086 CPU并进行检测。在延时子程序中加入处理程序，根据按钮状态控制信号灯。）

5.7　在本章5.3节实现的简单交通信号灯系统的基础上，在各个路口添加一个LED数码管，使得在延时的过程中，在数码管上将剩余的秒数以一位数的形式显示。若要将剩余的秒数用两位数显示（如剩余秒数为9时，显示09），如何实现？

5.8　DMA控制器应具有哪些功能？

第6章 可编程并行 I/O 接口芯片 Intel 8255A

本章将主要介绍可编程并行 I/O 接口芯片 Intel 8255A,包含 8255A 的内部结构、控制字、工作方式及应用等。可编程是指其功能方式可由微机指令设定,通过执行不同的初始化程序,使一个可编程接口芯片工作于不同的功能方式,从而实现与多种外部设备的连接。利用可编程并行 I/O 接口芯片 Intel 8255A,可进一步简化交通信号灯系统的实现过程。

6.1 并行 I/O 接口芯片 Intel 8255A 概述

案例 6-1 8255A 读取并显示开关状态

要求正确设定 8255A 并行端口的工作方式,设计电路并编制程序,实现将 PB 口的开关状态通过 PA 口的发光二极管显示出来。

6.1.1 8255A 的结构、控制字及工作方式

1. 概述

CPU 与外设进行输入输出是通过接口电路实现的,接口电路一边与 CPU 连接,一边与外设连接。随着大规模集成电路技术的发展,人们生产了许多通用可编程接口芯片。这些接口芯片的数据传送方式分为并行接口与串行接口。并行接口就是在通信过程中能够同时传送数据所有位的接口芯片。通常以字节或字为单位传送,速度快,效率高,适合近距离传送,无固定数据格式。

Intel 8255A 是一种通用可编程并行 I/O 接口电路芯片,可为多种并行 I/O 设备提供接口,是 Intel 公司为 8085、80X86 系列微处理器配套的接口芯片,也可以和其他微处理器系统相配。80X86 系统中常采用 8255A 作为键盘、扬声器、打印机等外设的接口电路芯片。

2. 8255A 的内部结构及外部引脚

8255A 芯片采用 40 脚双列直插封装,+5 V 电源,全部输入/输出信号均与 TTL 电平兼容;有 3 个独立的输入/输出端口(端口 A、端口 B、端口 C)及一个控制寄存器;提供输入/输出控制联络信号、端口寻址信号的读写控制逻辑、A 组和 B 组控制电路;数据总线缓冲器与 CPU 数据总线连接。8255A 内部结构框图与引脚排列图如图 6-1 所示。

(1) 3 个并行输入/输出端口(端口 A、端口 B、端口 C)

8255A 有 A、B、C 3 个并行输入/输出端口(简称 A 口、B 口、C 口),是 8 位并行数据端口,可作为输入或输出端口,其功能可由程序设定。其中,端口 A($PA_0 \sim PA_7$)为数据输入/输出端口,输出按锁存器/缓冲器工作,输入按锁存器工作;端口 B($PB_0 \sim PB_7$)为数据输入/输出端口,输出按锁存器/缓冲器工作,输入按缓冲器工作;端口 C($PC_0 \sim PC_7$)为数据端口或控制端口,分成 4 位的两组,分别与 A 口和 B 口组合,以输出控制信号/输入状态信号。当 A 口、B 口作为应答式的 I/O 口使用时,C 口分为 A 组 C 口($PC_4 \sim PC_7$)、B 组 C 口($PC_0 \sim PC_3$),分别用来作为 A 口和 B 口的应答控制线。各端口的功能如表 6-1 所示。

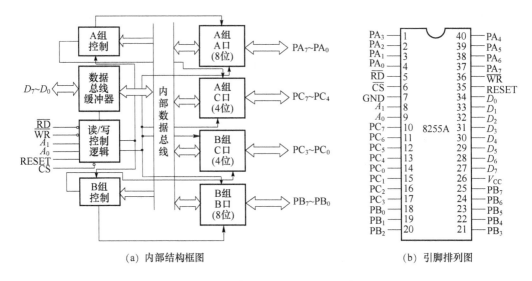

(a) 内部结构框图   (b) 引脚排列图

图 6-1   8255A 内部结构框图与引脚排列图

表 6-1   8255A 端口功能

工作方式	A 口	B 口	C 口
0	基本输入/输出端口 输入不锁存,输出锁存	同 A 口	同 A 口
1	选通输入/输出端口 输入/输出均可锁存	同 A 口	$PC_4 \sim PC_7$ 作为选通式 A 口的联络信号线;$PC_0 \sim$ PC_3 作为选通式 B 口的联络信号线
2	选通双向输入/输出端口,均可锁存	不用	$PC_0 \sim PC_7$ 用作 A 口的选通双向联络信号线

A 口、B 口、C 口的 3 组 8 位输入/输出信号线分别与外设数据线连接,以实现数据的并行传送。当 A 口、B 口工作于方式 1 或 2 时,C 口的输入/输出信号线作为控制联络线与外设的控制与状态信号线连接。

(2) 读/写控制逻辑

读/写控制逻辑接收来自 CPU 的地址信息及一些控制信号,然后向 A 组、B 组控制电路发送命令,控制端口数据的传送方向。其控制信号有以下几种。

- $\overline{CS}$——片选信号,低电平有效。该信号有效时允许 8255A 与 CPU 交换信息。通常由外部译码电路产生,接外部译码电路输出端。

- $\overline{RD}$——读信号,低电平有效。允许 CPU 从 8255A 端口中读取数据或外设状态信息。通常接系统总线的 $\overline{IOR}$ 信号。

- $\overline{WR}$——写信号,低电平有效。允许 CPU 将数据、控制字写入 8255A 中。通常接系统总线的 $\overline{IOW}$ 信号。

- RESET——复位信号,高电平有效。它清除 8255A 所有控制寄存器的内容,并将各端口都置成输入方式。

- A_1、A_0——8255A 片内端口地址选择信号线。通常接系统地址总线的 A_0、A_1,通过片内译码来选择各端口及内部控制寄存器的地址,如表 6-2 所示。与 $\overline{RD}$、$\overline{RW}$、$\overline{CS}$ 信号相配合控制信息传送方向,如表 6-3 所示。

表 6-2　片内各端口地址选择

A_1	A_0	选　择
0	0	A 口
0	1	B 口
1	0	C 口
1	1	控制寄存器

表 6-3　与控制信息配合后的操作组合

A_1	A_0	$\overline{\text{RD}}$	$\overline{\text{WR}}$	$\overline{\text{CS}}$	操　作	
0	0	0	1	0	端口 A→数据总线	读操作
0	1	0	1	0	端口 B→数据总线	
1	0	0	1	0	端口 C→数据总线	
0	0	1	0	0	数据总线→端口 A	写操作
0	1	1	0	0	数据总线→端口 B	
1	0	1	0	0	数据总线→端口 C	
1	1	1	0	0	数据总线→控制字寄存器	

（3）A 组和 B 组控制电路

这两组控制电路接收来自 CPU 的读/写控制部分的信号和 CPU 送入的控制字,然后分别决定各端口的功能。A 组控制电路控制 A 口和 C 口的高 4 位($PC_7 \sim PC_4$);B 组控制电路控制 B 口和 C 口的低 4 位($PC_3 \sim PC_0$)。还可根据控制字的要求对 C 口的某位实现"置 0"或"置 1"的操作。

（4）数据总线缓冲器

数据总线缓冲器是一个双向三态的 8 位缓冲器,8255A 通过它与系统的数据总线相连,实现在 CPU 和 8255A 间传送控制字、数据和状态信息。

图 6-2 给出了 8255A 各引脚及端口在系统中的连接示意图。

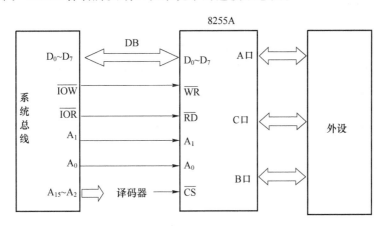

图 6-2　8255A 与系统连接示意图

3. 8255A 的控制字与初始化编程

为适应不同 I/O 设备,8255A 有 3 种工作方式,可由 CPU 输出到 8255A 的控制字来完成设定。8255A 有两个控制字:一是工作方式控制字;二是对端口 C 的置位/复位控制字。

（1）工作方式控制字

工作方式控制字用来设定各端口的工作方式及数据传送方向,在 8255A 开始工作前 CPU 通过执行接口初始化程序来设定,接口初始化程序一般放在程序开始处。端口 A 可工作在 0、1、2 这 3 种方式之一;端口 B 可工作在 0、1 两种方式之一;而端口 C 只能工作在方式 0。8255A 工作方式控制字格式如图 6-3 所示。

其中,$D_7 = 1$ 时为工作方式控制字;$D_7 = 0$ 时为端口 C 置位/复位控制字。$D_6 \sim D_3$ 用来规定 A 口的工作方式、输入输出及 C 口高 4 位($PC_7 \sim PC_4$)工作方式、输入输出。$D_2 \sim D_0$ 用来规定 B 口的工作方式、输入输出及 C 口低 4 位（$PC_3 \sim PC_0$）工作方式、输入输出。只要 CPU 对 8255A 送入方式控制字就可以决定 A 口、B 口、C 口的工作方式及输入输出。这种对可编程序接口电路送入控制字，从而设定接口功能的程序称为接口初始化程序。

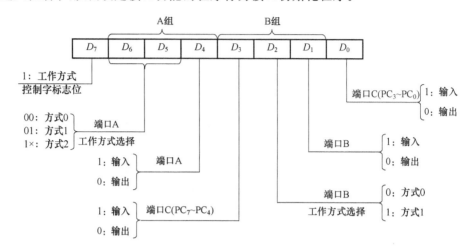

图 6-3　8255A 工作方式控制字格式

例如，系统要求 8255A 的端口 A 工作在方式 0、输入；端口 B 工作在方式 0、输出；端口 C 高 4 位为输出，低 4 位为输入。根据上述要求可求得方式控制字为 91H，设 8255A 控制寄存器的地址号为 43H，则其初始化程序如下：

```
MOV    AL,91H      ;CPU 将控制字 91H 经 AL 输出
OUT    43H,AL      ;送至 8255A 控制寄存器中
```

设 8255A 控制寄存器的地址号为 0D43H，CPU 对 8255A 输出控制字时应采用寄存器间接寻址方式，则初始化程序为：

```
MOV    DX,0D43H    ;控制寄存器地址号存入 DX 中
MOV    AL,91H      ;控制字经 AL 送控制寄存器
OUT    DX,AL
```

（2）置位/复位控制字

置位/复位控制字格式如图 6-4 所示。

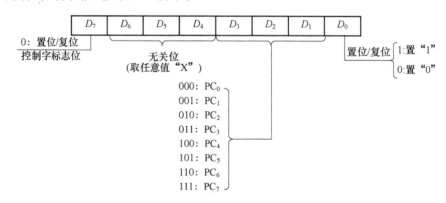

图 6-4　8255A 端口 C 置位/复位控制字格式

C 口的某位置位/复位控制字用于指定 C 口某位输出高电平还是低电平，作为输出控制信

号,如用于控制开关的通(置1)/断(置0)、继电器的吸合/释放、电机的启/停等。其中 D_0 位用于设定是置1还是置0操作;D_3、D_2、D_1 用于指定 C 口的 $PC_0 \sim PC_7$ 中的哪一位按位操作;D_6、D_5、D_4 可以是任意值,一般置为全0。

例如,要求对 C 口 PC_7 位实现置0操作,其控制字为 00001110B(0EH,其中 $D_6 \sim D_4$ 可取 8 种值,故控制字不唯一)。设控制寄存器的端口地址为 43H,则初始化程序为:

```
MOV     AL,00001110B     ;置 PC₇=0 的控制字
OUT     43H,AL           ;控制字送 8255A 控制寄存器中
```

4. 8255A 的 3 种工作方式

(1) 方式0

方式0是基本输入/输出工作方式。端口 A、B、C 均可以工作在方式0,即当外设始终处于传送数据的准备就绪状态时,CPU 通过 8255A 随时与外设输入/输出数据,这就是输入/输出技术中的无条件输入/输出。典型的例子就是以开关或计数器状态作为输入信号,以发光二极管作为显示输出,如图 6-5 所示。

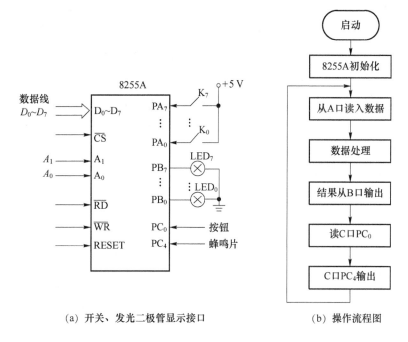

(a) 开关、发光二极管显示接口 (b) 操作流程图

图 6-5 8255A 工作方式应用举例

在方式0下,8255A 被分成彼此独立的 8 位 A 口、8 位 B 口、C 口高 4 位、C 口低 4 位,共 4 组,每组可各自设定为输入或输出,可用查询方式来进行数据传送。此时,通常以 A 口和 B 口作为数据口,而用 C 口的某些位作为查询式控制与状态信号线使用。具体用 C 口的哪条引线作为控制与状态信号线可以由用户来指定。例如:可用 C 口高 4 位引线作为选通信号线,用置0及置1的位操作产生正脉冲的选通信号;用 C 口低 4 位作为外设状态输入线。图 6-6 为 8255A 工作在方式0时应答查询式读/写操作流程图。

(2) 方式1

8255A 的工作方式1是单向选通输入/输出方式。A 口和 B 口作为独立的数据输入口或输出口,可由初始化程序指定,但数据的输入/输出要在选通信号的控制下来完成。这些选通信号用 C 口的某些位来提供。

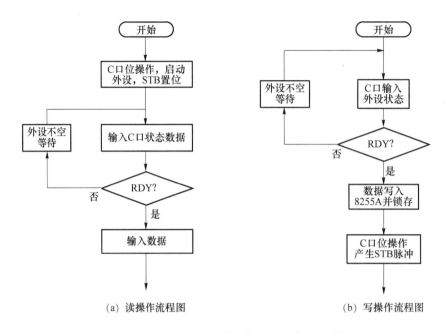

(a) 读操作流程图   (b) 写操作流程图

图 6-6   8255A 工作在方式 0 时应答查询式读/写操作流程图

① 方式 1 下 A 口、B 口均为选通输入

方式 1 选通输入（A 口、B 口均为输入端口）：此时利用 C 口的 6 条线作为选通信号线，选通信号线的连接如图 6-7 所示。A 口使用 PC_4、PC_5 和 PC_3，B 口使用 PC_2、PC_1 和 PC_0，分别表示 A 口和 B 口的 3 条控制线 $\overline{STB}$、IBF 和 INTR。

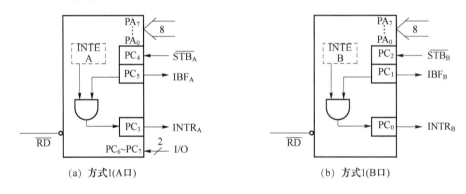

(a) 方式1(A口)   (b) 方式1(B口)

图 6-7   方式 1 输入时选通信号线的连接

- $\overline{STB}$ 为选通信号，低电平有效，是外设给 8255A 的信号，表示外设输入数据已准备好。该信号有效时，外设已将数据锁存入端口 A 或端口 B 中。
- IBF 为输入缓冲器满信号，高电平有效，是 8255A 向外设发出的响应信号。当 IBF 有效时，表示输入缓冲器中已锁存有数据。当 CPU 从 8255A 读取数据后，利用 $\overline{RD}$ 的上升沿使 IBF 复位为低电平，表明端口中锁存数据已被 CPU 取走。
- INTR 为中断请求信号，高电平有效，向 CPU 发出中断请求。CPU 响应中断后，在中断服务程序中，CPU 从 8255A 端口读取数据指令时，产生 $\overline{RD}$ 有效信号，它一方面将 8255A 锁存的数据读入 CPU 中并使 INTR 无效；另一方面利用 $\overline{RD}$ 信号的上升沿使 IBF 复位。

方式 1 下数据输入过程描述如下：

a. 外部设备发出低电平有效的选通信号$\overline{STB}$，在$\overline{STB}$有效期间将数据锁存入 8255A 的数据输入缓冲器；

b. 8255A 数据输入缓冲器满，使 IBF＝1 作为 STB 的应答信号，表示 8255A 的输入缓冲器有一个数据还没被 CPU 读走，外部设备据此信号暂缓送下一个数据；

c. 若 INTE＝1(中断允许)，则 STB 在低电平到高电平的上升沿使 INTR＝1，向 CPU 提出中断请求；

d. 接收到中断请求的 CPU 从 8255A 的端口上读取数据。CPU 响应中断并通过输入指令读取数据后，使 IBF、INTR 变为无效。

在方式 1 输入时，C 口多余的两条线(PC_6、PC_7)归入 A 组，它们可以作为方式 0 的输入/输出线或作为位操作。

② 方式 1 下 A 口、B 口均为选通输出

方式 1 选通输出(A 口、B 口均为输出端口)：选通信号线的连接如图 6-8 所示，选通信号线 A 口使用 PC_7、PC_6 和 PC_3，B 口使用 PC_1、PC_2 和 PC_0，分别表示 A 口和 B 口的 3 条控制线$\overline{OBF}$、$\overline{ACK}$和 INTR。

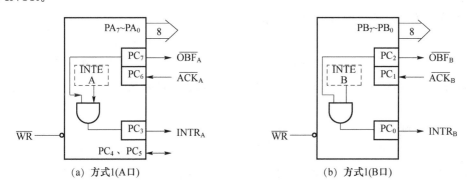

图 6-8　方式 1 输出时选通信号线的连接

- $\overline{OBF}$为输出缓冲器满信号，低电平有效，是 8255A 输出给外部设备的控制信号。当其有效时，表示 CPU 已将数据输出到 8255A 端口，外部设备可从此端口取数据。

- $\overline{ACK}$为响应信号，低电平有效，是外部设备从 8255A 端口取走数据后，发给 8255A 的响应信号。8255A 收到$\overline{ACK}$信号后，在此信号的下降沿使$\overline{OBF}$变为高电平，通知外部设备，8255A 没有新输出数据；在$\overline{ACK}$的上升沿使 INTR 变高电平，向 CPU 提出中断请求，要求 CPU 向 8255A 发出下一个输出数据。

- INTR 为中断请求信号，高电平有效。如果允许中断(INTE＝1)，且$\overline{ACK}$、$\overline{OBF}$均为高电平，则经 PC_3(A 口)或 PC_0(B 口)引脚发出此中断请求信号。

方式 1 下数据输出过程描述如下：

a. CPU 接收中断请求，中断服务程序中的输出指令($\overline{WR}$低电平有效)将输出数据送 A 口或 B 口锁存，并使 INTR＝0，变为无效；

b. $\overline{WR}$信号的上升沿使$\overline{OBF}$为低电平，向外部设备表明在连接的端口上已有新的有效数据，外设可以到此端口的输出锁存器中取数据了；

c. 外部设备取数据，发选通响应信号$\overline{ACK}$＝0，使$\overline{OBF}$＝1；

d. 外部设备取走数据后，$\overline{ACK}$＝1，$\overline{OBF}$＝1，若 INTE＝1，则又使 INTR＝1，通知 CPU 输出下一次数据。

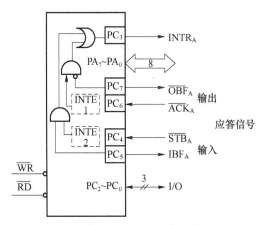

图 6-9　方式 2 时 A 口选通信号线的连接

（3）方式 2

8255A 只有端口 A 可以工作在选通双向输入/输出工作方式下。这种工作方式是方式 1 情况下 A 口输入、输出的结合。外设利用端口 A 的 $PA_0 \sim PA_7$ 的 8 位数据线与 CPU 进行双向通信，既能发送数据，又能接收数据，即 A 口既作为输入口，又作为输出口。此时 C 口的控制线 $\overline{STB_A}$、$\overline{OBF_A}$、$\overline{ACK_A}$、IBF_A 的意义与方式 1 相同，且 INTE 1（中断允许触发器 1）和 INTE 2（中断允许触发器 2）分别由 PC_6 和 PC_4 的置位/复位操作来控制。其 A 口选通信号线的连接如图 6-9 所示。

方式 2 下 A 口数据输入过程：

① 外设发出 $\overline{STB_A}$ 信号给 8255A，向 8255A 送数据，使数据锁存入 A 口，然后 8255A 发出 IBF_A 有效信号给外设，表示 A 口已收到数据；

② $\overline{STB_A}$ 信号无效，若 8255A 允许中断，则向 CPU 发送中断请求信号，使 $INTR_A$ 有效；

③ CPU 响应中断，在中断服务程序中执行输入指令读取 A 口锁存器中的数据；

④ $\overline{RD}$ 信号无效，使 $INTR_A$、IBF_A 无效，开始下个数据的读入过程。

方式 2 下 A 口数据输出过程：

① CPU 执行输出指令向 A 口写数据，使输出数据锁存至 A 口；

② $\overline{WR}$ 信号使 $INTR_A$ 变低电平，同时 $\overline{OBF_A}$ 有效，通知外设可从 A 口读取数据；

③ 外设接到 $\overline{OBF_A}$ 信号后给 8255A 发 $\overline{ACK_A}$ 低电平有效信号，将锁存于 A 口的数据读入外设中；

④ 有效的 $\overline{ACK_A}$ 信号使 $\overline{OBF_A}$ 变无效，$INTR_A$ 变有效，向 CPU 发中断请求准备输出下个数据。

应该注意的是：8255A 工作方式 1 主要用于中断方式输入/输出操作，也可用于查询方式的数据输入/输出操作。此时，可根据输入/输出操作的不同，A 口和 B 口的 $INTR_A$ 和 $INTR_B$ 分别由 C 口的 PC_6、PC_7 位和 PC_4、PC_5 位作为状态信号。当用查询方式输入/输出时，则必须首先查询状态字内容，才能和有关 A 端口/B 端口进行数据交换。

8255A 工作于方式 0 时，端口 C 可用于数据传送，但当 8255A 工作于方式 1 或方式 2 时，端口 C 的部分引脚或全部引脚用于应答联络线，这时端口 C 的内容反映端口 A 或 B 及相应外部设备的状态，称为方式 1 或方式 2 的状态字，且其状态字的格式各不相同，如图 6-10 所示。CPU 如需了解各端口的工作状态，可通过读 C 口的内容，对相应的位进行检测，便可读出状态信息。

若在方式 2 时采用查询式中断，则可从 C 口读入状态字，并可通过检查 $\overline{IBF_A}$ 及 $\overline{OBF_A}$ 标志位来实现查询式输入/输出操作。

目前，随着微处理技术的日益普及，多微处理机系统已日趋增多，而且这种系统有时采用一个主机多个从机的形式。为了实现主-从机间并行传送数据，并避免多个从机同时使用总线，采用 8255A 器件作为这种系统的接口极为方便。

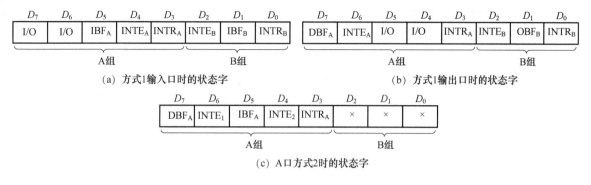

D_7	D_6	D_5	D_4	D_3	D_2	D_1	D_0
I/O	I/O	IBF_A	$INTE_A$	$INTR_A$	$INTE_B$	IBF_B	$INTR_B$

A组   B组

(a) 方式1输入口时的状态字

D_7	D_6	D_5	D_4	D_3	D_2	D_1	D_0
DBF_A	$INTE_A$	I/O	I/O	$INTR_A$	$INTE_B$	OBF_B	$INTR_B$

A组   B组

(b) 方式1输出口时的状态字

D_7	D_6	D_5	D_4	D_3	D_2	D_1	D_0
DBF_A	$INTE_1$	IBF_A	$INTE_2$	$INTR_A$	×	×	×

A组   B组

(c) A口方式2时的状态字

图 6-10 8255A 的状态字

6.1.2 案例实现——8255A 读取并显示开关状态

1. 实现过程

设定 8255A 的 PA 口和 PB 口为方式 0,并指定 PB 口所连接的开关为输入,PA 口所连接的发光二极管为输出,通过编写程序,由 8086 CPU 将 PB 口的开关状态读入并通过 PA 口输出,以显示开关的状态。

2. 电路原理图及程序设计

利用 Proteus 对本案例进行仿真,如图 6-11 所示,程序清单如下。采用 74LS373 作为地址锁存器保存端口地址,对于 8255A 的片选信号 $\overline{CS}$,直接接地使其处于有效状态。电路将 8 个开关的状态通过 8255A 的 PB 口送入 CPU,经过处理后,将数据从 8255A 的 PA 口送到发光二极管进行显示。例如,若开关 k0 处于闭合状态,则发光二极管 D1 应处于发光状态。

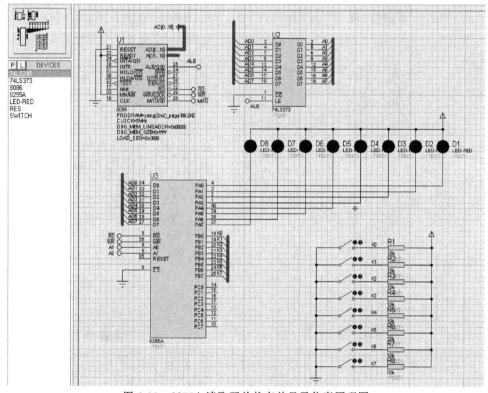

图 6-11 8255A 读取开关状态并显示仿真原理图

该案例中所使用的程序代码如下。

```
CODE SEGMENT'code'
    ASSUME CS:CODE
START:              ;假设A口、B口、C口及控制端口的地址分别为20H、22H、24H、26H
    MOV AL,82H      ;控制字10000010B,A口输出(初始输出全为0),B口输入
    OUT 26H,AL      ;送控制端口
N:  IN  AL,22H      ;从B口读入
    OUT 20H,AL      ;从A口输出
    JMP N
CODE    ENDS
```

6.2 项目实现——8255A 实现交通信号灯的控制

1. 概述

在前一章案例的基础上,基于8255A重新构造一个交通信号灯控制系统。利用8255A的PA口,结合程序在不同时刻输出不同数值到各个路口的红、黄、绿3种颜色发光二极管,模拟实际的交通信号灯的控制。

2. 电路原理图及程序设计

利用 Proteus 对本案例进行仿真,如图 6-12 所示。采用 74LS373 作为地址锁存器保存端口地址,对于 8255A 的片选信号 $\overline{CS}$,直接接地使其处于有效状态。十字路口的南北方向为 A 道,东西方向为 B 道。仅使用 8255A 的 PA 口,其工作方式为方式 0 输出。PA 口的低 3 位 PA$_0$、PA$_1$、PA$_2$ 分别接 A 道的红、黄、绿灯;PA 口的 PA$_3$、PA$_4$、PA$_5$ 分别接 B 道的红、黄、绿灯。

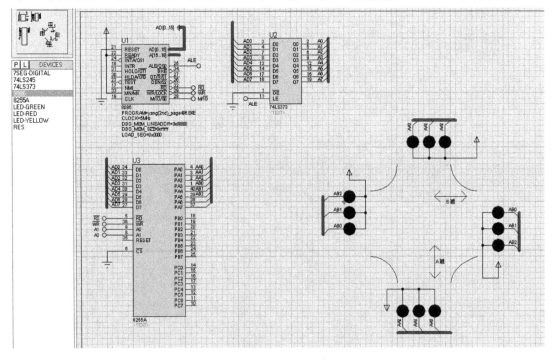

图 6-12 用 8255A 模拟交通信号灯仿真原理图

该案例中所使用的程序代码如下。

```
A_PORT EQU   0F0H
B_PORT EQU   0F2H
C_PORT EQU   0F4H
CT_PORT EQU 0F6H
CODE SEGMENT'CODE'
    ASSUME CS:CODE
START:
    MOV AL,80H            ;控制字10000000B,方式0,A口输出
    MOV DX,CT_PORT
    OUT DX,AL            ;送控制端口
    ;A道绿灯放行,B道红灯禁行
LP: MOV AL,0F3H          ;11110011B,A道(PA2)绿灯亮,B道(PA3)红灯亮
    MOV DX,A_PORT
    OUT DX,AL            ;从A口输出
    ;延时10 s
    MOV CX,10
DP1:CALL DELAY100
    LOOP DP1
    ;A道绿灯闪烁,B道红灯禁行
    MOV AL,0F7H          ;11110111B,A道(PA2)绿灯灭,B道(PA3)红灯亮
    MOV DX,A_PORT
    OUT DX,AL            ;从A口输出
    CALL DELAY100
    MOV AL,0F3H          ;11110011B,A道(PA2)绿灯亮,B道(PA3)红灯亮
    MOV DX,A_PORT
    OUT DX,AL            ;从A口输出
    CALL DELAY100
    MOV AL,0F7H          ;11110111B,A道(PA2)绿灯灭,B道(PA3)红灯亮
    MOV DX,A_PORT
    OUT DX,AL            ;从A口输出
    CALL DELAY100
    MOV AL,0F3H          ;11110011B,A道(PA2)绿灯亮,B道(PA3)红灯亮
    MOV DX,A_PORT
    OUT DX,AL            ;从A口输出
    CALL DELAY100
    MOV AL,0F7H          ;11110111B,A道(PA2)绿灯灭,B道(PA3)红灯亮
    MOV DX,A_PORT
    OUT DX,AL            ;从A口输出
    CALL DELAY100
```

```
                  ;A 道黄灯亮,B 道红灯禁行
        MOV AL,0F5H        ;11110101B,A 道(PA₂)绿灯灭,B 道(PA₃)红灯亮
        MOV DX,A_PORT
        OUT DX,AL          ;从 A 口输出
                  ;延时 3 s
        MOV CX,3
DP2:CALL DELAY100
        LOOP DP2
                  ;A 道红灯禁行,B 道绿灯放行
        MOV AL,0DEH        ;11011110B,A 道(PA₀)红灯亮,B 道(PA₅)绿灯亮
        MOV DX,A_PORT
        OUT DX,AL          ;从 A 口输出
                  ;延时 10 s
        MOV CX,10
DP3:CALL DELAY100
        LOOP DP3
                  ;A 道红灯禁行,B 道绿灯闪烁
        MOV AL,0FEH        ;11111110B,A 道(PA₀)红灯亮,B 道(PA₅)绿灯灭
        MOV DX,A_PORT
        OUT DX,AL          ;从 A 口输出
        CALL DELAY100
        MOV AL,0DEH        ;11011110B,A 道(PA₀)红灯亮,B 道(PA₅)绿灯亮
        MOV DX,A_PORT
        OUT DX,AL          ;从 A 口输出
        CALL DELAY100
        MOV AL,0FEH        ;11111110B,A 道(PA₀)红灯亮,B 道(PA₅)绿灯灭
        MOV DX,A_PORT
        OUT DX,AL          ;从 A 口输出
        CALL DELAY100
        MOV AL,0DEH        ;11011110B,A 道(PA₀)红灯亮,B 道(PA₅)绿灯亮
        MOV DX,A_PORT
        OUT DX,AL          ;从 A 口输出
        CALL DELAY100
        MOV AL,0FEH        ;11111110B,A 道(PA₀)红灯亮,B 道(PA₅)绿灯灭
        MOV DX,A_PORT
        OUT DX,AL          ;从 A 口输出
        CALL DELAY100
                  ;A 道红灯禁行,B 道黄灯亮
        MOV AL,0EEH        ;11101110B,A 道(PA₀)红灯亮,B 道(PA₄)黄灯亮
        MOV DX,A_PORT
        OUT DX,AL          ;从 A 口输出
```

```
;延时 3 s
    MOV CX,3
DP4:CALL DELAY100
    LOOP DP4
    JMP LP
;1 s 延时程序
DELAY100 PROC
    PUSH CX              ;保护现场
    MOV CX,0
    LOOP $
    LOOP $
    LOOP $
    MOV CX,15000
    LOOP $
    POP CX               ;恢复现场
    RET
DELAY100 ENDP
CODE    ENDS
    END START
```

6.3 Intel 8255A 的应用

案例 6-2 用 8255A 实现键盘接口

① 要求:正确设定 8255A 并行端口的工作方式,设计电路并编制程序,利用 PC 口的高 4 位和低 4 位实现键盘的扫描,并利用数码管显示对应键值。

② 目的:掌握利用 8255A 实现键盘扫描的原理及实验方法,正确应用 8255A 的各个端口。

6.3.1 基础知识——键盘工作原理、PC 键盘

键盘是计算机最基本的一种输入设备,通过键盘可以将英文字母、数字、标点符号等键的信息输入计算机中。键盘上的每个按键都起一个开关的作用,故又称为键开关。键盘有很多种类型,其工作原理也不尽相同,按照接触方式分类,键盘可以分为触点式和无触点式两类;按照键码识别方法分类,键盘可分为编码键盘和非编码键盘两大类。

编码键盘是用硬件电路来识别按键代码的键盘,当按下某一键后,相应电路即给出一组编码信息(如 ASCII 码),送到主机去进行识别和处理。编码键盘的响应速度快,但其以复杂的硬件结构为代价,并且其硬件的复杂程度随着键数的增加而增加。

非编码键盘用简单硬件和专门键盘处理程序来识别按键的位置、编码和传送。即当按下某键以后,并不给出相应的 ASCII 码,而是提供与按键对应的中间代码,然后再把中间代码转换成对应的 ASCII 码。非编码键盘的响应速度不如编码键盘快,但它通过软件编程可为键盘中某些键的重新定义提供更大的灵活性,因此得到广泛的应用。下面将给出两种非编码键盘的使用方法。

另外,按键在按下和松开时,一般都会经历短时间的抖动,之后才达到稳定接通或断开的状

态。抖动持续时间因键的质量不同而有所不同,通常为 5～20 ms。在识别按键和键释放时必须避开这一段不稳定的抖动状态,才能正确检测识别。去抖动的方法一般有两种:一种是软件延时,即发现有键按下或释放时,软件延时一段时间再检测;另一种是硬件消抖法,如用基本 RS 触发器、单稳电路、RC 滤波器等。

关于键盘结构、矩阵键盘按键识别方法、键盘工作方式及 PC 键盘请扫二维码。

键盘结构、矩阵键盘按键识别方法、键盘工作方式及 PC 键盘

6.3.2 案例实现——用 8255A 实现键盘接口

1. 实现过程

构造一个 4×4 键盘,利用 8255A 的 PC 口并结合程序识别按键,通过 PA 口所连接的数码管显示键值。

2. 电路原理图设计

利用 Proteus 对本案例进行仿真的连接图及程序清单请扫二维码。

利用 Proteus 对本案例进行仿真的连接图及程序清单

习 题

6.1 简述 8255A 的工作方式 0、方式 1、方式 2 的特点。

6.2 8255A 工作方式控制字的功能是什么?

6.3 8255A 工作在方式 1 输入/输出,$\overline{STB}$、$\overline{ACK}$ 信号的功能是什么?

6.4 8255A 工作在方式 1 输入,用查询方式与 CPU 交换信息,CPU 应查询 8255A 的什么信号?查询 $\overline{STB}$ 可以吗?为什么?

6.5 设 8255A 端口 A 工作在双向方式,允许输入中断,禁止输出中断,B 口工作在方式 0 输出,C 口剩余数据线全部输入,请进行初始化编程。设 8255A 端口地址为 60H、62H、64H、66H。

6.6 8255A 的 A 口与共阴极的 LED 显示器相连,若片选信号 $A_{10}～A_3=11000100$,问 8255A 的端口地址是多少?A 口应工作在什么方式?画出 8255A、74LS138、8086 CPU 微机总线接口示意图,写出 8255A 的初始化程序。

6.7 以一个 5×5 键开关矩阵为例,用 8255A 的 A、B 口对矩阵进行扫描,请:

① 画出硬件连接示意图;

② 根据你的设计,对 8255A 进行初始化编程;

③ 编一段程序实现一次完整的扫描。

第7章 可编程计数器/定时器 8253A

在工业控制系统与计算机系统中,常常需要有定时信号,以实现定时控制,因此定时器/计数器就显得非常重要。定时器与计数器两者的差别仅在于用途的不同。以时钟信号作为计数脉冲的计数器就称为定时器,其主要作用是产生不同标准的时钟信号或是不同频率的连续信号。而以外部事件产生的脉冲作为计数脉冲的计数器称为计数器,其主要作用是对外部事件发生的次数进行计量。

本章将介绍可编程计数器/定时器 Intel 8253A 接口芯片的内部结构、控制字、工作方式及应用。利用 Intel 8253A 接口芯片的定时功能,可进一步完善交通信号灯系统中的计时功能,实现精确计时。

7.1 Intel 8253A 简介

案例 7-1 8253A 对外部事件进行计数

要求利用 8086 CPU 外接可编程计数器 Intel 8253A,对外部事件进行计数。目的是掌握 8086 CPU 与 Intel 8253A 的连接方法、Intel 8253A 芯片引脚及控制程序的编写方法。

案例 7-2 8253A 定时控制 LED 闪烁

要求利用 8086 CPU 外接可编程计数器 Intel 8253A 实现定时功能。目的是掌握 8086 CPU 与 Intel 8253A 的连接方法、8253A 多个计数器串联的连接及程序控制方法。

7.1.1 基础知识

1. 概述

在微机控制及应用系统中常需要一些实时时钟以提供定时与延时控制、检测、中断、扫描等,或对外部事件进行计数。实现定时/延时控制主要有 3 种方法:软件定时、不可编程的硬件定时、可编程的硬件定时。

软件定时是指让计算机执行一个循环程序段,程序段本身没有具体的执行任务,通过改变循环次数就可以实现不同定时时间的软件定时。定时较准确,不需另加硬件,但占用了 CPU 时间,CPU 利用率低;对不同 CPU 的主机,同一个定时软件,定时时间不同,通用性差。

不可编程的硬件定时一般选用集成电路定时芯片,如定时器 555、单稳态触发器等,不占用 CPU 时间,定时电路简单。但一旦硬件电路参数确定后,定时时间不易改变。

可编程的硬件定时是指通过执行初始化程序(编程方法)来设定定时时间和计数控制,所以执行不同的初始化程序就很容易地改变定时或计数。可编程计数器/定时器 8253/8254 就是用软、硬件相结合的方法实现定时和计数控制的。

2. 计数器/定时器 8253A 的内部结构

8253A 是 Intel 公司生产的通用可编程计数器/定时器(Counter/Timer Circuit,CTC),采用

NMOS 工艺,由单一+5 V 电源供电,是 24 个引脚的双列直式芯片。其主要功能:

① 一个芯片有 3 个独立的 16 位减法计数器;

② 每个计数器都可按二进制或十进制减法计数;

③ 每个计数器的最高计数频率可达 2 MHz;

④ 每个计数器都有 6 种工作方式,可由程序设定;

⑤ 所有输入/输出均与 TTL 电平兼容。

图 7-1 所示为 8253A 内部结构框图。它由计数器、控制字寄存器、读/写控制逻辑和数据总线缓冲器等四部分组成。

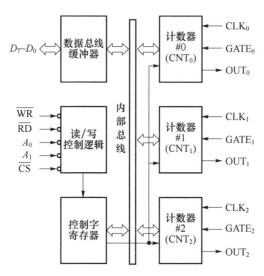

图 7-1　8253A 内部结构框图

(1) 3 个独立的 16 位计数器

8253A 有计数器 0、计数器 1 和计数器 2 这 3 个独立的计数通道。每个通道的内部结构完全相同。每个计数器都有两个输入信号:时钟信号 CLK 和门控信号 GATE。若 CLK 的频率由精确的时钟脉冲提供,则计数器是定时器;若 CLK 由外部事件提供输入脉冲,则就是计数器。门控信号 GATE 是用于控制计数器启/停工作的外部信号。每个计数器还有输出信号 OUT,可以用编程的方法来控制在计数/定时完成时,在此引脚输出所规定的波形信号。

计数器的计数初值在开始计数之前,由 CPU 执行输出指令来预置,在计数过程中,CPU 随时可用输入指令读取任一计数器的当前计数值,并不影响当前计数。

(2) 控制字寄存器

控制字寄存器用来保存由 CPU 送来的控制字。每个计数器都有一个控制字寄存器,用于保存本计数器的控制信息,如计数器的工作方式、计数制形式、输出波形及 CPU 如何装入计数器初值等。控制字寄存器只能写入而不能读出。

(3) 读/写控制逻辑

读/写控制逻辑接收由 CPU 送入的读($\overline{\text{RD}}$)与写($\overline{\text{WR}}$)信号、片选和地址信号($\overline{\text{CS}}$、A_0、A_1),选择相应寄存器,并确定数据传送方向是读出还是写入。数据由 8253A 传向 CPU 为读出;数据由 CPU 传向 8253A 为写入。

(4) 数据总线缓冲器

数据总线缓冲器是一个双向、三态 8 位缓冲器,用于将 8253A 与系统数据总线(如 $D_0 \sim D_7$)

相连。CPU用输入/输出指令对8253A进行的读写操作都是通过数据总线缓冲器进行信息传送的,包括:CPU向8253A写入工作方式控制字;CPU向计数寄存器写入计数初值;从8253A读出计数器初值或当前值送CPU。

3. 计数器/定时器8253A的引脚及其功能

图7-2是8253A外部引线图,其主要引脚的功能如下。

① $D_0 \sim D_7$:8位双向数据线。用来传送数据、控制字和计数器的计数初值。

② $\overline{CS}$:片选信号,输入,低电平有效。由系统高位I/O地址译码产生。当它有效时,此8253A芯片被选中。

③ $\overline{RD}$:读控制信号,输入,低电平有效。当它有效时表示CPU要对此8253A芯片进行读操作。

④ $\overline{WR}$:写控制信号,输入,低电平有效。当它有效时表示CPU要对此8253A芯片进行写操作。

⑤ A_0、A_1:地址信号线。高位地址信号经译码产生片选信号,决定了8253A芯片所具有的地址范围。而 A_0 和 A_1 地址信号则经片内译码产生4个有效地址,分别对应芯片内部3个独立的计数器和一个控制寄存器。具体规定如下:

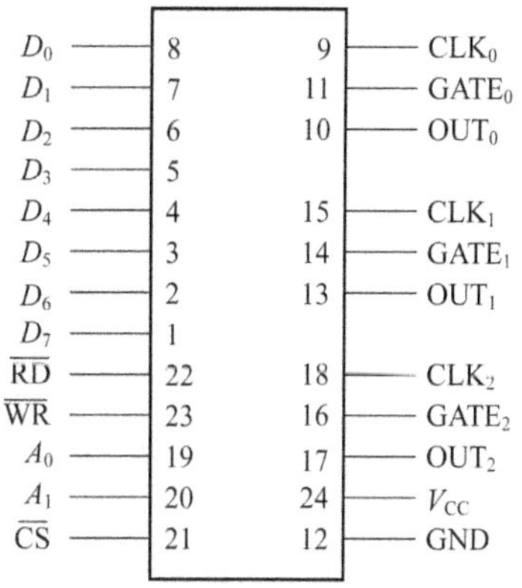

图7-2 8253A外部引线图

A_1	A_0	
0	0	选 择 计 数 器 0
0	1	选 择 计 数 器 1
1	0	选 择 计 数 器 2
1	1	选 择 控 制 寄 存 器

⑥ $CLK_0 \sim CLK_2$:各计数器的时钟信号输入端。计数器对此时钟信号进行计数。

⑦ $GATE_0 \sim GATE_2$:门控信号,用于控制计数的启动和停止。GATE=1时允许计数,GATE=0时停止计数。

⑧ $OUT_0 \sim OUT_2$:计数器输出信号。在不同的工作方式下将产生不同的输出波形。

4. 8253A 控制字/锁存字

(1) 8253A 的控制字格式

8253A的控制字格式如图7-3所示。各位的意义如下。

① D_7、D_6(SC_1、SC_0):计数器选择位,规定本控制字是哪个计数器。8253A 3个计数器的控制字寄存器占用一个I/O端口地址,由该两位来指明是哪个计数器的控制寄存器。

② D_5、D_4(RL_1、RL_0):计数长度选择位。

- 00——锁存命令。当计数器中控制字寄存器接收到此锁存命令信号时,会立即将16位减1计数器的内容锁存到输出锁存寄存器中。直到CPU读取锁存器内容,或重新写入控制字后,才会自动解除锁存状态。

- 01或10——只读/写计数器低8位或高8位。因计数寄存器是16位的,没有写入的高8位或低8位,默认自动置为00H。

- 11——读/写计数器低8位和高8位。

③ D_3、D_2、D_1(M_2、M_1、M_0):计数器工作方式选择位。8253A的每个计数器都有6种工作

方式。

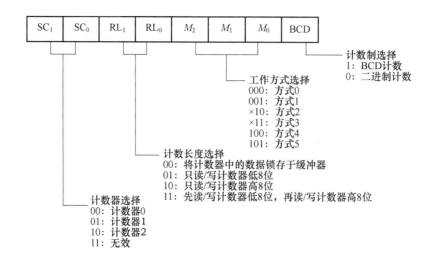

图 7-3　8253A 的控制字格式

④ D_0(BCD)：用户所使用的计数值是二进制数还是 BCD（十进制）数。因每个计数器的字长都是 16 位，所以采用二进制计数，则计数范围为 0000H～FFFFH，如果采用 BCD 计数，则计数范围为 0000～9999。由于是减 1 计数器，当计数初值为 0000 时，对应的是最大计数值（二进制计数时为 65536，十进制计数时为 10000）。

（2）8253A 的锁存字

为了了解 8253A 某计数器的计数状态，需读某计数器的计数值。有两种读计数值的方法。

① 直接读。8253A 计数工作时，输出锁存器的内容是跟随减 1 计数器的内容而变化的，故两者的值一样。当采用这种读操作时，先用门控信号 GATE 暂停计数或采用外部逻辑电路暂停时钟 CLK 输入，以暂停计数过程。计数器停止计数后，按控制字中 $D_5 D_4$ 位规定的读/写顺序，直接用一条或两条输入（IN）指令读出输出锁存器中的当前计数值。

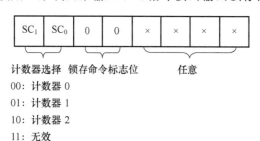

图 7-4　8253A 锁存命令字

② 锁存后读。该方法在计数过程中既读出计数值又不影响减 1 计数器的计数工作。首先 CPU 向要读的 8253A 计数器发一个锁存命令字，其格式如图 7-4 所示。它是控制字的特殊形式，最高两位 $D_7 D_6$ 指定要锁存的计数器 0、1、2；$D_5 D_4$＝00 为锁存命令标志位；而低 4 位 $D_3 \sim D_0$ 可以是任意值。当 8253A 计数器接收到此锁存命令后，输出锁存器中的计数值就被锁存，不再随减 1 计数器的变化而变化。故读数时先送锁存命令，然后再用输入（IN）指令读取锁存器的低 8 位和高 8 位计数值。

锁存命令不影响原已选定的工作方式，读操作也不影响计数过程，常用于经常需要读出计数值的计数过程，根据计数值再作判断，决定程序的走向。

例如，读出并检查计数器 2 的计数值是否为 1000H，若不是则等待再读；否则，程序继续执行。设各计数器和控制寄存器的地址为 COUNT＋0～COUNT＋3，程序段如下：

```
COUNT    EQV        040H                  ;设计数器 0 的符号地址为 040H
  ⋮
LPCN：   MOV        AL,10000100B          ;对计数器 2 送锁存命令,仅使 RL₁RL₀ = 00
         OUT        COUNT + 3,AL
         IN         AL,COUNT + 2          ;读计数器 2 当前计数值
         MOV        AH,AL                 ;低 8 位暂存 AH 中
         IN         AL,COUNT + 2          ;读高 8 位
         XCHG       AH,AL                 ;16 位计数值存 AX 中
         CMP        AX,1000H              ;计数值与 1000H 相比较
         JNE        LPCN                  ;若不相等则继续等待
```

（3）计数器的启动方法

8253A 计数器的计数过程启动有程序（软件）启动、硬件启动（外部触发启动）。

① 程序启动。首先在初始化程序时,CPU 向 8253A 送入控制字,当 CPU 再向 8253A 送入计数初值后就自动启动计数;CPU 写入初值后的第 1 个 CLK 信号将初值寄存器中的内容装入减 1 计数器中,从第二个 CLK 脉冲的下降沿再使减 1 计数器开始减 1 计数;以后,每来一个 CLK 脉冲,减 1 计数器减 1,直到减为零为止,计数过程结束。

从 CPU 执行输出指令写入计数初值到计数结束,实际的 CLK 脉冲个数比编程写入的计数初值 N 要多一个,即 $N+1$ 个。只要是用软件启动计数,这种误差是不可避免的。

② 硬件启动。硬件启动是指写入计数初值后并不自动启动计数,而是在外加在门控信号 GATE 端的信号由低电平变高电平,再经 CLK 信号的上升沿采样之后在该 CLK 的下降沿时才开始计数;由于 GATE 信号与 CLK 信号不一定同步,故在极端情况下,从 GATE 变高到 CLK 采样之间的延时可能会经历一个 CLK 脉冲宽度,因此在计数初值与实际的 CLK 脉冲个数之间也会有一个误差。

8253A 有 6 种工作方式,有些工作方式计数器每启动一次只计数一次（即从初值减到零）,要想重复计数过程则必须重新启动,因此称它们为不自动重复计数方式;另一些工作方式一旦计数启动,只要门控信号 GATE 保持高电平,计数过程就会自动周而复始地重复下去,这时 OUT 端可以产生连续波形输出,称这种计数过程为自动重复计数方式。

5. 8253A 的工作方式

8253A 各计数器共有 6 种工作方式可供选择。用户可根据所需输出波形、启动方式及 GATE 门控信号的应用方法来选择不同的工作方式。下面分别进行介绍。

（1）方式 0——计数结束产生中断

方式 0 为软件启动、不自动重复计数的方式。图 7-5 所示为 8253A 方式 0 的输出波形。

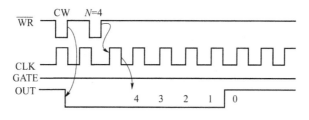

图 7-5　8253A 方式 0 的输出波形

在这种方式下,若 GATE 始终保持高电平,CPU 先用 OUT 指令对 8253A 写入工作方式控制字,执行 OUT 指令时会产生有效 $\overline{WR}$ 脉冲信号,利用 $\overline{WR}$ 的上升沿使得输出端由高电平变为低电平;然后,CPU 又用 OUT 指令对 8253A 送入计数初值,经过一个 CLK 信号的上升沿和下降沿将初值装入减 1 计数器。以后每一个 CLK 下降沿都进行减 1 计数。当计数结束后,输出端变为高电平。用户利用输出端信号的上升沿作为 CPU 计数/定时到的中断请求信号。

另外,在实际系统中可以先对 8253A 送入方式控制字,并不随后送入计数初值,可以在程序段需要时再对 8253A 送入计数初值,达到用软件方法控制启动计数时刻的目的。

在计数期间 GATE 变低电平,则会暂停计数,直到 GATE 恢复到高电平以后,才会继续减 1 计数。故用户可以用 GATE 端作为外加的计数启/停控制端,图 7-6 是方式 0 有 GATE 信号作用时的波形图。

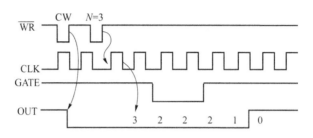

图 7-6 方式 0 有 GATE 信号作用时的波形图

在计数期间,如果又重新写入新计数初值,则不管原来计数过程是否结束,计数器也用新计数初值重新计数。如果新计数初值是 16 位的,则在写入其低位字节后,停止原来的计数,只有当写入高位字节后,计数器才开始按新计数值重新计数。

不自动重复计数的特点:每写入一次计数初值只计数一个周期。若要重新计数,需 CPU 再次写入计数初值。

(2) 方式 1——可重复触发的单稳态触发器

方式 1 是一种硬件启动、不自动重复的工作方式。当写入方式 1 控制字后,OUT 端输出高电平。在 CPU 写入计数初值后,计数器并不开始计数,而是要等门控信号 GATE 由低到高跳变(触发)后,在下一个 CLK 脉冲的下降沿再将计数初值装入减 1 计数器,此时 OUT 端立刻变为低电平,在下一个 CLK 开始减 1 计数。当计数结束时,OUT 端输出高电平。这样就可以从 OUT 端得到一个负脉冲,其宽度为计数初值 N 乘以 CLK 的周期。其工作波形如图 7-7 所示。将 OUT 端输出的负脉冲波形作为请求或控制信号。方式 1 的主要特点如下。

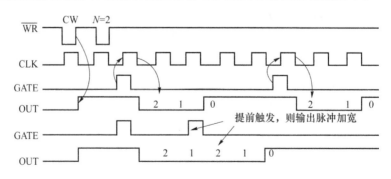

图 7-7 方式 1 的工作波形

① 计数过程一旦启动,GATE 端即使变低也不会影响计数。

② 可重复触发。当计数到 0 后,只要给出一个 GATE 由低到高的跳变,则又可将原初值重新装入减 1 计数器进行计数,即可产生一个同样宽度的负脉冲。在计数过程中,GATE 信号变低也不影响计数工作。

③ 在计数过程中,若写入新计数初值,现行计数过程的输出不受影响。本次计数结束后,GATE 信号再次从低变到高(触发),计数器才开始按新初值进行计数,并在 OUT 端按新值输出负脉冲宽度。

④ 在计数过程中,外部的 GATE 上升沿提前到来,则在下一个 CLK 脉冲的上升沿重装计数初值,在该 CLK 的下降沿重新开始减 1 计数,直到计数结束,OUT 端才变高电平。这时宽度为重新触发前的已有宽度与新一轮计数过程的宽度之和。

(3) 方式 2——频率发生器

方式 2 既可以用软件启动,也可以用硬件启动,并自动重复计数,其工作波形如图 7-8 所示。在写入方式 2 控制字后,OUT 端变为高电平。然后 CPU 将初值写入计数寄存器,由下一个 CLK 脉冲将计数寄存器的值装入减 1 计数器,开始减 1 计数。当减 1 计数器的值减至 1 时,OUT 端由高电平变低电平,再经过一个 CLK 周期,计数器减到零,OUT 端又恢复为高电平,OUT 端低电平的宽度为一个 CLK 周期。计数器又自动装入计数初值到减 1 计数器,并开始新一轮的计数过程。这样,在 OUT 端就会连续输出宽度为 T_{CLK} 的负脉冲,其周期为 NT_{CLK},即 OUT 端输出的脉冲频率为 CLK 的 $1/N$。所以方式 2 也称为分频器,分频系数就是计数初值 N。由于减 1 计数器为 16 位的,可以利用装入不同的初值对 CLK 输入时钟脉冲进行 1~65 536 分频。

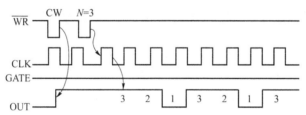

图 7-8　方式 2 的工作波形

在方式 2 中,门控信号 GATE 可被用作控制信号。当 GATE 为低电平时,计数暂停,强迫 OUT 端输出高电平。在 GATE 变高后的下一个 CLK 时钟下降沿,计数器又自动装入初值从头开始计数,之后的过程和软件启动相同。此特点可用于实现计数器的硬件同步。

在计数过程中,若 CPU 重新写入新的计数初值,则不影响当前的计数过程,而在下一轮计数过程中,才按新的计数初值进行计数。

(4) 方式 3——方波发生器

方式 3 既可以用软件启动,也可以用硬件启动,并能够自动重复计数。在计数过程中,其 OUT 端前一半时间输出为高电平,后一半时间输出为低电平,再计数到 0 时 OUT 端又变为高电平,并开始新一轮计数。此时 OUT 端输出的是方波信号,其输出周期是初值 N 乘上 CLK 脉冲周期,即 NT_{CLK}。这种工作方式常用作方波频率发生器或波特率发生器。方式 3 的工作波形如图 7-9 所示。

在图 7-9 中,写入方式 3 的控制字后,OUT 端立刻变为高电平。若此时 GATE=1,则装入计数初值 N 后开始计数。如果装入的计数值 N 为偶数,则计数到 $N/2$ 时,OUT 端变为低电平。

计完其余的 $N/2$ 后,OUT 端又变为高电平。如此这般重复下去,OUT 端输出周期为 NT_{CLK} 的对称方波。如果装入的计数值 N 为奇数,输出波形不对称,其中$(N+1)/2$ 个时钟周期为高电平,$(N-1)/2$ 个时钟周期为低电平。

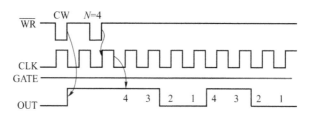

图 7-9   方式 3 的工作波形

GATE＝1,允许计数;GATE＝0,停止计数。如果在 OUT 端低电平期间,使 GATE＝0,则 OUT 端马上变高电平,停止计数。当 GATE 端变高电平以后,将会重装初值,重新开始新的计数。

在计数的前半周期内,CPU 若写入新计数初值,并不影响当前的计数过程,只有前半周期结束后才启用新的计数初值,开始新计数值计数。如果在前半周期写入计数初值后,GATE 由低电平变高电平的启动触发信号,则计数器会立即以新计数初值开始计数。

（5）方式 4——软件触发选通方式

方式 4 是软件启动、不自动重复计数方式,由 CPU 写入计数初值来启动计数工作方式,其工作波形如图 7-10 所示。当 CPU 送入控制字后,OUT 端就输出高电平。若 GATE＝1,则写入计数初值后计数器立即开始计数。当计数到 0 后计数结束,OUT 端输出一个 CLK 周期宽的负脉冲。只有当 CPU 再写入计数初值时,才会启动另一次计数过程。方式 4 只有当 GATE＝1 时,进行计数;当 GATE＝0 时,则禁止计数。

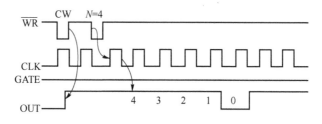

图 7-10   方式 4 的工作波形

如果在计数过程中装入新的计数初值,则计数器从下一时钟周期开始就按新的计数值重新开始计数。请注意方式 4 与方式 2 下 OUT 端输出波形的不同。

（6）方式 5——硬件触发选通方式

方式 5 为硬件启动、不自动重复计数。CPU 写入控制字后,OUT 端输出变为高电平。CPU 再写入计数初值,8253A 不启动计数器工作。当门控信号 GATE 端出现一个上升沿跳变(触发)时启动计数。计数结束时,OUT 端输出一个宽度为 T_{CLK} 时钟周期的负脉冲,减 1 计数器为零。之后,OUT 端又变高电平且一直保持到下一次计数结束。方式 5 的工作波形如图 7-11 所示。

在计数过程中,GATE 变低电平不影响计数过程。但是如果 GATE 又产生一个上升沿的跳变,则不论当前计数是否完成,又会给减 1 计数器重新装入初值,开始新一轮计数。

在计数过程中,CPU 又写入新的计数初值,则新计数值只写入计数初值寄存器中,不影响当前计数,只在 GATE 产生一个上升沿的跳变后才按新计数值计数。

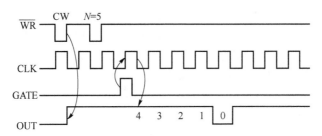

图 7-11 方式 5 的工作波形

表 7-1 总结了 8253A 6 种工作方式的主要特点,供读者比较。

表 7-1 8253A 6 种工作方式的主要特点

工作方式	启动计数	中止计数	自动重复	更新初值	输出波形
0	软件,GATE 高电平	GATE=0 或 GATE=1→0	否	立即有效	延时时间可变的上升沿
1	硬件,GATE↑	—	否	下一轮有效	宽度为 NT_{CLK} 的单一负脉冲
2	软/硬件,GATE↑	GATE=0 或 GATE=1→0	是	下一轮有效	周期为 NT_{CLK},宽度为 T_{CLK} 的连续负脉冲
3	软/硬件,GATE↑	GATE=0 或 GATE=1→0	是	下半轮有效	周期为 NT_{CLK} 的连续方波
4	软件,GATE 高	GATE=0 或 GATE=1→0	否	立即有效	宽度为 T_{CLK} 的单一负脉冲
5	硬件,GATE↑	—	否	下一轮有效	宽度为 T_{CLK} 的单一负脉冲

注:表中 GATE↑表示该信号上升沿有效。

6. 8253A 的寻址及连接

8253A 共占用 4 个 I/O 端口地址,由片内地址 A_1、A_0 和 $\overline{CS}$ 来确定,同时与控制信号 $\overline{RD}$、$\overline{WR}$ 相配合,实现 CPU 对 8253A 各计数器的读写操作。8253A 各端口地址的分配与操作功能如表 7-2 所示。

表 7-2 8253A 各端口地址的分配及操作功能

$\overline{CS}$	A_1	A_0	$\overline{WR}$	$\overline{RD}$	操作功能	
0	0	0	0	1	选中计数器 0#	写计数器 0 的计数初值
			1	0		读计数器 0 的当前计数值
0	0	1	0	1	选中计数器 1#	写计数器 1 的计数初值
			1	0		读计数器 0 的当前计数值
0	1	0	0	1	选中计数器 2#	写计数器 2 的计数初值
			1	0		读计数器 2 的当前计数值
0	1	1	0	1	选中控制寄存器	写控制寄存器,由控制字格式中 SC_1、SC_0 位确定写入哪个计数器
0	1	1	1	0	选中控制寄存器	无效

由表 7-2 可知对 8253A 任一计数器均可通过各自的端口地址进行读/写操作,对控制寄存器根据其端口地址可写入控制字。在向某一计数器写入计数初值时,应按控制字中 RL_1、RL_0 的编

码规定。当编码为 01 或 10 时,可只写入计数初值的低 8 位或高 8 位,另一字节 8253A 默认为 0;当编码为 11 时,必须先写入低字节再写入高字节。若此时只写入了一字节,就去写其他计数器或控制字,则写入的字节将被解释为计数初值的高字节,从而发生错误。

通过读操作可对 8253A 各计数器读出其当前计数值。有两种读出方法:直接读和锁存后读。请参见前文"8253A 控制字/锁存字"内容的介绍。

可编程计数器/定时器 8253A 可直接连接到系统总线上。图 7-12 所示是 8253A 与 8088 系统总线连接的例子。图中系统地址总线 $A_{15} \sim A_2$ 经译码电路(由 74LS138 及与非门、或门构成)产生片选信号,选中 8253A,8253A 各计数器和控制寄存器分别占用 FF04H~FF07H 4 个端口地址。

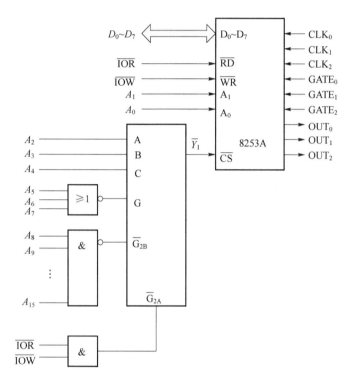

图 7-12　8253A 与 8088 系统总线连接的例子

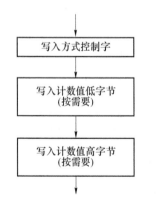

图 7-13　一个计数器初始化的顺序

7. 8253A 的初始化及应用

8253A 计数器/定时器有多种功能,在系统中使用 8253A 之前必须进行功能的初始化编程。初始化程序通常要放在加电复位后或用户程序的开始处。初始化有两种方法。

① 以计数器为单位逐个进行初始化。对某个计数器先写入方式控制字,再写入计数初值的一字节或高低两字节。用同样的顺序初始化下一个计数器,直至要初始化的计数器全部初始化完为止。先初始化哪个计数器可以任选,但对某个计数器的初始化必须按照图 7-13 所示的顺序进行。

② 先写各计数器的控制字,再写各计数器的计数初值。其初始化顺序如图 7-14 所示。对某个计数器先写控制字再

写计数值,这一顺序不能错。但在写控制字或计数值时,先写哪个计数器则可以任选。

例 7-1　计数器 0 工作于方式 3,计数初值为 3412H,按 BCD 码计数;计数器 2 工作于方式 2,计数初值为 67H,按二进制计数。设 8253A 的端口地址为 40H ～ 43H。请编写其初始化程序。

解:按第一种方法初始化的程序段。

```
MOV   AL,00110111B      ;写计数器 0#方式字
OUT   43H,AL
MOV   AX, 3412H         ;写计数器 0#初值
OUT   40H,AL            ;先写低 8 位
MOV   AL,AH             ;再写高 8 位
OUT   40H AL
MOV   AL,10010100B      ;写计数器 2#方式字
OUT   43H AL
MOV   AL,67H            ;写计数器 2#初值
OUT   42H,AL
```

按第二种方法初始化的程序段。

```
MOV   AL,00110111B      ;写计数器 0#方式字
OUT   43H,AL
MOV   AL,10010100B      ;写计数器 2#方式字
OUT   43H AL
MOV   AX, 3412H         ;写计数器 0#初值
OUT   40H,AL            ;先写低 8 位
MOV   AL,AH             ;再写高 8 位
OUT   40H AL
MOV   AL,67H            ;写计数器 2#初值
OUT   42H,AL
```

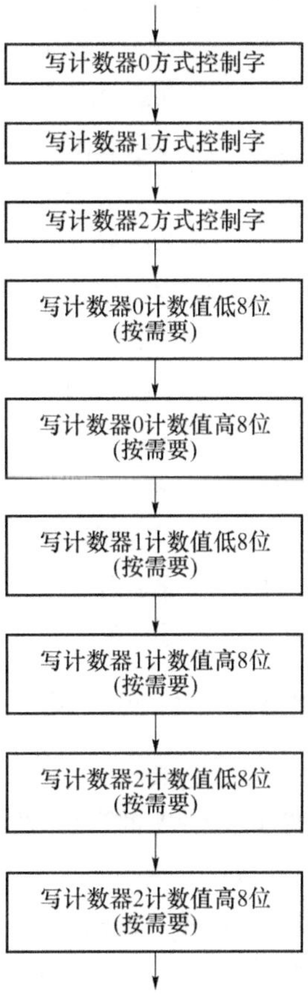

图 7-14　另一种初始化的顺序

例 7-2　设 8253A 的端口地址分别为 304H～307H。计数器 0 工作在方式 0,按二进制计数,计数初值为 2A3BH;计数器 1 工作在方式 1,按二进制计数,计数初值为 4CH;计数器 2 工作在方式 3,作为方波发生器,要求输出 40 kHz 方波。已知 CLK₂ 时钟的输入信号频率为 2 MHz。请编写完成上述功能的初始化程序。

解:计数器 0#、1#、2# 的初始化程序段如下。

```
MOV   DX,0307H               ;写控制字
MOV   AL,00110000B           ;计数器 0#,方式 0,16 位二进制计数
OUT   DX,AL
MOV   DX,0304H               ;写计数器 0#的计数初值
MOV   AL,3BH                 ;先写低 8 位
OUT   DX,AL
MOV   AL,2AH                 ;再写高 8 位
OUT   DX,AL
```

;计数器1♯初始化的程序段如下：

```
MOV        DX,0307H                    ;写计数器1♯控制字
MOV        AL,01010010B                ;方式1,8位二进制计数
OUT        DX,AL
MOV        AL,4CH                      ;写计数初值
MOV        DX,0305H
OUT        DX,AL
```

;计数器2♯初始化的程序段,产生40 kHz方波,初值=2 MHz/40 kHz=50=32H

```
MOV        DX,0307H                    ;写计数器2♯控制字
MOV        AL,10110110B
OUT        DX,AL
MOV        AL,32H                      ;写计数初值低8位
MOV        DX,0306H
MOV        AL,00H                      ;写计数初值高8位
OUT        DX,AL
```

7.1.2 案例实现——8253A 对外部事件进行计数

1. 实现过程

设定8253A的计数器工作方式及计数初值,外部电路每产生一个脉冲,计数器进行减1计数,当计数结果为0时发光二极管点亮,以示计数结束。

2. 电路原理图的设计

利用Proteus对本案例进行仿真的效果图如图7-15所示。该仿真电路采用74LS373作为地址锁存器来保存端口地址,对于8253A的片选信号$\overline{CS}$直接接地使其处于有效状态。在程序中设定计数器0的工作方式为0,并设定计数初值为5。利用计数器0对脉冲电路所产生的信号进行减1计数,当计数结果减为0时,在输出端OUT₀产生高电平,经过反相器使得二极管发光,以示计数结束。该案例中所使用的程序代码如下。

```
A8253 EQU 20H
B8253 EQU 22H
C8253 EQU 24H
CON8253 EQU 26H
CODE SEGMENT 'code'
    ASSUME CS:CODE
    START:
    MOV AL,10H          ;控制字为00010000B,通道0,只送低8位,方式0,二进制计数
    OUT CON8253,AL      ;送控制端口
    MOV AL,5            ;准备初值
    OUT A8253,AL        ;通道0,低8位
    JMP $
CODE    ENDS
    END START
```

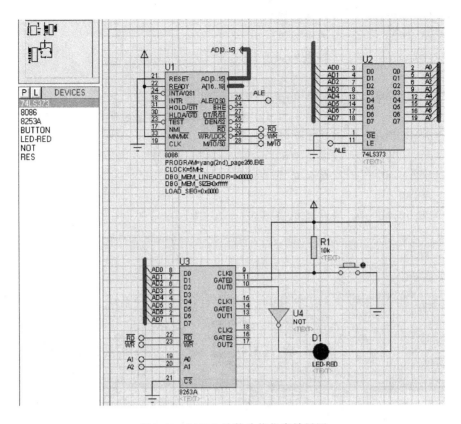

图 7-15 8253A 计数功能仿真效果图

7.1.3 案例实现——8253A 定时控制 LED 闪烁

1. 实现过程

设定 8253A 的计数器工作方式及计数初值,外部 CLK 信号输入一个计数器,其输出作为另外一个计数器的输入,在后者的输出端产生所需要的定时信号。

2. 电路原理图设计

利用 Proteus 对本案例进行仿真的效果图如图 7-16 所示。该仿真电路采用 74LS373 作为地址锁存器来保存端口地址,对于 8253A 的片选信号$\overline{CS}$直接接地使其处于有效状态。在给定 1 MHz 信号的情况下,要使得 LED 灯闪烁的周期为 1 s,则所需要的计数初值为 1 000 000。由于计数初值超出了单个计数器的最大计数范围,所以需要采用两个计数器串联的方式来完成。分别设定计数器 0 和计数器 1 的工作方式为方式 3,计数初值均为 1000,则可从计数器的输出端产生周期为 1 s 的方波,从而控制 LED 的闪烁。该案例中所使用的程序代码如下。

```
A8253 EQU 20H
B8253 EQU 22H
C8253 EQU 24H
CON8253 EQU 26H
CODE SEGMENT 'code'
    ASSUME CS:CODE
    START:
    MOV AL,36H          ;控制字为 00110110B,通道 0,先低后高,方式 3,二进制计数
```

```
        OUT CON8253,AL     ;送控制端口
        MOV AX,1000        ;准备初值
        OUT A8253,AL       ;通道0,低8位
        MOV AL,AH
        OUT A8253,AL       ;通道0,高8位
        MOV AL,76H         ;控制字为01110110B,通道0,先低后高,方式3,二进制计数
        OUT CON8253,AL     ;送控制端口
        MOV AX,1000        ;准备初值
        OUT B8253,AL       ;通道0,低8位
        MOV AL,AH
        OUT B8253,AL       ;通道0,高8位
        JMP $
CODE    ENDS
        END START
```

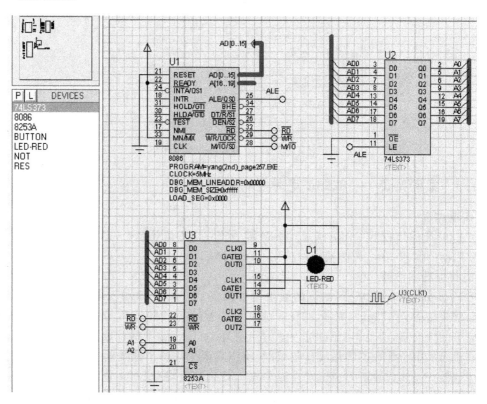

图 7-16 8253A 定时功能仿真效果图

7.2 项 目 实 现

1. 概述

在使用并行接口芯片 8255A 的基础上,利用 8253A 的定时功能,完成交通信号灯项目中时间的精确定时,代替之前项目实现过程中使用软件延时实现的不精确定时。

2. 电路原理图设计

利用 Proteus 对本案例进行仿真的效果图如图 7-17 所示。通过 74LS138 分别产生 8255A 和 8253A 的片选信号,在 8253A 中利用计数器 0 和计数器 1 的串联,在 1 MHz 的时钟信号输入下,在 OUT 端每秒都产生信号的变化。在 8255A 的 PC₇ 口不断地检测 OUT 端信号的变化,一旦达到 1 s 则产生计数变化。PC₀ 口用于控制 A 道或 B 道的数码管的显示,以便在 A 道或 B 道上的数码管最多只有一个在显示。该项目中所使用的程序代码如下。

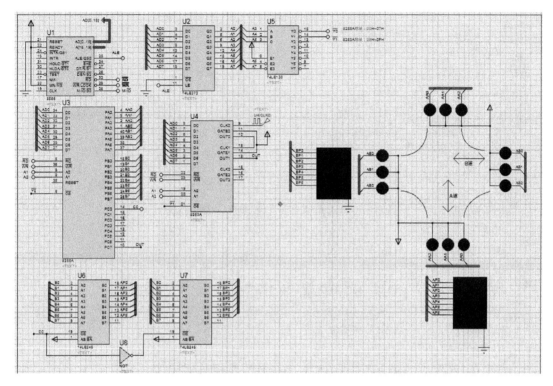

图 7-17　利用 8253A 精确定时功能的交通信号灯系统

```
CODE SEGMENT 'CODE'
    ASSUME CS:CODE,DS:DATAS
START:
    MOV AX,DATAS
    MOV DS,AX
    ;8255A 的初始化
    MOV AL,88H      ;控制字为 10001000B,方式 0,A 口输出,C 口高 4 位输入,B 口输出,C
                      口低 4 位输出
    MOV DX,CT_PORT
    OUT DX,AL       ;送控制端口
    ;8253A 计数器 0 的初始化
    MOV AL,36H      ;控制字为 00110110B,计数器 0,方式 3,二进制计数
    MOV DX,CT1_PORT
    OUT DX,AL       ;送控制端口
    ;8253A 计数器 1 的初始化
```

```
        MOV AL,70H          ;控制字为01110000B,计数器1,方式0,二进制计数
        MOV DX,CT1_PORT
        OUT DX,AL           ;送控制端口
        ;**************************************************
        ;A道绿灯放行,B道红灯禁行,默认是A道,即AB_FLAG=0
LP：    MOV AL,0F3H         ;11110011B,A道(PA₂)绿灯亮,B道(PA₃)红灯亮
        MOV DX,A_PORT
        OUT DX,AL           ;从A口输出
        MOV CX,15
DP1:    CALL DELAY
        LOOP DP1
        ;A道绿灯闪烁,B道红灯禁行
        MOV AL,0F7H         ;11110111B,A道(PA₂)绿灯灭,B道(PA₃)红灯亮
        MOV DX,A_PORT
        OUT DX,AL           ;从A口输出
        CALL DELAY
        MOV AL,0F3H         ;11110011B,A道(PA₂)绿灯亮,B道(PA₃)红灯亮
        MOV DX,A_PORT
        OUT DX,AL           ;从A口输出
        CALL DELAY
        MOV AL,0F7H         ;11110111B,A道(PA₂)绿灯灭,B道(PA₃)红灯亮
        MOV DX,A_PORT
        OUT DX,AL           ;从A口输出
        CALL DELAY
        MOV AL,0F3H         ;11110011B,A道(PA₂)绿灯亮,B道(PA₃)红灯亮
        MOV DX,A_PORT
        OUT DX,AL           ;从A口输出
        CALL DELAY
        MOV AL,0F7H         ;11110111B,A道(PA₂)绿灯灭,B道(PA₃)红灯亮
        MOV DX,A_PORT
        OUT DX,AL           ;从A口输出
        CALL DELAY
        MOV AL,0F3H         ;11110011B,A道(PA₂)绿灯亮,B道(PA₃)红灯亮
        MOV DX,A_PORT
        OUT DX,AL           ;从A口输出
        CALL DELAY
        MOV AL,0F7H         ;11110111B,A道(PA₂)绿灯灭,B道(PA₃)红灯亮
        MOV DX,A_PORT
        OUT DX,AL           ;从A口输出
        CALL DELAY

        ;A道黄灯亮,B道红灯禁行
        MOV AL,0F5H         ;11110101B,A道(PA₁)黄灯亮,B道(PA₃)红灯亮
```

```
       MOV DX,A_PORT
       OUT DX,AL          ;从 A 口输出

       ;延时 3 s
       MOV CX,3
DP2:CALL DELAY
       LOOP DP2

       ;A 道红灯亮,B 道红灯禁行
       MOV AL,0F6H        ;11110110B,A 道(PA₀)红灯亮,B 道(PA₃)红灯亮
       MOV DX,A_PORT
       OUT DX,AL          ;从 A 口输出

       ;延时 3 s
       MOV CX,3
DP3:CALL DELAY
       LOOP DP3

       ;A 道红灯禁行,B 道绿灯放行。修改标志为 B 道
       MOV AL,AB_FLAG
       INC AL
       MOV AB_FLAG,AL

       MOV AL,0DEH        ;11011110B,A 道(PA₀)红灯亮,B 道(PA₅)绿灯亮
       MOV DX,A_PORT
       OUT DX,AL          ;从 A 口输出

       ;延时 10 s
       MOV CX,10
DP4:CALL DELAY
       LOOP DP4

       ;A 道红灯禁行,B 道绿灯闪烁
       MOV AL,0FEH        ;11111110B,A 道(PA₀)红灯亮,B 道(PA₅)绿灯灭
       MOV DX,A_PORT
       OUT DX,AL          ;从 A 口输出
       CALL DELAY
       MOV AL,0DEH        ;11011110B,A 道(PA₀)红灯亮,B 道(PA₅)绿灯亮
       MOV DX,A_PORT
       OUT DX,AL          ;从 A 口输出
       CALL DELAY
       MOV AL,0FEH        ;11111110B,A 道(PA₀)红灯亮,B 道(PA₅)绿灯灭
       MOV DX,A_PORT
       OUT DX,AL          ;从 A 口输出
       CALL DELAY
       MOV AL,0DEH        ;11011110B,A 道(PA₀)红灯亮,B 道(PA₅)绿灯亮
```

```
        MOV DX,A_PORT
        OUT DX,AL           ;从A口输出
        CALL DELAY
        MOV AL,0FEH         ;11111110B,A道(PA0)红灯亮,B道(PA5)绿灯灭
        MOV DX,A_PORT
        OUT DX,AL           ;从A口输出
        CALL DELAY
        MOV AL,0DEH         ;11011110B,A道(PA0)红灯亮,B道(PA5)绿灯亮
        MOV DX,A_PORT
        OUT DX,AL           ;从A口输出
        CALL DELAY
        MOV AL,0FEH         ;1111 1110B,A道(PA0)红灯亮,B道(PA5)绿灯灭
        MOV DX,A_PORT
        OUT DX,AL           ;从A口输出
        CALL DELAY

        ;A道红灯禁行,B道黄灯亮
        MOV AL,0EEH         ;11101110B,A道(PA0)红灯亮,B道(PA4)黄灯亮
        MOV DX,A_PORT
        OUT DX,AL           ;从A口输出
        ;延时3s
        MOV CX,3
DP5:    CALL DELAY
        LOOP DP5

        ;A道红灯亮,B道红灯禁行
        MOV AL,0F6H         ;11110110B,A道(PA0)红灯亮,B道(PA3)红灯亮
        MOV DX,A_PORT
        OUT DX,AL           ;从A口输出

        ;延时3s
        MOV CX,3
DP6:    CALL DELAY
        LOOP DP6
        ;修改标志为A道
        MOV AL,AB_FLAG
        DEC AL
        MOV AB_FLAG,AL

        JMP LP
        ;****************************************************
        ;1s精确延时
DELAY PROC
        MOV AL,AB_FLAG
```

```
        CMP AL,0
        JZ APATH
        ;设置 PC。为高
        MOV AL,1
        OUT C_PORT,AL
        JMP SEC_DIS
APATH：
        ;设置 PC。为低
        MOV AL,0
        OUT C_PORT,AL
SEC_DIS：
        ;保存剩余秒数
        MOV BX,CX
        ;从 PB 口输出剩余秒数到 LED
        LEA SI,TAB
        ADD BX,SI
        MOV AL,[BX]
        OUT B_PORT,AL

        ;设置计数器 0 的初值
        MOV AX,1000
        OUT A1_PORT,AL
        MOV AL,AH
        OUT A1_PORT,AL

        ;设置计数器 1 的初值
        MOV AX,1000
        OUT B1_PORT,AL
        MOV AL,AH
        OUT B1_PORT,AL

        ;判断计数时间是否达到 1 s
N：      IN AL,C_PORT
        AND AL,80H
        CMP AL,80H
        JNZ N
        RET
DELAY ENDP
        JMP $
CODE ENDS

DATAS SEGMENT
```

```
;七段码
TAB DB 3FH,06H,5BH,4FH,66H,6DH,7DH,07H,7FH,67H,77H,7CH,39H,5EH,79H,71H
AB_FLAG DB 0                ;"0"表示 A 道,"1"表示 B 道
;8255A 的端口地址
A_PORT EQU 00H
B_PORT EQU 02H
C_PORT EQU 04H
CT_PORT EQU 06H

;8253A 的端口地址
A1_PORT EQU 08H
B1_PORT EQU 0AH
C1_PORT EQU 0CH
CT1_PORT EQU   0EH
DATAS ENDS
END START
```

7.3　扩　充　知　识

IBM- PC 上 8253A 的使用及编程例子请扫二维码。

习　题

7.1　8253A 的功能是什么？请举几个应用 8253A 芯片的例子。

7.2　8253A 有几个独立的计数器？各有几种工作方式？各种工作方式的名称是什么？

IBM- PC 上 8253A 的
使用及编程例子

7.3　若 8253A 的端口地址是 26C0H,请画出它和 PC 总线连接的电路示意图。

7.4　8253A 中计数器 2 的输入、输出是什么？假设计数器 8253A 工作在方式 4 下,其装入初值为 200H,问选通脉冲输出时有多长的时间延迟？

7.5　若写入的计数初值相同,8253A 方式 0 和方式 1 的不同之处是什么？

7.6　8253A 计数器工作在哪些方式时,是 GATE 的上升沿启动计数？

7.7　设 8253A 3 个计数器的端口地址为 200H、201H、202H,控制寄存器的端口地址为 203H。试编写程序段,读出计数器 2 的内容,并把读出的数据装入寄存器 AX。

7.8　设 8253A 3 个计数器的端口地址为 40H、41H、42H,控制寄存器的端口地址为 43H。输入时钟为 2 MHz,使计数器 1 周期性地发出脉冲,其脉冲周期为 1 ms,试编写初始化程序段。

7.9　设 8253A 计数器的时钟输入频率为 1.91 MHz,为产生 25 kHz 的方波输出信号,应向计数器装入的计数初值为多少？

7.10　结合本章的案例,修改相应的电路图和源代码,实现同时在两个路口的数码管上显示剩余的秒数。

7.11　在上一题的基础上,修改相应的电路图和源代码,将剩余秒数用两位数码管显示。

第 8 章　中断技术及 8259A

案例 8-1　利用中断检测开关状态

用 8086 CPU 控制 8259A 可编程中断控制器,通过开关向 8259A 发送中断请求,在中断服务程序中将开关的状态反映到对应的指示灯上。

案例 8-2　两个中断控制 LED 流水灯左、右循环

8259A 的两个中断请求线 IR_0 与 IR_7 分别与两个开关相连,编程实现当按下其中一个开关时,向左循环点亮下一个 LED 指示灯;当按下另一个开关时,向右循环点亮下一个 LED 指示灯。

8.1　中断技术及 8259A 简介

中断技术是微处理器与外部设备交换信息的一种方式,是现代计算机系统中非常重要的功能,广泛应用于计算机故障检测与处理、实时信息处理、多道程序分时操作及人机交互等。利用中断技术,不仅能够实现 CPU 与外部设备并行工作,而且可以及时处理系统内部和外部的随机事件,提高计算机的工作效率。

中断系统是完成中断功能的软件及硬件电路的总称,它可以使计算机实现如下操作。

① 故障检测和自动处理。计算机系统出现故障或程序执行错误都是随机事件,事先无法预料,如电源掉电、存储器出错、运算溢出等。

② 实时信息处理。在实时信息系统中,用中断技术可以对采集的信息进行实时处理。

③ 分时处理。现代操作系统具有多任务处理功能,使同一个微处理器可以同时运行多道程序,通过中断方式,CPU 按时间片分配给每个程序,实现多任务之间的分时处理。

④ 并行工作。在快速的 CPU 与慢速的外部设备间传送数据时,采用中断方式实现 CPU 与外部设备之间的并行操作。当外部设备需要输入/输出操作时向 CPU 请求中断,CPU 在中断处理程序中完成外设的请求操作后,便返回原程序继续执行下去。同时,外部设备处理接收到的输入/输出数据,如键盘字符的输入操作、打印机的字符输出操作等。

8.1.1　中断的基本概念

1. 中断及中断源

(1) 中断

中断是指 CPU 在执行程序过程中,由于外部或内部随机事件,导致 CPU 暂时停止正在执行的程序而转去执行一个用于处理该事件的程序——称为中断处理程序,待处理结束后,又返回被中止的程序断点继续执行。相对被中断的原程序来说,中断处理程序是临时嵌入的一段程序,所以,将被中断的原程序称为主程序,而将中断处理程序称为中断子程序(或中断服务程序)。主程序被中止的地方称为断点,也就是下一条指令所在内存的地址。中断服务程序的入口地址存放在内存的一个固定区域。

中断示意图如图 8-1 所示,可见 CPU 响应中断而导致了程序的转移过程,能实现这一中断处理过程的技术,就称为中断技术。

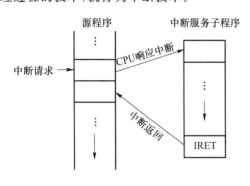

图 8-1　中断示意图

事实上,在日常生活中,"中断"也是很常见的。例如,当你看书时,突然电话铃响了,这时你必须对这个事件做出反应,暂时停止看书并对当前正看的书页做出记号,然后接听电话,该事件处理完后,再回到原来中断的地方接着看书。

（2）中断源及其分类

能够引起计算机中断的事件称为中断源。中断可以是硬件或软件产生的,按照与 CPU 的位置关系,中断源可分为两大类:一类来自 CPU 内部,称为内部中断源;另一类来自 CPU 外部,称为外部中断源。

① 内部中断。内部中断是来自 CPU 内部的中断,也称为软件中断,主要包括下列情况:首先是 CPU 执行指令时产生的异常,如被 0 除、溢出、断点、单步操作等;其次是特殊操作引起的程序运行异常错误,如存储器越界、缺页等;最后是由程序员安排在程序中的 INT n 软件中断指令。

② 外部中断。外部中断是指由外部设备通过硬件请求的方式产生的中断,也称为硬件中断。外部中断又可分为可屏蔽中断和不可屏蔽中断。

- 可屏蔽中断 INTR。CPU 对可屏蔽中断请求的响应是有条件的,它受中断允许标志位 IF 的控制。当外设通过可屏蔽中断请求信号 INTR 向 CPU 提出中断请求时,若 IF=1,则允许 CPU 响应 INTR 中断请求,并发出中断响应信号 $\overline{\text{INTA}}$;若 IF=0,则禁止 CPU 响应 INTR 中断请求。可屏蔽中断常用于 CPU 与外设进行数据交换。

- 不可屏蔽中断 NMI。当外设通过不可屏蔽中断请求信号 NMI 向 CPU 提出中断请求时,CPU 在当前指令执行结束后,就立即无条件地予以响应,而与中断标志位 IF 无关。不可屏蔽中断主要用于处理系统的意外事件或故障,如电源掉电、存储器读/写错误、扩展槽中输入/输出通道错误等。

2. 中断处理过程

在微机系统中,对于外部中断,中断请求信号是由外部设备产生的,并施加到 CPU 的 NMI 或 INTR 引脚上,CPU 通过不断地检测 NMI 和 INTR 引脚信号来识别是否有中断请求发生。

对于内部中断,中断的控制完全是在 CPU 内部实现的,CPU 通过内部中断控制逻辑产生中断和响应中断。不同类型的中断,其中断过程略有区别。但无论是外部中断还是内部中断,中断处理过程都要经历以下步骤:中断请求及检测→中断源识别及判优→中断响应→中断处理→中断返回。下面以外部可屏蔽中断为例,简要介绍中断处理过程。

（1）中断请求及检测

当外部中断源要 CPU 对它服务时,就产生一个中断请求信号加载到 CPU 中断请求输入端,这就形成了对 CPU 的中断请求。每个中断源向 CPU 发出的中断请求信号都是随机的,而 CPU 在执行每条指令的最后一个时钟周期来检测中断请求信号。INTR 应保持到该请求被 CPU 响应为止,并且当 CPU 响应后,INTR 信号应及时撤除,以免造成多次响应。

（2）中断源识别及判优

在微机系统中,每个中断源都有相应的中断服务程序。当系统中有多个中断源时一旦发生中断,CPU必须确定是哪一个中断源提出了中断请求,以便获取相应的中断服务程序的入口地址,转入中断处理。中断源识别的目的就是找到该中断服务程序的入口地址。

在微机系统中,各中断源接受CPU服务时的优先等级不同,需要对中断源进行优先级排队。当多个中断源同时提出中断请求时,CPU首先响应优先级高的中断源提出的中断请求。判断中断源优先级别,可以通过软件查询和硬件电路两种方式实现。

① 软件查询方式。其基本原理是:当CPU接收到中断请求信号后,通过执行优先级判优的查询程序,按优先级高低逐个检测外设中断请求标志位状态。先响应优先级高的中断请求,在处理完优先级高的中断请求后,再转去响应并处理优先级较低的中断请求。

软件查询判优电路如图8-2所示,中断源A、B、C的中断请求信号被锁存在中断请求寄存器中,并通过或门进行"或"操作,送到CPU的INTR端,同时送入三态缓冲器(作为并行端口)供CPU查询。

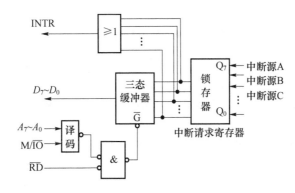

图 8-2 软件查询判优电路

软件查询程序如下:

```
IN    AL,n        ;n为并行输入接口的端口地址
ROL   AL,1
JC    FWA         ;转中断源A服务程序
ROL   AL,1
JC    FWB         ;转中断源B服务程序
ROL   AL,1
JC    FWC         ;转中断源C服务程序
...
```

上述查询程序确定了中断源的优先级,中断源A优先级最高,中断源B次之,后面的依次排列。通过软件查询中断源和判优,硬件电路简单,中断源优先级设置灵活,但当中断源较多的时候,查询所花费时间较长,会影响中断响应的实时性。

② 硬件电路方式。采用硬件电路实现,可节省CPU时间,速度较快,但是成本较高。常用的有链式判优电路,其基本思想是将所有中断源构成一个链(称菊花链,如图8-3所示),每个外设对应的接口都有一个中断控制逻辑电路。

链式电路中的所有中断源均可以发出中断请求,排在链前面的中断源优先级别较高。CPU响应中断后发出的中断响应信号$\overline{INTA}$,沿着链式电路按优先级从高到低传递,优先级别高的先得到响应。如果高优先级的中断源没有请求中断,则使$\overline{INTA}$传递到下一级。

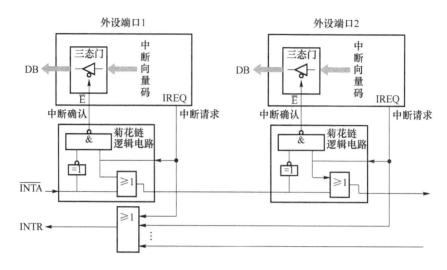

图 8-3 菊花链中断判优电路

从图 8-3 可以看出,假设外设端口 1 和外设端口 2 都有中断请求(IREQ=1),均可以向 CPU 发出中断请求。如果 CPU 允许中断,则会发出 $\overline{INTA}$ 信号。但是, $\overline{INTA}$ 信号首先经过外设端口 1 的菊花链电路,并得到中断确认,则外设端口 2 的中断响应被封锁。得到中断确认的外设端口 打开三态门,把自己的中断类型码放到数据总线上,CPU 读取中断类型码,并据此转到相应的中 断服务入口地址,执行中断服务程序。

③ 可编程中断控制器判优。在 Intel 80X86 CPU 系统中,用中断控制器来识别和管理中断 源的优先级别。中断发生前,已对每个中断源进行编号,称为中断类型码,CPU 根据中断类型码 来确定中断源。当有多个中断源同时请求中断时,中断控制器不仅能够自动地进行中断优先级 判断,而且能够提供中断源的中断类型码,CPU 通过读取中断类型码而转去执行相应的中断服 务程序。

(3) 中断响应

中断响应过程是暂时停止当前程序的执行,进行断点保护并从当前程序跳转到中断服务程 序的过程。CPU 响应中断,必须满足下列 4 个条件。

① 当前执行的指令结束。CPU 在每条指令执行的最后一个时钟周期对中断请求进行检 测,当满足本条件和以下 3 个条件时,指令执行一结束,CPU 即可响应中断。

② CPU 处于开中断状态。只有当 CPU 的 IF=1,即处于开中断状态时,CPU 才有可能响 应可屏蔽中断(INTR)请求(对 NMI 及内部中断无此要求)。

③ 没有复位(RESET)、保持(HOLD)、内部中断和非屏蔽请求(NMI)。在复位或保持状 态,CPU 不工作,不可能响应中断请求;而 NMI 的优先级高于 INTR,当两者同时产生中断时, CPU 首先响应 NMI 中断。

④ 若当前执行的是开中断指令(STI)和中断返回指令(IRET),只有它们执行完后,再执行 一条指令才能响应 INTR 请求。

CPU 响应 INTR 中断,向发出中断请求的外设回送一个低电平有效的中断响应信号 $\overline{INTA}$, 作为对中断请求 INTR 的应答。CPU 响应内部中断和 NMI 中断,对外不发出任何中断响应信 号。CPU 响应中断后,内部要完成以下内容。

① 关中断。内部自动关中断(即 IF=0),以禁止接受其他中断请求。

②保护断点。把断点处的 FR、CS、IP 内容压入堆栈,以备中断结束后能正确地返回被中断的程序。

③读取中断类型码。获得中断处理程序的入口地址。

(4)中断处理

当 CPU 获得中断处理程序的入口地址后,执行中断处理程序,完成中断处理。中断处理程序完成的主要工作如下。

①保护现场。主程序和中断服务程序都要使用 CPU 内部寄存器等资源,为使中断服务程序不破坏主程序中寄存器的内容,用户要使用 PUSH 指令将断点处各寄存器的内容压入堆栈。

②开中断。因 CPU 响应中断后自动关中断,若要进入中断处理程序后允许中断嵌套,则需要用开中断指令 STI(使 IF=1)开中断。中断嵌套是指高优先级中断源可以中断低优先级中断源的服务程序。

③执行中断处理。中断处理程序是中断处理的主要内容,不同的中断有不同的中断处理内容,根据中断源所要完成的功能来编写。

④关中断。当中断处理程序结束后需要关中断,以确保有效地恢复被中断程序的现场。关中断指令为 CLI,使 IF=0。

⑤恢复现场。当中断处理完毕后,用户通过 POP 指令将保存在堆栈中的各个寄存器的内容弹出,即恢复主程序断点处寄存器的原值。

(5)中断返回

在中断处理程序的最后要安排开中断指令 STI 和中断返回指令 IRET。开中断指令 STI 使中断返回后可以响应新的中断;而中断返回指令 IRET 将堆栈内保存的 FR、CS 和 IP 值弹出,从而恢复主程序断点处的地址值,转到被中断的程序中继续执行。

上述中断处理过程流程图如图 8-4 所示。

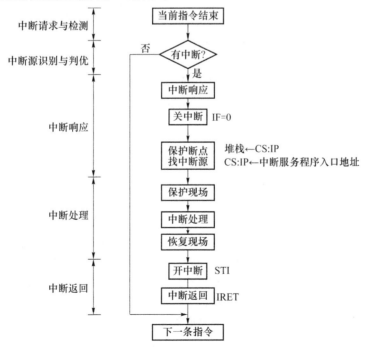

图 8-4　中断处理过程流程图

3. 8086/8088 中断系统

（1）8086/8088 中断分类

8086/8088 CPU 的中断系统能够处理 256 种不同类型的中断。为了便于识别,给每个中断源分配一个中断类型编码 n,称为中断类型码,长度为一字节,故最多允许处理 256 种类型的中断(中断类型码 n 的取值范围为 0～255)。8086/8088 CPU 可根据中断类型码的不同来识别不同的中断源。这 256 种中断包含内部中断源和外部中断源两大类,它们的优先级排列原则是:单步中断优先级别最低,内部中断高于外部中断,中断类型码越小优先级越高。例如,中断类型码为 0 号的中断源优先级最高。8086/8088 中断分类如图 8-5 所示。

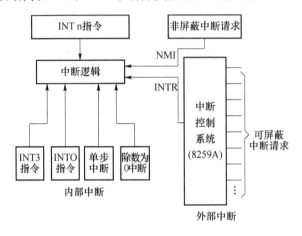

图 8-5　8086/8088 中断分类

① 内部中断

内部中断也称为软件中断,是由 CPU 内部或中断指令引起的中断,根据中断源 CPU 自动提供中断类型码。在 8086/8088 系统中,内部中断主要有以下 5 种。

- 除法错中断。在执行除法指令时,若除数太小或为 0,致使所得的商超过了 CPU 所能表示的数值范围,则 CPU 内部硬件电路自动产生一个中断类型码为 0 的中断。因此,除法错中断又称为 0 号中断。

- 单步中断。在 8086/8088 CPU 的标志寄存器中有一位 TF 标志位。CPU 每执行一条指令都检测 TF 的状态。如果 TF＝1,则 CPU 硬件电路自动产生一个中断类型为 01H 的中断,使 CPU 转去执行单步中断的程序。单步中断用于程序调试,使 CPU 一次执行一条指令。

- 断点中断。断点中断在调试程序的过程中用于设置断点。指令系统中有一条专门用于设置断点的指令,其操作码为单字节 CCH。CPU 执行该指令,通过硬件电路产生中断类型码为 03H 的中断。

- 溢出中断(INTO 指令)。当 CPU 进行算术运算时,如果发生溢出,则会使标志寄存器的 OF 标志位置 1。如果在算术运算后加一条溢出中断指令 INTO,则溢出中断指令测试 OF 标志位,若发现 OF＝1,则硬件电路产生中断类型码为 04H 的中断。

- 用户自定义的软件中断(INT n)。用户可以用 INT n 指令产生软件中断,其中 INT 为指令助记符,n 为用户指定的中断类型码。

从以上分析可见,内部中断的中断类型码或者由 CPU 硬件电路产生,或者由用户指定。

② 外部中断

8086/8088 CPU 有 NMI 和 INTR 两条外部中断请求信号线,分别接收不可屏蔽中断和可屏蔽中断请求信号。所谓"屏蔽"是指微处理器拒绝响应中断请求信号,不允许中断当前所执行的主程序。NMI中断不受中断允许触发器的影响,NMI中断的优先级高于INTR。

1）可屏蔽中断INTR

可屏蔽中断INTR受中断允许标志位IF的控制,当INTR信号有效时,如果IF=0,CPU屏蔽INTR中断;如果IF=1,则允许INTR中断。开中断指令STI使IF=1,关中断指令CLI使IF=0。

CPU响应INTR中断后会产生两个连续的中断响应总线周期。在第一个中断响应总线周期,送出第一个中断响应$\overline{INTA}$有效信号,表明响应中断;在第二个中断响应总线周期,送出第二个$\overline{INTA}$有效信号,使外部中断系统将申请中断的中断源的中断类型码送上数据总线。CPU从数据总线读入该中断类型码后,进入中断响应过程,关中断,保护断点,根据中断类型码获得中断服务程序入口地址,执行中断服务程序,对中断源进行服务。

2）不可屏蔽中断NMI

NMI中断是微处理器内部不能"屏蔽"的中断,不受IF标志位的影响,称为不可屏蔽中断。NMI中断请求被CPU锁存,因此NMI采用边沿触发方式。CPU响应NMI中断时,硬件电路自动产生中断类型码为02H的中断。

CPU对NMI中断和内部中断的响应过程与对INTR中断响应的方式不同。当NMI中断和内部中断发生时,首先CPU内部硬件电路进行断点保护,关中断,然后由CPU硬件自动形成或由软件指令提供中断类型码。CPU根据中断类型码决定中断服务程序入口地址,转向相应的中断服务程序去执行。

（2）8086/8088 CPU的中断过程

8086/8088 CPU对不同类型中断的处理过程不同。除法错、溢出、断点、单步及NMI的中断类型码均由CPU内部硬件产生;软件中断指令的中断类型码包含在指令中;INTR的中断类型码由外设提供,CPU从数据总线上读取。8086/8088的中断过程如图8-6所示,从图8-6中可以看出:

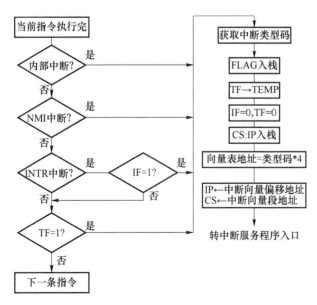

图8-6　8086/8088的中断过程

① 当前指令结束,按优先级从高到低进行查询。除单步中断外,内部中断高于外部中断,类型码越小优先级越高;外部中断 NMI 高于 INTR 中断;单步中断优先级最低。

② 从 CPU 查询中断源到 CPU 去执行中断服务程序这一复杂过程全部由 CPU 的硬件自动完成。当用户用中断方式解决实际问题时,主要的工作就是利用硬件电路和软件编程使 CPU 完成整个中断过程。

（3）中断向量和中断向量表

① 中断向量

每个中断源都有自己的中断类型码和中断服务程序,中断服务程序的入口地址又称为中断向量。

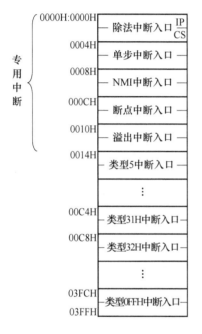

图 8-7   8086 中断向量表

② 中断向量表

为了能够根据所得到的中断类型码找到中断服务程序的入口地址,8086/8088 CPU 规定所有中断服务程序的入口地址都必须按顺序存放在内存固定区域,该区域称为中断向量表。中断向量表位于内存 00000H ~ 003FFH 区域,共 1 024 个存储单元,可以存放 256 个中断源的中断向量。每个中断向量占 4 字节,其中低位 2 字节存放中断服务程序入口地址的偏移地址,高位 2 字节存放中断服务程序入口地址的段基地址。按照中断类型码的大小,对应的中断向量在中断向量表中有规则地顺序存放,如图 8-7 所示。中断类型码 n、中断向量以及中断向量在中断向量表中的地址的对应关系如下。

段基地址＝0000H,偏移地址＝中断类型码 $n * 4$

所以,根据中断类型码 n 就可以找到所对应的中断向量在中断向量表中的位置。例如,中断类型码 $n =$ 21H 的中断,其中断向量存放在从 0000H:0084H(21H * 4＝84H)开始的 4 字节单元中。CPU 响应中断时,根据中断类型码 n 计算出所在中断向量表的地址,只要取 $4n$ 和 $4n+1$ 单元的内容装入 IP,取 $4n+2$ 和 $4n+3$ 单元的内容装入 CS,就可以转入中断服务程序。

当然,要使 CPU 能够正确完成上述操作,中断产生之前,应通过程序初始化中断向量表,将中断类型码为 n 的中断向量的偏移地址存放在 $4n$ 和 $4n+1$ 单元,将中断向量的段地址存放在 $4n+2$ 和 $4n+3$ 单元。

③ 中断向量表初始化

中断服务程序的入口地址(即中断向量)必须在中断之前写入中断向量表中。常用的方法如下。

方法 1:直接编程填写中断向量表。例如,若某中断源的中断向量码为 40H,中断服务程序的入口地址为 INTF。初始化中断向量表的程序如下:

```
MOV     AX,0000H
MOV     DS,AX
MOV     SI, 0100H        ;中断向量地址:40H * 4 = 0100H
MOV     AX, OFFSET  INTF  ;取中断向量偏移地址
```

```
MOV      [SI],AX
MOV      AX, SEG  INTF        ;取中断向量段基地址
MOV      [SI+2],AX
```

方法 2:DOS 调用填写中断向量表。采用 DOS 功能调用的 25H 功能号,其调用方法是:AH←25H;AL←中断向量码;DS:DX←中断向量段基地址:偏移地址。程序如下:

```
MOV      AH,25H               ;功能号
MOV      AL , 40H             ;中断类型码
MOV      DX, SEG  INTF        ;取中断向量段基地址
MOV      DS,DX
MOV      DX,OFFSET  INTF      ;取中断向量偏移地址
INT      21H
```

综上所述,中断类型码和中断向量通过中断向量表联系在一起。

8.1.2　中断控制器 8259A

可编程中断控制器 8259A 是 Intel 公司专为 80X86 CPU 控制外部中断而设计开发的芯片。它将中断源识别、中断源优先级判优和中断屏蔽电路集于一体,不需要附加任何电路就可以对外部中断进行管理。8259A 的主要功能如下。

① 单片可以管理 8 级外部中断,9 片级联方式下可以管理多达 64 级的外部中断。

② 对任何一个优先级别的中断源都可单独进行屏蔽设置,即屏蔽和取消屏蔽。

③ 能向 CPU 提供中断类型码。这个功能可以使不能提供中断类型码的可编程接口芯片 8255A、8253A、8251A 等采用中断方式。

④ 具有多种中断优先权管理方式,有完全嵌套方式、自动循环方式、特殊循环方式、特殊屏蔽方式和查询方式 5 种,这些管理方式均可通过程序动态地进行设置。

1. 8259A 内部结构和引脚功能

可编程中断控制器 8259A 是 28 引脚双列直插式芯片,单一+5 V 电源供电,引脚信号如图 8-8 所示。

(1) 8259A 引脚功能

- $D_7 \sim D_0$:双向,三态数据线,与 CPU 系统总线连接。编程时进行控制字、命令字的传输,中断响应时,中断类型码由此送给 CPU。
- $\overline{RD}$:读控制信号,输入,低电平有效。当 $\overline{RD}$ 有效时,CPU 对 8259A 进行读操作。
- $\overline{WR}$:写控制信号,输入,低电平有效。当 $\overline{WR}$ 有效时,CPU 对 8259A 进行写操作。
- $\overline{CS}$:片选信号,输入,低电平有效。当 $\overline{CS}$ 有效时,选中此 8259A。

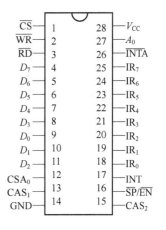

图 8-8　8259A 的引脚信号

- A_0:8259A 内部寄存器的选择信号。由 8259A 片内译码,选择内部寄存器。使用时,通常接地址总线的某一位,例如 A_1 或 A_0。
- $IR_7 \sim IR_0$:中断请求输入信号,与外设的中断请求线相连。上升沿或高电平时表示外设有中断请求。

- INT：8259A 中断请求输出信号，可直接接到 CPU 的 INTR 输入端。
- $\overline{INTA}$：中断响应输入信号，与 CPU 的中断响应信号 $\overline{INTA}$ 相连，在中断响应过程中 CPU 的中断响应信号由此端进入。
- $CAS_2 \sim CAS_0$：级联控制线。当多片 8259A 级联工作时，其中一片为主控芯片，其他均为从属芯片。对于主片 8259A，其 $CAS_2 \sim CAS_0$ 为输出；对于从片 8259A，其 $CAS_2 \sim CAS_0$ 为输入。主片 $CAS_2 \sim CAS_0$ 与从片 $CAS_2 \sim CAS_0$ 相连，主片通过 $CAS_2 \sim CAS_0$ 来选择和管理从片。例如，当主片 IR_2 端所接的从片 8259A 提出中断请求时，主片 8259A 通过 $CAS_2 \sim CAS_0$ 送出编码 010 给从片，使对应从片的中断被允许。
- $\overline{SP}/\overline{EN}$：双功能信号线，用于指定 8259A 是主片还是从片，或作为总线驱动器的控制信号。当 8259A 工作于非缓冲方式时，$\overline{SP}/\overline{EN}$ 作为输入信号线，用于指定 8259A 是主片还是从片；级联中的主片 $\overline{SP}/\overline{EN}$ 接高电平，从片 $\overline{SP}/\overline{EN}$ 接低电平。当 8259A 工作于缓冲方式时，$\overline{SP}/\overline{EN}$ 作为输出信号线，作为 8259A 与系统总线驱动器的控制信号，而当缓冲器方式下的多片级联时，主从片由初始化命令字 ICW_4 确定。
- V_{CC}：+5 V 电源输入信号。
- GND：地线。

（2）8259A 的内部结构

8259A 的内部结构如图 8-9 所示，主要包括中断请求寄存器（IRR）、中断屏蔽寄存器（IMR）、中断服务寄存器（ISR）、优先权判优电路（PR）、中断控制逻辑、数据总线缓冲器、读/写控制逻辑和级联缓冲器/比较器等。

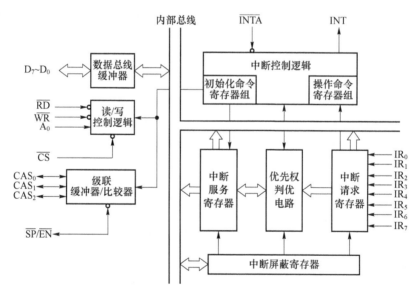

图 8-9　8259A 的内部结构

① 中断请求寄存器是一个 8 位寄存器，用于保存外部中断请求信号 $IR_7 \sim IR_0$ 的状态。当 IR_i（$i=0 \sim 7$）有请求（电平或边沿触发）时，IRR 中的相应位置 1，在中断响应信号 $\overline{INTA}$ 有效后，相应位复位，此后中断请求信号可以撤销了。

② 中断屏蔽寄存器是一个 8 位寄存器，用来存放 $IR_7 \sim IR_0$ 的中断屏蔽位。中断屏蔽位用于控制 $IR_7 \sim IR_0$ 的中断请求是否允许中断。当 IMR 中的相应位为 1 时，对应的 IR_i 请求被禁止；当 IMR 中的相应位为 0 时，则允许相应中断请求的中断。

③ 中断服务寄存器是一个8位寄存器,保存正在被服务的中断源。当外部中断 $IR_i(i=0\sim7)$ 的请求得到CPU响应进入服务时,由CPU发来的第一个中断响应脉冲 $\overline{INTA}$ 将ISR中的相应位 $D_i(i=0\sim7)$ 置1;而ISR的复位则由8259A中断结束方式决定。若定义为自动结束方式,则由CPU发来的第二个中断响应脉冲 $\overline{INTA}$ 的后沿将 D_i 复位为0;若定义为非自动结束方式,则由CPU发送来的中断结束命令将其复位。

④ 优先权判优电路对IRR中记录的内容与当前ISR中记录的内容进行比较,然后排队判优,以选出当前最高优先级的中断请求。如果IRR中记录的中断请求优先级高于ISR中记录的中断请求优先级,则由中断控制逻辑向CPU发中断请求信号INT,中止当前的中断服务,进行中断嵌套。如果IRR中记录的中断请求优先级低于ISR中记录的中断请求优先级,则CPU继续执行当前的中断服务程序。在中断响应时,优先权判优电路确定ISR中哪一位置1,并将相应的中断类型码送给CPU。在接到EOI命令时,要决定ISR的哪一位复位。

⑤ 中断控制逻辑按照程序设定的工作方式管理中断,负责向片内各部件发送控制信号,向CPU发送中断请求信号INT和接收CPU回送的中断响应信号 $\overline{INTA}$,控制8259A进入中断管理状态。

⑥ 数据总线缓冲器为三态、双向、8位寄存器,数据线 $D_7\sim D_0$ 与CPU系统总线连接,构成CPU与8259A之间信息传送的通道。

⑦ 读/写控制逻辑接收CPU系统总线的读/写控制信号和端口地址选择信号,用于控制8259A内部寄存器的读/写操作。

⑧ 级联缓冲器/比较器用于多片8259A的管理和选择功能,其中一片为主片,其余为从片。关于级联方式的基本知识请扫二维码。

(3) 8259A可编程寄存器

8259A有两个端口地址,各寄存器的端口地址分配及读/写操作功能如表8-1所示,由片选信号 $\overline{CS}$ 和 A_0 决定。$\overline{CS}$ 连接到I/O地址译码器的输出,当8259A应用于8088 CPU时,A_0 端连接地址总线 A_0;当8259A应用于8086 CPU时,A_0 端连接地址总线 A_1。

级联方式的基本知识

表8-1 8259A端口地址分配及读/写操作功能

$\overline{CS}$	$\overline{WR}$	$\overline{RD}$	A_0	D_4	D_3	功　能
0	0	1	0	1	×	写 ICW_1
0	0	1	1	×	×	写 ICW_2
0	0	1	1	×	×	写 ICW_3
0	0	1	1	×	×	写 ICW_4
0	0	1	1	×	×	写 OCW_1
0	0	1	0	0	0	写 OCW_2
0	0	1	0	1	1	写 OCW_3
0	1	0	0	×	×	读 IRR
0	1	0	0	×	×	读 IRR
0	1	0	1	×	×	读 IRR
0	1	0	0	×	×	读状态寄存器

注:D_4、D_3 为对应寄存器中的标志位。

8259A 可编程寄存器分为两类,一类是初始化编程寄存器,有 ICW_1、ICW_2、ICW_3 和 ICW_4;另一类是命令编程寄存器,有 OCW_1、OCW_2 和 OCW_3。

2. 8259A 的工作过程

下面介绍 8259A 的工作过程,以响应硬件可屏蔽中断为例。

① 当 $IR_7 \sim IR_0$ 引脚上产生有效的中断请求信号时,则使中断请求寄存器对应位置1。

② 在中断屏蔽寄存器的管理下,没有被屏蔽的中断请求信号被送到优先权判优电路。

③ 在优先权判优电路中,从提出中断请求的中断源中选出优先级高者,通过 INT 向 CPU 发出中断请求信号。

④ 当 CPU 内部 IF＝1 允许中断,且没有其他高优先级中断时,CPU 响应中断,向 8259A 发出两个连续的中断响应周期信号 $\overline{INTA}$。

⑤ 8259A 收到第 1 个中断响应信号 $\overline{INTA}$ 后,立即使中断服务寄存器与中断源对应的那一位置1,同时把中断请求寄存器中的相应位清零。

⑥ 8259A 收到第 2 个中断响应信号 $\overline{INTA}$ 之后,把该中断源类型码 n 送上数据总线,供 CPU 读取。

⑦ 在实模式下,CPU 从 $4n \sim 4n+3$ 单元取出该中断源的中断向量,传送给 IP 和 CS,从而使 CPU 执行该中断源的中断服务程序。

3. 8259A 的中断管理方式

8259A 的中断管理方式有 5 种:中断优先级管理方式、中断屏蔽方式、中断触发方式、中断结束方式和总线连接方式。每一种方式又有几种模式可供选择,如图 8-10 所示。

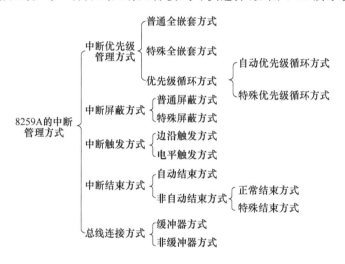

图 8-10　8259A 的中断管理方式

（1）中断优先级管理方式

8259A 对中断源的优先级管理有 3 种方式:普通全嵌套方式、特殊全嵌套方式、优先级循环方式。3 种方式都允许中断嵌套,即允许更高优先级的中断打断当前的中断处理过程。

① 普通全嵌套方式。普通全嵌套方式是 8259A 在初始化时自动进入的一种最基本的优先权管理方式,简称全嵌套方式。其特点是:中断优先权管理为固定的,又称固定优先级方式,即 IR_0 优先权最高,IR_7 优先权最低。当 CPU 响应中断时,8259A 将申请中断的中断源中优先级最高的那个在 ISR 中的相应位置1,并把它的中断类型码送到数据总线,在此中断源的中断服务程

序完成之前,与它同级或优先级更低的中断源的申请被屏蔽,只有优先级比它高的中断源的申请才被允许。

② 特殊全嵌套方式。特殊全嵌套方式是8259A在多片级联方式下使用的一种最基本的优先权管理方式,仅有主片可设置为特殊全嵌套方式。特殊全嵌套方式仍然是固定优先级方式,与普通全嵌套方式的区别是:当处理某一级中断时,如果有同级的中断请求,8259A也会给予响应,从而实现一个中断处理过程能被另一个同等级别的中断请求所打断。

来自同一从片的两个中断源针对主片来说为同级中断。在级联方式下,主片通常设置为特殊全嵌套方式,从片设置为普通全嵌套方式。当主片为某一个从片的中断请求服务时,从片中 $IR_7 \sim IR_0$ 的请求都是通过主片中的某个 IR_i 请求引入的。因此从片的 $IR_7 \sim IR_0$ 对于主片 IR_i 来说属于同级,只有主片工作于特殊全嵌套方式时,从片才能实现普通全嵌套方式。

③ 优先级循环方式。在实际应用中,许多中断源的优先级是一样的,若采用固定优先级,则低级别中断源的中断请求有可能总是得不到服务。解决的办法是使这些中断源轮流处于最高优先级,这就是优先级循环方式。

在优先级循环方式中,$IR_7 \sim IR_0$ 的中断优先级顺序是变化的,故优先级循环方式又分为自动优先级循环方式和特殊优先级循环方式。

在自动优先级循环方式中,中断优先级的顺序从低到高初始化为 $IR_7 \sim IR_0$,由此自动循环,但优先级顺序是可以改变的。其变化规律是:当某一个中断请求 IR_i 服务结束后,该中断的优先级自动降为最低,而紧跟其后的中断请求 IR_{i+1} 的优先级自动升为最高。例如,IR_3 有中断请求,该中断被处理后,优先级变为最低,IR_4 的优先级变为最高,这时优先级顺序从高到低变为 IR_4、IR_5、IR_6、IR_7、IR_0、IR_1、IR_2、IR_3。因此,任何一个中断源都有机会获得最高优先级,这种自动循环方式又称为等优先级方式。

特殊优先级循环方式是指通过在主程序或中断服务程序中发出特殊优先级循环方式操作命令来指定某个中断源的优先级为最低级,其后的中断源优先级为最高,其余中断源的优先级顺序也随着循环变化。例如,指定 IR_3 优先级最低,则确定的优先级顺序从高到低依次排列为 IR_4、IR_5、IR_6、IR_7、IR_0、IR_1、IR_2、IR_3。此时,如果 IR_1 和 IR_6 有中断请求,则先处理 IR_6 中断。在 IR_6 被服务以后,IR_6 自动降为最低优先级,IR_7 成为最高优先级,这时中断源的优先级顺序为 IR_7、IR_0、IR_1、IR_2、IR_3、IR_4、IR_5、IR_6。

(2) 中断屏蔽方式

中断屏蔽方式是对8259A的外部中断源 $IR_7 \sim IR_0$ 实现屏蔽的一种中断管理方式,有普通屏蔽方式和特殊屏蔽方式两种。

① 普通屏蔽方式。普通屏蔽方式是指通过8259A的中断屏蔽寄存器来实现对中断请求 IR_i 的屏蔽。编程写入操作命令字 OCW_1,将 IMR 中的 D_i 位置1,来对 $IR_i (i=0 \sim 7)$ 中断请求进行屏蔽。80X86微机系统采用普通屏蔽方式。

② 特殊屏蔽方式。在通常情况下,当一个中断被响应时,则自动禁止同级和较低级别的中断源的中断请求。但是如果希望一个中断服务程序能动态地改变系统的优先权结构,允许低优先级的中断请求中断正在服务的高优先级中断,则可使用特殊屏蔽方式。可以通过编程写入操作命令字 OCW_3,以此来设置或取消。

在特殊屏蔽方式中,可在中断服务程序中用中断屏蔽命令来屏蔽当前正在处理的中断,同时使 ISR 中对应当前中断的相应位清零,这样一来不仅屏蔽了当前正在处理的中断,而且也真正开放了较低级别的中断。在这种情况下,虽然 CPU 仍然在继续执行较高级别的中断服务子程序,但由于 ISR 中对应当前中断的相应位已经清零,如同没有响应该中断一样。所以,此时对于较低级别的中断请求,8259A 仍然能产生 INT 中断请求,CPU 也会响应较低级别的中断请求。

值得注意的是,在这种方式下,由于打乱了正常的全嵌套结构,被处理的程序不一定是当前优先级最高的中断,所以不能用正常的 EOI 命令使其 ISR 位复位。

（3）中断触发方式

8259A 中断请求输入端 $IR_7 \sim IR_0$ 的触发方式有边沿触发和电平触发两种,可由初始化命令字 ICW_1 中的 LTIM 位来设定。

① 边沿触发方式。当 $IR_7 \sim IR_0$ 出现低电平到高电平的跳变时,表示有中断请求。80X86 微机系统采用边沿触发方式。

② 电平触发方式。当 $IR_7 \sim IR_0$ 出现高电平时,表示有中断请求;其高电平必须持续保持,从 CPU 响应中断,直至 8259A 收到第 1 个中断响应脉冲 $\overline{INTA}$ 之前,否则本次中断可能丢失。而在中断服务结束,ISR 相应位被清零之前,此高电平必须撤销,否则可能引起第 2 次中断。

（4）中断结束方式

中断结束方式是指 CPU 为某个中断请求服务结束后,应及时清除 ISR 中的服务标志位,否则就意味着中断服务还在继续,致使比它优先级低的中断请求无法得到响应。

8259A 提供以下 3 种中断结束方式。

① 自动结束方式。自动结束方式是指利用中断响应信号 $\overline{INTA}$ 的第二个负脉冲的后沿,将 ISR 中的中断服务标志位清除。由硬件自动完成,需要注意的是:ISR 中"1"位的清除是在中断响应过程中完成的,并非中断服务程序的真正结束,这种方式只适用在没有中断嵌套的场合。

② 正常结束方式。正常结束方式是指通过在中断服务程序中编程写入操作命令字 OCW_2,向 8259A 发送一个正常 EOI(End of Interrupt)命令,其并不指定被复位的中断的级号,而是直接清除 ISR 中当前优先级别最高的位。这种方式适合用于完全嵌套方式下的中断结束。因为在完全嵌套方式下,中断优先级是固定的,8259A 总是响应优先级最高的中断,保存在 ISR 中的最高优先级的对应位,一定对应于正在执行的中断服务程序。

③ 特殊结束方式。特殊结束方式是指通过在中断服务程序中编程写入操作命令字 OCW_2,向 8259A 发送一个特殊 EOI 命令(指定被复位的中断的级号)来清除 ISR 中的指定位。这种方式可以用于完全嵌套方式下的中断结束,更适用于嵌套结构有可能遭到破坏的中断结束。

（5）总线连接方式

8259A 数据线与微机系统数据总线的连接有两种方式。

① 缓冲器方式。如果 8259A 通过总线驱动器和系统数据总线连接,此时,8259A 应选择缓冲器方式。在 8259A 输出中断类型号的时候,$\overline{SP/EN}$ 输出一个低电平,用此信号作为总线驱动器的启动信号。缓冲器方式如图 8-11 所示。

② 非缓冲器方式。如果 8259A 数据线与系统数据总线直接相连,那么 8259A 工作在非缓冲器方式。非缓冲器方式如图 8-12 所示。

4. 8259A 的初始化及编程

8259A 在工作之前必须写入初始化命令字,使其处于准备就绪状态,这就是 8259A 的初始化编程。控制命令分为初始化命令字(ICW)和操作命令字(OCW)。在 8259A 的内部有两组可编程寄存器,用来存放初始化命令字和操作命令字。

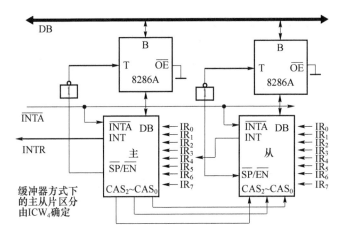

图 8-11 缓冲器方式

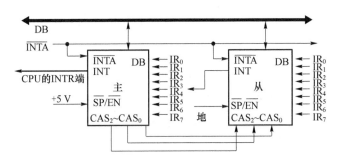

图 8-12 非缓冲器方式

（1）初始化命令字及其编程

初始化命令字共有 4 个（ICW_1、ICW_2、ICW_3、ICW_4），用来对 8259A 进行初始化编程，以完成 8259A 的初始化设定：设定中断请求信号的有效方式，是高电平有效，还是上升沿有效；确定 8259A 是工作于单片方式，还是工作于级联方式；若为级联工作方式，主片 8259A 规定每个 IR 端是否带从片 8259A，从片 8259A 则规定由主片 8259A 的哪个 IR 端引入；设置中断类型码、中断管理方式。

① 初始化命令字

初始化命令字 $ICW_1 \sim ICW_4$ 的格式如图 8-13 所示。

1）ICW_1——芯片控制字。ICW_1 各位的功能如图 8-13（a）所示。标志位 D_4 恒为 1，表示该控制字为 ICW_1，并要求写入地址 $A_0 = 0$ 的偶端口地址中。

- D_0（IC_4）位：表示是否需要写入初始化命令字 ICW_4。$D_0 = 1$，表示需要写入 ICW_4。在 80X86 CPU 中需要写入 ICW_4；其他 CPU 不需要写入 ICW_4，则使 $IC_4 = 0$。

- D_1（SNGL）位：表示系统中使用 8259A 的数量。$D_1 = 1$，使用单片 8259A；$D_1 = 0$，使用多片 8259A，级联方式。

- D_3（LTIM）位：表示中断源 $IR_7 \sim IR_0$ 的触发方式。$D_3 = 1$，高电平触发；$D_3 = 0$，低电平触发。

- D_4 位：ICW_1 命令标志位。$D_4 = 1$，表示该控制字为初始化命令字 ICW_1。

- D_2、$D_5 \sim D_7$ 未用，通常设置为 0。

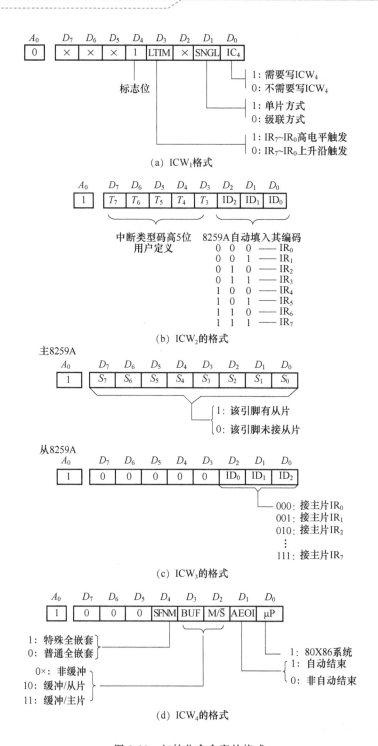

图 8-13 初始化命令字的格式

说明:写入 ICW₁ 的同时,8259A 完成以下工作。清除 ISR 和 IMR;将中断优先级设定为初始状态,IR₇(最低)~IR₀(最高);设定为普通屏蔽方式;采用正常 EOI 中断结束方式;状态读出电路预置为读 IRR。

2) ICW₂——设置中断类型码。ICW₂ 用来确定中断源的中断类型码。ICW₂ 各位的功能如

图 8-13(b)所示。ICW_2 要求写入地址 $A_0=1$ 的奇地址端口中。

- $D_2 \sim D_0(ID_2 \sim ID_0)$ 位:根据被处理的中断源 $IR_7 \sim IR_0$ 的编码自动填入。例如,IR_2 请求中断被响应,则 $ID_2 ID_1 ID_0 = 010$。
- $D_7 \sim D_3(T_7 \sim T_3)$ 位:由用户编程写入中断类型码高 5 位。例如,编程设置 $T_7 T_6 T_5 T_4 T_3 = 01000$,当 IR_0 中断被响应时,8259A 提供的 IR_0 中断类型码为 40H;当 IR_1 中断被响应时,8259A 提供的 IR_1 中断类型码为 41H,依次类推。通常,设定 IR_0 的中断类型码,其他中断源的中断类型码按顺序排列。例如,ICW_2 被编程初始化为 40H,则指定的 $IR_7 \sim IR_0$ 的中断类型码为 47H~40H。

3) ICW_3——级联命令字。ICW_3 仅在级联方式下才需要写入。主片和从片所对应的 ICW_3 的格式不同,分别写入主片、从片对应地址 $A_0=1$ 的奇端口地址中。各位的功能如图 8-13(c) 所示。

- 主片 $D_7 \sim D_0(S_7 \sim S_0)$ 位:当 $S_i=1$ 时,表示对应的 IR_i 线上连接了从片;当 $S_i=0$ 时,表示对应的 IR_i 线上未连接从片。
- 从片 $D_2 \sim D_0(ID_2 \sim ID_0)$ 位:表示该从片接入主片的引脚编码。$D_7 \sim D_3$ 没有使用,通常设置为 0。

例如,当从片的中断请求信号 INT 与主片的 IR_2 连接时,主片 IR_2 位应为 1,从片 ICW_3 的 $ID_2 \sim ID_0$ 应设置为 010。

在中断响应时,主片通过级联信号线 $CAS_2 \sim CAS_0$ 送出被允许中断的从片的编码,各从片用自己的 ICW_3 和 $CAS_2 \sim CAS_0$ 进行比较,两者一致的从片被确定为当前响应的中断源,可以发送该从片的中断类型码。

4) ICW_4——中断结束方式字。ICW_4 要求写入地址 $A_0=1$ 的奇端口地址中,各位的功能如图 8-13(d)所示。

- $D_0=1$:8259A 用于 80X86 系统。
- $D_1(AEOI)$ 位:自动中断结束方式控制。$AEOI=1$,表示自动中断结束方式;$AEOI=0$,表示正常中断结束方式。
- $D_3 \sim D_2(BUF、M/\overline{S})$ 位:缓冲器方式设置。$BUF=0$,非缓冲器方式;$BUF=1$,缓冲器方式。在缓冲器方式下,$M/\overline{S}=1$,设置主片缓冲器方式;$M/\overline{S}=0$,设置从片缓冲器方式。
- $D_4(SFNM)$ 位:中断嵌套方式设置。

② 初始化编程

初始化编程是指在 8259A 工作之前,必须写入初始化命令字使其处于准备就绪状态,即通过 CPU 向 8259A 发送 2~4 字节的初始化命令字。初始化命令字必须按顺序写入,即先写入 ICW_1,接着写 ICW_2、ICW_3(仅在级联方式下写入),最后写入 ICW_4。写入顺序如图 8-14 所示。

ICW_1 和 ICW_2 是必须输入的,ICW_3、ICW_4 是否要输入则由 ICW_1 的相应位来决定。当 ICW_1 的 $SNGL=0$ 时,需要 ICW_3 分别对主片和从片编程。当 ICW_1 的 $IC_4=1$ 时,需要输入 ICW_4。对于 8086/8088 CPU,ICW_4 总是需要的。

ICW_1 要求写入地址 $A_0=0$ 的偶地址端口中,$ICW_2 \sim ICW_4$ 写入地址 $A_0=1$ 的奇端口地址

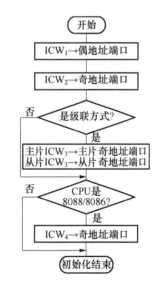

图 8-14 8259A 初始化流程图

中。一旦初始化完成,若要改变某一个初始化命令字,则必须重新再进行初始化编程,不能只写入单独的一个初始化命令字。

(2) 操作命令字及其编程

在对 8259A 用初始化命令字进行初始化后,8259A 就进入准备就绪状态,可以接收 IR 输入的中断请求信号。在 8259A 工作期间,通过操作命令字可以改变 8259A 的中断控制方式,屏蔽某些中断源,以及读出 8259A 的工作状态信息(即 IRR/ISR/IMR 的值)。操作命令字在初始化完成后的任意时刻均可写入,可以在主程序中写入,也可以在中断服务程序中写入,根据需要使用。

操作命令字 OCW_1 必须写入奇地址($A_0=1$),而 OCW_2 和 OCW_3 必须写入偶地址($A_0=0$)。操作命令字的格式如图 8-15 所示。

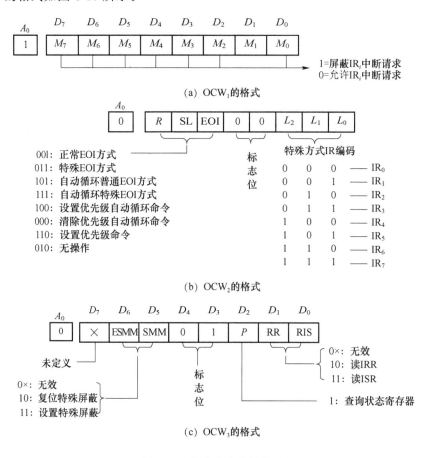

图 8-15 操作命令字的格式

① OCW_1——中断屏蔽字。OCW_1 写入奇地址($A_0=1$)端口,如图 8-15(a)所示。OCW_1 写入中断屏蔽寄存器中,用于决定外部中断请求信号 IR_i 是否被屏蔽。当设置某位 $M_i=1$ 时,则对应的 IR_i 请求被屏蔽;当 $M_i=0$ 时,则对应的 IR_i 请求被允许。

② OCW_2——设置中断优先级方式和中断结束方式。其格式如图 8-15(b)所示。OCW_2 写入偶地址($A_0=0$)端口,与 OCW_3 共用端口地址,但其特征位 D_4、D_3 为 00,因此不会发生混淆。

• $D_7(R)$位:优先权循环方式控制位。$R=1$ 为优先级自动循环方式,当一个中断源的中断请求被处理时,则它的优先级就变为最低,而下一个中断源的优先级变为最高;$R=0$ 为优先权固定方式,IR$_7$为最低优先级,IR$_0$为最高优先级。

- D_6(SL)位:特殊循环控制。当 SL=1 时,使 L_2~L_0 编码有效,L_2~L_0 编码对应的 IR$_i$ 为最低优先级;当 SL=0 时,L_2~L_0 编码无效。

- D_5(EOI)位:正常中断结束命令,又称为 EOI 命令。若 EOI=1,8259A 正常中断结束,使中断服务寄存器中当前最高优先级的对应位置 0。正常中断结束命令在中断服务程序结束返回主程序前向 8259A 回送,以示完成该中断处理。正常中断结束方式是通过 ICW$_4$ 的 AEOI=0(非自动 EOI)进行设置的。特殊中断结束命令使 L_2~L_0 确定的 ISR 位置 0。

- D_4、D_3 位:D_4D_3=00,表示该命令字为操作命令字 OCW$_2$。

- D_2~D_0(L_2~L_0)位:L_2~L_0 的第一个作用是在特殊循环方式下设定哪个 IR$_i$ 优先级最低,用来改变 8259A 复位后所设置的默认优先级;第二个作用是在特殊中断结束方式下设定结束哪个中断源的中断,即 ISR 哪一位要被置 0。

③ OCW$_3$——设置或清除特殊屏蔽方式和读取寄存器状态。OCW$_3$ 写入偶地址(A_0=0)端口中,OCW$_3$ 的格式如图 8-15(c)所示。

- D_6、D_5(ESMM、SMM)位:设置或取消特殊屏蔽方式。当 ESMM=1,SMM=1 时,设置特殊屏蔽方式,8259A 可以响应未被屏蔽的所有中断源的中断请求;若再使 ESMM=1,SMM=0,表示取消特殊屏蔽方式。

- D_4、D_3 位:D_4D_3=01,表示该命令字为操作命令字 OCW$_3$。

- D_2(P)位:中断状态查询位。当 CPU 禁止中断或不通过 8259A 向 CPU 申请中断时,就可以采用中断查询方式,常用在中断源超过 64 个的情况。

- D_1、D_0(RR、RIS)位:读 IRR 或 ISR 的操作命令。读取 IRR 内容时先需 CPU 写一个 RR=1、RIS=0 的 OCW$_3$ 到 8259A 的偶端口地址,再对该端口进行读操作,读取的是 IRR 内容。读取 ISR 内容时先需 CPU 写一个 RR=1、RIS=1 的 OCW$_3$ 到 8259A 的偶端口地址,再对该端口进行读操作,读取的是 ISR 内容。如果对奇端口直接进行读操作,读取的是 IMR 内容。

CPU 先写一个 P=1 的 OCW$_3$ 给 8259A 的偶端口,再对该端口进行读操作,可读到当前有没有中断请求的状态信息。若有中断请求,则给出优先级最高的中断请求的 IR 编码。中断状态寄存器如图 8-16 所示。

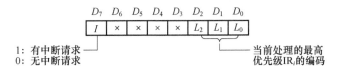

图 8-16 中断状态寄存器

若 I=1,表示有中断请求;若 I=0,表示无中断请求。L_2~L_0 是中断请求中优先级最高的中断请求的 IR 编码。此查询步骤可反复执行,以响应多个中断同时发生的情况。

例如,在读取中断状态字时,先写入中断查询命令,然后读取中断状态字,程序如下:

```
MOV   AL, 00001100B
OUT   20H, AL          ;读中断状态命令字写入 OCW₃
IN    AL, 20H          ;读中断状态字
```

例如,设8259A的两个端口地址为20H和21H,OCW_3、ISR和IRR共用一个地址20H。读取ISR内容的程序段为:

```
MOV    AL, 00001011B
OUT    20H, AL        ;先将读 ISR 命令字写入 OCW₃
IN     AL, 20H        ;读 ISR 内容至 AL 中
```

读取IRR内容的程序段为:

```
MOV  AL, 00001010B
OUT  20H, AL          ;先将读 IRR 命令字写入 OCW₃
IN   AL, 20H          ;读 IRR 内容至 AL 中
```

（3）8259A初始化编程

例8-1   如图8-17所示,微机系统使用一片8259A实现中断管理,将其设计为主片结构,可处理8个外部中断。分配给8259A的I/O端口地址为20H和21H。对8259A进行初始化:边沿触发方式,非缓冲器方式,普通中断结束方式,中断优先级管理为全嵌套方式。

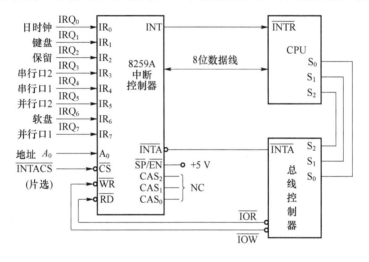

图 8-17   8259A 的应用

① 8259A初始化编程。根据系统要求,8259A初始化编程如下:

```
MOV    AL,13H         ;写入 ICW₁ 为边沿触发,单片 8259A 需要 ICW₄
OUT    20H,AL

MOV    AL,08H         ;写入 ICW₂ 中断类型号,起始中断号为 08H
OUT    21H,AL

MOV    AL,01H         ;写入 ICW₄,设定普通全嵌套方式、一般 EOI 方式
OUT    21H,AL
```

② 8259A操作方式编程。在用户程序中,用OCW_1来设置中断屏蔽寄存器,以控制各个外设中断申请允许或屏蔽。但不破坏原设定工作方式,如允许日时钟中断IRQ_0和键盘中断IRQ_1,其他状态不变,则可送入以下指令:

```
IN     AL, 21H        ;读出 IMR
AND    AL, 0FCH       ;只允许 IRQ₀ 和 IRQ₁,其他不变
OUT    21H, AL        ;写入 OCW₁,即 IMR
```

由于中断采用的是非自动结束方式,因此若中断服务程序结束,则在返回断点前,必须对 OCW$_2$ 写入 00100000B,即 20H,发出中断结束命令:

```
MOV    AL, 20H        ;设置 OCW 的值为 20H
OUT    20H, AL        ;写入 OCW₂ 的端口地址 20H
IRET                  ;中断返回
```

在程序中,通过设置 OCW$_3$,亦可读出 IRR、ISR 的状态以及查询当前的中断源。如要读出 IRR 内容以查看申请中断的信号线,这时可先写入 OCW$_3$,再读出 IRR:

```
MOV    AL, 0AH        ;写入 OCW₃,读 IRR 命令
OUT    20H, AL
NOP                   ;延时,等待 8259A 的操作结束
IN     AL, 20H        ;读出 IRR
```

当 $A_0 = 1$ 时,IMR 的内容可以随时方便地读出,如在 BIOS 中,中断屏蔽寄存器的检查程序如下:

```
MOV    AL,0           ;设置 OCW₁ 为 0,送入奇端口地址,表示 IMR 全为 0
OUT    21H, AL
IN     AL, 21H        ;读 IMR 状态
OR     AL, AL         ;若不为 0,则转出错程序 ERR
JNZ    ERR
MOV    AL,0FFH        ;设置 OCW₁ 为 FFH,送奇地址端口中,表示 IMR 为全 1
OUT    21H, AL
       IN   AL, 21H   ;读 IMR 状态
       ADD  AL,1      ;IMR = 0FFH?
       JNZ  ERR       ;若不是 0FFH,则转出错程序 ERR
       ...
ERR:
```

(4) 中断服务程序设计的一般过程

在进行中断服务程序设计时,首先需要设置中断向量表,把需要执行的中断服务程序的入口地址放入中断向量表的相应存储单元中,然后才能允许中断。下面以可屏蔽中断为例,介绍中断服务程序设计的一般过程。

① 主程序部分。为了实现中断过程,在中断产生之前,应在主程序中完成下列程序设计内容。

1) 初始化中断向量表。在初始化中断向量表时,方法一是用数据传送指令将中断向量写入中断向量表相应存储单元;方法二是用 DOS 功能调用。具体详见 8.1.1 的"3.8086/8088 中断系统"。

2) 设置中断控制器屏蔽位。通过 8259A 控制的硬件中断,必须使 8259A 的中断屏蔽寄存器的相应位置 0,才能允许中断请求。在程序中还可以通过控制屏蔽位,随时允许或禁止有关中断的产生。

3) 设置 CPU 的中断允许标志位 IF。硬件中断来自计算机的外部设备,它随时都可能提出申请,除利用 IMR 控制某一个或几个中断响应外,还可以通过关中断指令 CLI 和开中断指令 STI 来控制所有可屏蔽中断的关闭和允许响应。

② 中断服务程序设计。中断服务程序通常须完成以下任务:保护现场,中断处理,恢复现场,向8259A发送中断结束命令,中断返回等。中断服务程序样例设计如下:

```
INTPROC  PROC  FAR      ;定义中断服务子程序,远过程
    PUSH AX             ;保护现场
    PUSH BX
    STI                 ;开中断
        ...             ;中断处理
    CLI                 ;关中断
    POP  BX             ;恢复现场
    POP  AX
    MOV  AL, 20H        ;向8259A发送EOI命令
    OUT  20H, AL
    IRET                ;中断返回
INTPROC ENDP
```

8.2 案例及项目实现

8.2.1 案例8-1的实现——利用中断检测开关状态

1. 分析及原理图

Proteus原理图如图8-18所示。8259A的中断类型码为20H～27H,数据口地址为9000H,控制口地址为9002H。初始化规定如下:边沿触发方式,非缓冲器方式,中断结束为普通结束方式,中断优先级管理采用全嵌套方式。分配给8255A的控制口地址为8006H,A、B、C 3个数据口的地址分别为8000H、8002H和8004H,工作方式设定为A口读入(开关状态),B口输出(点亮对应LED灯)。然后编写适当的程序实现规定功能。

2. 程序设计

① 程序流程图。主程序、中断服务程序的流程图如图8-19所示。

② 程序清单:

```
DATA SEGMENT
CON8255 EQU 8006H
A8255   EQU 8000H
B8255   EQU 8002H
C8255   EQU 8004H
ICW1    EQU  00010011B     ;单片8259A,上升沿中断,要写ICW4
ICW2    EQU  00100000B     ;中断号为20H
ICW4    EQU  00000001B     ;工作在8086/8088方式
OCW1    EQU  01111111B     ;只响应INT 7中断
CS8259A EQU  9000H         ;8259A地址
CS8259B EQU  9002H
DATA ENDS
```

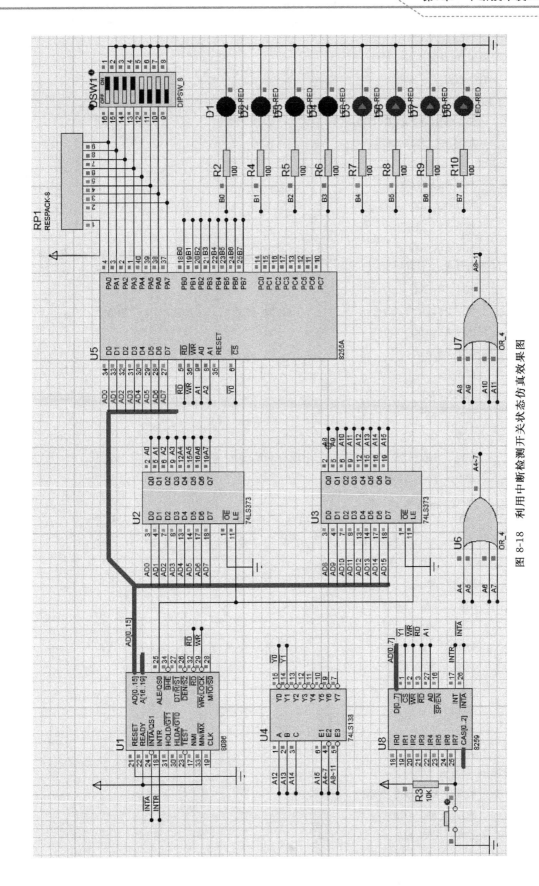

图 8-18　利用中断检测开关状态仿真效果图

```
STACK SEGMENT STACK
        STA DB 256 DUP(0FFH)
        TOP EQU $-STA
STACK ENDS
CODE    SEGMENT PUBLIC 'CODE'
        ASSUME CS:CODE
ORG 800H
START:  MOV AX, DATA
        MOV DS, AX
        MOV AX, STACK
        MOV SS, AX
        MOV AX, TOP
        MOV SP, AX
        MOV DX,CON8255              ;8255A初始化,A口输入,B口输出
        MOV AL,10010000B
        OUT DX,AL
        CLI
        PUSH   DS
        MOV    AX ,0
        MOV    DS ,AX
        MOV    BX, 156             ;0x27*4,中断号
        MOV    AX, CODE
        MOV    CL, 4
        SHL    AX, CL              ;x16
        ADD    AX, OFFSET INT7     ;中断入口地址(段地址为0)
        MOV    [BX], AX
        MOV    AX, 0
        INC    BX
        INC    BX
        MOV    [BX], AX            ;代码段地址为0
        POP    DS
        CALL   INI8259
        STI
LP:     NOP                        ;等待中断
        JMP    LP
INI8259:
        MOV    DX, CS8259A
        MOV    AL, ICW1
        OUT    DX, AL
        MOV    DX, CS8259B
```

```
        MOV    AL, ICW2
        OUT    DX, AL
        MOV    AL, ICW4
        OUT    DX, AL
        MOV    AL, OCW1
        OUT    DX, AL
        RET
INT7：
        CLI
        MOV    DX, A8255
        IN     AL, DX            ;从 A 口读入开关状态
        MOV    DX, B8255
        OUT    DX, AL            ;B 口点亮对应的 LED 灯
        MOV    DX, CS8259A
        MOV    AL, 20H           ;中断服务程序结束指令
        OUT    DX, AL
        STI
        IRET
CODE    ENDS
        END START
```

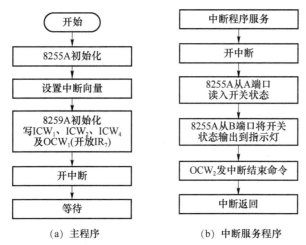

(a) 主程序   (b) 中断服务程序

图 8-19 指示灯显示开关状态程序的流程图

8.2.2 案例 8-2 的实现——两个中断控制 LED 流水灯左、右循环

实现过程:可在案例 8-1 的基础上,在 IR$_0$ 端添加一个开关,去掉与 8255A 的 A 口相连的 8 连开关;同时在程序中加入 IR$_0$ 的中断服务程序,修改 IR$_7$ 的中断服务程序。其中,8259A 的端口地址及工作方式设置同案例 8-1。Proteus 仿真原理图及程序请扫二维码。

Proteus 仿真原理图及程序

8.2.3 项目实现

下面实现简易交通信号灯系统。利用中断实现第 7 章中的简易交通信号灯系统。

1. 分析及原理图

Proteus 仿真原理图如图 8-20 所示。

（1）系统构成

在第 7 章简易交通信号灯系统的基础上，增加 8259A 芯片，连入系统中，并将 8253A 产生的中断信号直接接入 8259A 的 IR_7 端。

（2）程序修改

为 8253A 编写控制字，使其每秒产生一次时钟信号，通过中断请求输入线 IR_7 向 8086 提出中断请求；在 IR_7 的中断服务程序中，实现 A、B 道 10 s 通行：首先 A 道通行 10 s，其中前 7 s 绿灯亮，后 3 s 黄灯亮，A 道通行期间 B 道保持红灯亮；然后换 B 道通行，过程与 A 道相同；之后 A、B 道轮换通行。

2. 程序清单如下

```
DATA SEGMENT
CON8255   EQU     8006H
A_PORT    EQU     8000H
B_PORT    EQU     8002H
C_PORT    EQU     8004H
CON8253   EQU     0A006H
A8253     EQU     0A000H
B8253     EQU     0A002H
C8253     EQU     0A004H
ICW1      EQU     00010011B        ;单片 8259A,上升沿中断,要写 ICW4
ICW2      EQU     00100000B        ;中断号为 20H
ICW4      EQU     00000001B        ;工作在 8086/8088 方式
OCW1      EQU     01111110B        ;只响应 INT0、INT7 中断
CS8259A   EQU     9000H            ;8259A 的地址
CS8259B   EQU     9002H
DATA ENDS
STACK SEGMENT STACK
      STA DB 256 DUP(0FFH)
      TOP EQU $-STA
STACK ENDS
CODE      SEGMENT PUBLIC 'CODE'
```

```
              ASSUME CS:CODE
ORG 800H
START:    MOV AX, DATA
          MOV DS, AX
          MOV AX, STACK
          MOV SS, AX
          MOV AX, TOP
          MOV SP, AX
              MOV DX,CON8255      ;8255A 初始化,A、B、C 口均设为输出
              MOV AL,10000000B
          OUT DX,AL
          MOV   DX,CON8253        ;8253A 初始化,0 号、1 号计数器工作在方式 3,输入时钟
                                  ;为 1 MHz
          MOV AL,00110110B
          OUT DX,AL
          MOV AL,01110110B
          OUT DX,AL
          MOV DX,A8253            ;8253A 的 0 号计数器的初值为 1 000
          MOV AX,1000
          OUT DX,AL
          MOV AL,AH
          OUT DX,AL
          MOV DX,B8253            ;8253A 的 1 号计数器的初值为 1 000
          MOV AX,1000
          OUT DX,AL
          MOV AL,AH
          OUT DX,AL
      CLI                         ;为 8259A 设置中断向量
      PUSH DS
      MOV AX ,0
      MOV DS ,AX
      MOV BX, 156                 ;0x27 * 4,中断号
      MOV AX, CODE
      MOV CL, 4
      SHL AX, CL                  ;x16
      ADD AX, OFFSET INT7         ;中断入口地址(段地址为 0)
      MOV [BX], AX
      MOV AX, 0
      INC BX
      INC BX
```

```
        MOV [BX], AX              ;代码段地址为 0
        POP DS
        CALL INI8259              ;初始化 8259A 芯片
        MOV SI,20                 ;利用 SI 存储 A、B 车道循环秒数,一次循环共 20 s
        STI                       ;开中断
LP:                               ;等待中断
        NOP
        JMP    LP
INI8259:MOV    DX, CS8259A        ;8259A 初始化子程序
        MOV    AL, ICW1
        OUT    DX, AL
        MOV    DX, CS8259B
        MOV    AL, ICW2
        OUT    DX, AL
        MOV    AL, ICW4
        OUT    DX, AL
        MOV    AL, OCW1
        OUT    DX, AL
        RET
INT7:                             ;IR₇ 中断服务子程序
        CLI
        PUSH AX                   ;保护现场
            PUSH BX
            PUSH CX
        PUSH DX
        CLI
        MOV CX,SI
        CMP CX,0
        JG N0
        MOV SI,20
N0:DEC SI
        CMP CX,10
        JAE    BD                 ;大于 10 s 则 B 道放行,否则 A 道放行 10 s
        CMP    CX, 3
        JBE    AY                 ;小于 3 s 时,A 道黄灯亮
        ;A 道绿灯亮,B 道红灯亮
        MOV    AL,0F3H            ;11110011B
        MOV    DX,A_PORT
        OUT    DX,AL
        JMP    LEDA
        ;A 道黄灯亮,B 道红灯亮
```

```
AY: MOV AL,0F5H              ;11110101B
        MOV DX,A_PORT
        OUT DX,AL
LEDA:   LEA BX,TAB
        ADD BX,CX
        MOV AL,[BX]
        MOV DX,C_PORT
        OUT DX,AL
        JMP EXIT
BD:     SUB CX,10
        CMP   CX, 3
        JBE BY                  ;小于3s时,B道黄灯亮
        ;A道红灯亮,B道绿灯亮
        MOV AL,0DEH             ;11011110B
        MOV DX,A_PORT
        OUT DX,AL
        JMP LEDB
        ;A道红灯亮,B道黄灯亮
BY:     MOV AL,0EEH            ;11101110B
        MOV DX,A_PORT
        OUT DX,AL
        ;B口输出倒数秒数
LEDB:   LEA BX,TAB
        ADD BX,CX
        MOV AL,[BX]
        MOV DX,B_PORT
        OUT DX,AL
    ;发送中断结束命令
EXIT:   MOV   DX, CS8259A
        MOV   AL, 20H          ;中断服务程序结束指令
        OUT   DX, AL
        POP   DX              ;恢复现场
        POP   CX
        POP   BX
        POP   AX
    IRET                      ;中断返回
CODE    ENDS
DATA SEGMENT
TAB DB 3FH,06H,5BH,4FH,66H,6DH,7DH,07H,7FH,67H,77H,7CH,39H,5EH,79H,71H
DATA ENDS
        END START
```

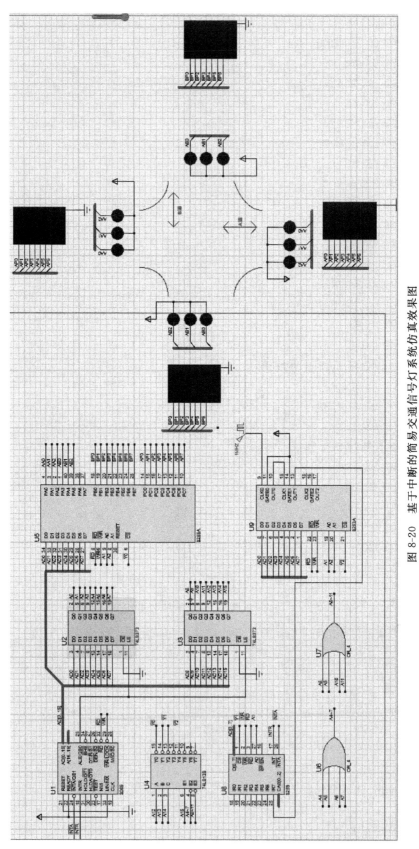

图 8-20 基于中断的简易交通信号灯系统仿真效果图

习　题

8.1　什么是中断？简述中断的一般过程。

8.2　CPU 响应外设可屏蔽中断请求的条件是什么？

8.3　什么是硬件中断和软件中断？在 PC 中两者的处理过程有什么不同？

8.4　在 8086 系统中，下面的中断请求优先级最高的是哪一个？

①NMI　　②INTR　　③内部硬件中断　　④单步中断

8.5　中断服务程序结束时，用指令 RET 代替指令 IRET 能否返回主程序？这样做存在什么问题？

8.6　简述什么是中断向量、中断向量表、中断类型码，以及它们之间的关系。若软中断指令为"INT 30H"，其中断类型号为多少，该中断的服务程序的入口地址在内存单元的什么位置？

8.7　简述 8259A 的内部结构和主要功能。8259A 的中断屏蔽寄存器 IMR 与 8086 中断允许标志位 IF 有什么区别？

8.8　中断控制系统由 3 片 8259A 级联而成，两片从 8259A 分别接入主 8259A 的 IR_3 和 IR_4 端。

①考虑 8 位数据的 8259A 如何与 16 位数据的 8086 CPU 系统相连接。

②简述主、从 8259A 硬件接线的电位特点，以及 CAS 信号端的作用。

③画出系统的硬件连接图。

④确定该系统最多可接受的中断源数量。

⑤若已知中断类型码和中断矢量，采用电平触发方式，完全嵌套，普通 EOI 结束，试编写全部初始化程序。

8.9　若 8086 系统采用单片 8259A 中断控制器控制中断，IR_0 中断类型码给定为 20H，中断源的请求线与 8259A 的 IR_4 相连，试问：对应该中断源的中断向量表的入口地址是什么？若中断服务程序入口地址为 4FE24H，则对应该中断源的中断向量表的内容是什么？

8.10　试按照如下要求对 8259A 设定初始化命令字：8086 系统中只有一片 8259A，中断请求信号使用电平触发方式，全嵌套中断优先级，数据总线无缓冲，采用中断自动结束方式。中断类型码为 20H～27H，8259A 的端口地址为 B0H 和 B2H。

第9章 微机系统串行通信及接口

案例9-1 利用8251A芯片实现串行数据输出,并利用虚拟终端及示波器观察输出。

9.1 基本知识

9.1.1 串行通信

计算机与外部进行信息交换的方式有两种,一是并行通信,二是串行通信。并行通信时,数据各位同时传送。而串行通信时,数据和控制信息一位接一位地串行传送出去。串行通信使用的传输线少,硬件电路简单,但传输速率较低,主要适用于长距离、低速率的通信。

1. 串行通信的类型

串行通信的数据是逐位传送的,串行通信对数据传送格式进行了规定,称为通信协议或规程。常用的串行通信协议有两种:异步协议和同步协议。同步协议又有面向字符、面向比特和面向字节计数等。面向字节计数在此不作讨论。

(1)异步串行通信

异步串行通信是指以字符为信息单位进行数据传送。每个字符作为一个独立的信息单位(1帧数据),发送端发出的每个字符在数据流中出现的时间都是任意的,接收端预先并不知道,异步主要体现在字符与字符之间的通信没有严格的定时要求。一旦传送开始,收/发双方则以预先约定的传输速率,在时钟的作用下,传送这个字符的每一位。所以,异步通信是指字符与字符之间的传送是异步的,而字符内部位与位之间的传送是同步的。

为了确保收/发双方在随机传送的字符与字符之间实现同步,每字符都用帧信息格式来表示,如图9-1所示,包括起始位、数据位、奇偶校验位、停止位、空闲位,其中各位的意义如下。

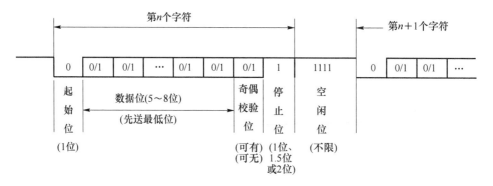

图 9-1 异步串行通信的数据格式

① 起始位。位数为1,低电平,表示开始传送字符。

② 数据位。紧接着起始位之后是数据位,可以是5~8位,是要传送的有效信息。通常采用

ASCII 码。从最低位开始传送,由时钟进行定位。

③ 奇偶校验位。在数据位后,一般为 1 位或没有校验位。数据位加上这一位后,使得"1"的位数为偶数(偶校验)或奇数(奇校验),以此来校验数据传送的正确性。

④ 停止位。表示一个字符传送完毕。可以是 1 位、1.5 位、2 位的高电平。

⑤ 空闲位。长度不定的高电平,表示当前线路上没有数据传送。各字符之间允许有间隙,且两个字符之间的间隔是不固定的。

为了在接收字符时发送和接收双方保持同步,异步串行通信要求发送和接收双方选定同样的波特率和波特率系数。波特率是指每秒传送的二进制位数,它是衡量数据传送速率的指标。例如,数据传送速率为 120 字符/秒,而每一个字符为 10 位,则其传送的波特率为 $10 \times 120 = 1200$ 字符/秒=1200 波特(bit/s)。波特率系数是预先规定的接收时钟的频率,是波特率的倍数,例如波特率系数为 16 倍、32 倍或 64 倍等。国际上规定的常用标准波特率有 110、300、600、1 200、4 800、9 600 和 19 200 等。

(2) 同步串行通信

同步串行通信是指以数据块(字符块)为信息单位进行传送,而每帧信息包括成百上千个字符。传送一旦开始,要求收/发双方字符内部的位传送是同步的,字符与字符之间的传送也是同步的。为此,收/发两端必须使用同一时钟来控制数据块传输中的定时。

① 面向字符的同步串行通信

面向字符的同步协议是指一次传送由若干个字符组成的数据块,并规定了 10 个特殊字符作为这个数据块的开头与结束标志,以及整个传输过程的控制信息,称为通信控制字。面向字符的同步串行通信数据的帧格式如图 9-2 所示。

SYN	SYN	SOH	标题	STX	数据块	ETB/ETX	块校验

图 9-2　面向字符的同步串行通信数据的帧格式

其中 SYN 是同步字符,加一个 SYN 称为单同步,加两个 SYN 称为双同步。同步字符起联络作用,传送数据时,接收端不断检测,一旦检测到同步字符,就知道是一帧开始了。SOH 表示标题的开始。标题包括源地址、目标地址和路由指示等信息。STX 表示传送的正文(数据块)开始。数据块就是被传送的正文内容,由多个字符组成。ETB 表示正文很长,需要分成若干个分数据块,在每个分数据块后面用 ETB,在最后一个分数据块后面用 ETX。块校验可以是奇、偶校验或 16 位循环冗余校验(CRC)。

② 面向比特的同步串行通信

面向比特的同步协议是指以二进制位作为信息单位,现代计算机网络大多采用此类规程,面向比特的同步串行通信数据的帧格式如图 9-3 所示。一帧信息包括几个场,所有场都从最低有效位开始传送。

8位	8位	8位	≥0位	16位	8位
01111110	A	C	I	FC	01111110
开始标志	地址场	控制场	信息场	校验场	结束标志

图 9-3　面向比特的同步串行通信数据的帧格式

其中,开始标志 01111110 称为标志场,结束标志同开始标志一样,也为 01111110。从开始标志到结束标志之间构成一个完整的信息单位,称为帧。地址场用来规定与之通信的次站地址。控制场可规定若干个命令。信息场含有要传送的数据,当它为 0 时,表示该帧是控制命令。校验场采用 CRC 码。

2. 串行数据传输方式

串行通信是指将数据一位接一位地顺序通过同一信号线进行传送。根据数据传送方向的不同,串行通信的数据传送可分为单工、半双工和全双工 3 种方式。

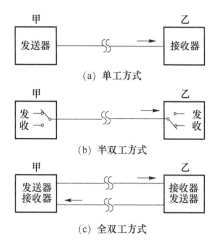

图 9-4   串行通信的工作方式

(1) 单工方式

单工方式允许数据按固定方向传送,预先固定一方为发送站,另一方为接收站,如图 9-4(a)所示。

(2) 半双工方式

数据能从 A 站传送到 B 站,也能从 B 站传送到 A 站,但是不能同时在两个方向上传送,每次只能有一个站发送,另一个站接收,如图 9-4(b)所示。

(3) 全双工方式

全双工方式允许通信双方同时进行发送和接收。A 站在发送的同时也可以接收,B 站亦同,需要两条传输线,如图 9-4(c)所示。

在计算机串行通信中主要使用半双工和全双工方式。

9.1.2   可编程串行接口 8251A

1. 8251A 的主要功能

8251A 是可编程串行通信接口芯片,主要功能如下。

① 可以工作在同步方式,也可以工作在异步方式。

② 同步方式下:5～8 个数据位/字符,可以用外部同步或内部同步,可以自动插入同步字符。

③ 异步方式下:5～8 个数据位/字符,时钟速率是波特率的 1、16、64 倍,停止位可以是 1 位、1.5 位或 2 位,可检查假启动位,可产生、自动检测和处理中止字符。

④ 波特率:同步方式下,0～64K,异步方式下,0～19.2K。

⑤ 支持全双工方式。

⑥ 有具备奇偶校验、溢出和帧错误检测等功能的电路。

⑦ 输入/输出电路是 TTL 电平。

2. 8251A 芯片的引脚

8251A 是用来作为 CPU 与外设或调制解调器之间接口的芯片,如图 9-5 所示,各引脚的功能如下。

(1) 8251A 和 CPU 的连接信号

① 数据信号

$D_0 \sim D_7$ 是 8251A 的 8 根双向数据线,与系统数据总线相连,传输数据、CPU 对 8251A 的编程命令以及 8251A 的状态信息。

② 片选信号 $\overline{CS}$

CPU 的外设地址经译码后接 8251A 的片选信号 $\overline{CS}$。如果 $\overline{CS}$ 为低电平,该 8251A 芯片被选中,才能对该 8251A 进行读或写操作;如果 $\overline{CS}$ 为高电平,该 8251A 数据总线为高阻态,不能进行读或写操作。

③ 读信号 $\overline{RD}$

低电平时,表示 CPU 正在从该 8251A 读取数据或状态信息。

④ 写信号 $\overline{WR}$

低电平时,表示 CPU 正向该 8251A 写数据或控制字。

⑤ 控制/数据信号 C/$\overline{D}$

控制/数据信号 C/$\overline{D}$ 用来区分当前读写的是数据还是控制信息。该信号也可看作 8251A 数据口/控制口的选择信号。

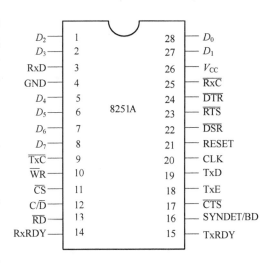

图 9-5 8251A 芯片的引脚图

$\overline{RD}$、$\overline{WR}$、C/$\overline{D}$ 信号的组合决定了 8251A 的具体操作,如表 9-1 所示。

表 9-1 C/$\overline{D}$、$\overline{RD}$ 和 $\overline{WR}$ 操作

C/$\overline{D}$	$\overline{RD}$	$\overline{WR}$	$\overline{CS}$	操 作
0	0	1	0	CPU 从 8251A 读取数据
0	1	0	0	CPU 往 8251A 写入数据
1	0	1	0	CPU 读取 8251A 的状态
1	1	0	0	CPU 往 8251A 写入控制命令
×	×	×	1	8251A 高阻,与 CPU 隔离

⑥ 收发联络信号

1) 发送器准备好信号 TxRDY。高电平有效,表示发送器已经准备好接收 CPU 送来的数据字符,通知 CPU 可以向 8251A 发送数据。CPU 向 8251A 写入了一个字符以后,TxRDY 自动复位。在用查询方式时,此信号作为一个状态位,CPU 可从状态寄存器的 D_0 位检测这个信号;在用中断方式时,此信号作为中断请求信号。

2) 接收器准备好信号 RxRDY。高电平有效,表示当前 8251A 已经从外设接收到一个字符,通知 CPU 来读取。当 CPU 从 8251A 读取数据后,RxRDY 则变为低电平。在查询方式时,此信号可作为状态位,CPU 通过读状态寄存器的 D_1 位检测这个信号。在中断方式时,此信号可作为中断请求信号。

3) 发送器空信号 TxE。高电平有效,表示发送器中的数据已发送出去,已经变空了。当 8251A 从 CPU 接收待发的字符后,自动复位。此信号可从状态寄存器的 D_2 位检测到。

4) 双功能引脚 SYNDET/BD。在同步方式时作同步字符检出信号,为双向线。当 8251A 工作于内同步方式时,SYNDET 是输出;工作于外同步方式时,SYNDET 是输入。这个引脚在异步方式时,作间断信号检出 BD,是输出。当检测到间断码时,输出高电平。

(2) 8251A 和外设的连接信号

① 发送数据线 TxD/接收数据线 RxD。CPU 送往 8251A 的并行数据,转换成串行数据后,

通过 TxD 发送给外设;通过 RxD 接收外设送 8251A 的串行数据,转换成并行数据后,供 CPU 读取。

② 数据终端准备好信号 $\overline{DTR}$。输出,低电平有效。通知外设 CPU 已经准备就绪,它由工作命令字的 D_1 置"1"变为有效。

③ 数据设备准备好信号 DSR。输入,低电平有效。表示外设已准备好。CPU 通过读状态寄存器的 D_7 位来检测这个信号。

④ 请求发送信号 $\overline{RTS}$。输出,低电平有效。通知外设 CPU 已经准备好发送数据。它由命令字的 D_5 置"1"变为有效。

⑤ 允许发送信号 $\overline{CTS}$。输入,低电平有效。是对 $\overline{RTS}$ 的响应信号,由外设送往 8251A。当 $\overline{CTS}$ 有效时,8251A 才能发送数据。

(3)时钟信号

① 发送器时钟 $\overline{TxC}$。由外部(波特率时钟发生器)提供,控制 8251A 发送数据的速率。在异步方式下,$\overline{TxC}$ 的频率可以等于波特率,也可以是波特率的 16 倍或 64 倍。在同步方式下,$\overline{TxC}$ 的频率与数据速率相同。

② 接收器时钟 $\overline{RxC}$。由外部(波特率时钟发生器)提供,其频率的选择和 $\overline{TxC}$ 相同。在实际应用中,将 $\overline{TxC}$ 和 $\overline{RxC}$ 连接在一起。

③ 工作时钟 CLK。由外部时钟源提供,为芯片内部电路提供定时。在同步方式下,CLK 的频率要大于接收器或发送器输入时钟($\overline{TxC}$或$\overline{RxC}$)频率的 30 倍。在异步方式下,CLK 的频率要大于接收器或发送器输入时钟频率的 4～5 倍。

3. 8251A 的内部结构

8251A 的内部结构如图 9-6 所示,由 5 部分组成:数据总线缓冲器、读/写控制逻辑电路、调制解调控制电路、接收器和发送器。

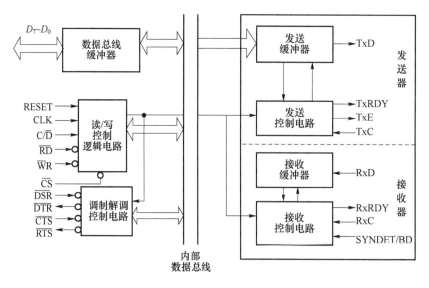

图 9-6　8251A 的内部结构

① 数据总线缓冲器。数据总线缓冲器是一个三态、双向的 8 位缓冲器,用来和系统数据总线相连。在 CPU 执行输入或输出指令时,通过 8251A 的数据总线缓冲器进行数据、控制字、命令字、状态信息的传送。

② 读/写控制逻辑电路。其接收来自系统控制总线的信号,产生整个芯片各种操作的控制信号。

③ 调制解调控制电路。其用来简化 8251A 和调制解调器的连接,完成信号的调制解调功能。

④ 发送器由发送缓冲器和发送控制电路两部分组成。其把待发送的并行数据转换成要求的帧格式并加上校验,在发送时钟$\overline{\text{TxC}}$的作用下,由 TxD 一位接一位地串行发送出去。发送完一帧数据后,发送器的 TxRDY=1,通知 CPU 发送下一个数据。

⑤ 接收器由接收缓冲器和接收控制电路两部分组成。接收器的功能是在接收时钟$\overline{\text{RxC}}$的作用下接收 RxD 引脚上的帧格式化串行数据并把它转换为并行数据,同时进行校验,若校验无误,则发出接收器准备好信号(RxRDY=1),通知 CPU 读数据。

4. 8251A 的编程命令

8251A 的初始化编程一是控制字的设置,二是命令字的设置。用控制字确定是同步还是异步工作方式,并指定帧数据格式;用命令字确定 8251A 进行某种操作或处于某种工作状态,以便接收或发送数据。

8251A 初始化的流程如图 9-7 所示,当硬件复位或通过软件复位后,先向控制字寄存器中写入控制字,设置异步或同步工作方式。如果是同步工作方式,必须指出同步字符的个数,并随后写入同步字符。

在设置控制字之后,写入 8251A 操作的各种控制命令。其中若 D_6 位为 1,即使 8251A 复位,则 8251A 恢复到初始化状态,重新进行设置;否则,8251A 便开始传输数据。

(1) 控制字

控制字的格式如图 9-8 所示。控制字为 8 位,可以分为 4 组,每组 2 位。

$D_1 D_0$:确定是工作于同步方式还是异步方式。当 $D_1 D_0$=00 时为同步方式;当 $D_1 D_0 \neq 00$ 时为异步方式,其中 x1、x16、x64 分别表示波特率因子为 1、16、64。

$D_3 D_2$:用来确定 1 个字符数据包含的位数。

$D_5 D_4$:用来确定要不要校验以及是奇校验还是偶校验。

$D_7 D_6$:异步时用来规定停止位的位数;同步时用来确定是内同步还是外同步及同步字符的个数。

(2) 命令字

命令字使 8251A 进行某种操作或处于某种工作状态,以接收或发送数据。8251A 命令字的格式如图 9-9 所示。

D_0:允许发送 TxEN。D_0=1,允许发送;D_0=0,禁止发送。可作发送中断屏蔽位。

D_1:数据终端准备就绪 DTR。D_1=1,表示终端设备已准备好;D_1=0,置$\overline{\text{DTR}}$无效。

D_2:允许接收 RxE。D_2=1,允许接收;D_2=0,禁止接收。可作接收中断屏蔽位。

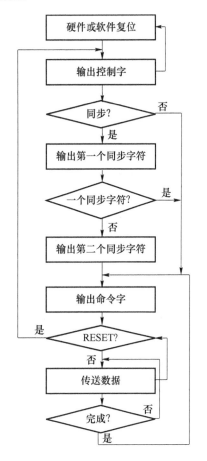

图 9-7　8251A 初始化的流程

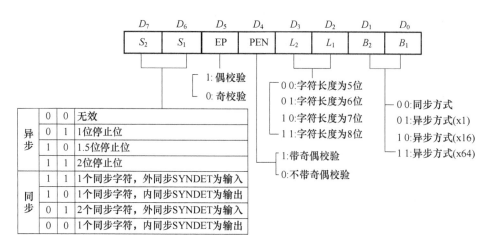

图 9-8　8251A 控制字的格式

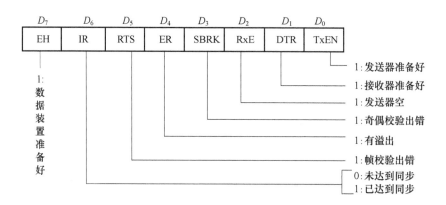

图 9-9　8251A 命令字的格式

D_3：发中止字符 SBRK。$D_3=1$，输出连续的空号；$D_3=0$，正常操作。

D_4：错误标志复位 ER。$D_4=1$，使状态字的 PE/OE/FE 复位；$D_4=0$，不复位。

D_5：请求发送 RTS。$D_5=1$，使请求发送$\overline{\text{RTS}}$有效；$D_5=0$，置$\overline{\text{RTS}}$无效。

D_6：内部复位 IR。$D_6=1$，8251A 进行内部复位；$D_6=0$，不进行内部复位。

D_7：进入搜索方式 EH。$D_7=1$，启动搜索同步字符；$D_7=0$，不搜索同步字符。

（3）状态字

8251A 执行命令进行数据传送后的状态信息放在状态字寄存器中，CPU 可以通过读入 8251A 的状态字，了解其目前的工作状态。8251A 状态字格式如图 9-10 所示。

状态字寄存器的状态位 RxRDY、TxE、SYNDET 及 DSR 的定义与芯片引脚的定义相同。状态字寄存器的状态位 TxRDY=1，表示发送缓冲器已空且$\overline{\text{CTS}}=0$、TxE=1。$D_3 \sim D_5$ 3 位是错误状态信息。

- D_3：奇偶错 PE。当接收端检测出奇偶错时 PE=1，不影响 8251A 工作，由命令字中的 ER 位复位。

- D_4：溢出错 OE。若前一个字符尚未被 CPU 取走，后一个字符已变为有效，则 OE=1，不影响 8251A 操作。当被溢出的字符丢掉了时，OE 被命令字的 ER 复位。

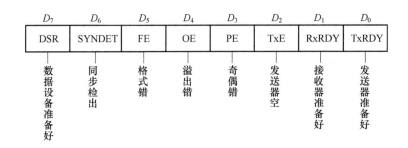

图 9-10　8251A 状态字格式

- D_5：帧出错 FE。在异步方式中接收端在任一字符的后面没有检测到规定的停止位，则 FE＝1。不影响 8251A 的操作，由命令字的 ER 复位。

5. 8251A 初始化编程及应用举例

例 9-1　设 8251A 工作在异步方式，波特率系数（因子）为 16，7 个数据位/字符，偶校验，2 个停止位，发送、接收允许，设端口地址为 51H。完成初始化程序。

解：　根据题目要求，可以确定控制字为 11111010B，即 FAH；而命令字为 00110111B，即 37H。则初始化程序如下。

```
MOV   AL,0FAH   ;设置控制字:异步方式,7个数据位/字符,偶校验,2个停止位
OUT   51H,AL
MOV   AL,37H    ;设置命令字
OUT   51H,AL
```

例 9-2　设端口地址为 51H，采用内同步方式，2 个同步字符（设同步字符为 16H），偶校验，7 个数据位/字符。

解：　根据题目要求，可以确定控制字为 00111000B，即 38H；命令字为 10010111B，即 97H。它们使 8251A 对同步字符进行检索；同时使状态字寄存器中的 3 个出错标志复位；此外，使 8251A 的发送器启动，接收器也启动；命令字还通知 8251A，CPU 当前已经准备好进行数据传输。具体程序段如下：

```
MOV   AL,38H    ;设置控制字:同步方式,用2个同步字符,7个数据位,偶校验
OUT   51H,AL
MOV   AL,16H
OUT   51H,AL    ;送第一个同步字符
OUT   51H,AL    ;送第二个同步字符
MOV   AL,97H    ;设置命令字,使发送器和接收器启动
OUT   51H,AL
```

9.2　案例 9-1 的实现

实现过程：利用 8253A 时钟发生器产生 20 kHz 的时钟信号，提供给 8251A 完成串行数据输出，并在示波器上显示出来。

解：　Proteus 仿真电路连接图如图 9-11 所示，示波器参数设置及运行结果如图 9-12 所示，程序的流程图如图 9-13 所示，程序清单如下。

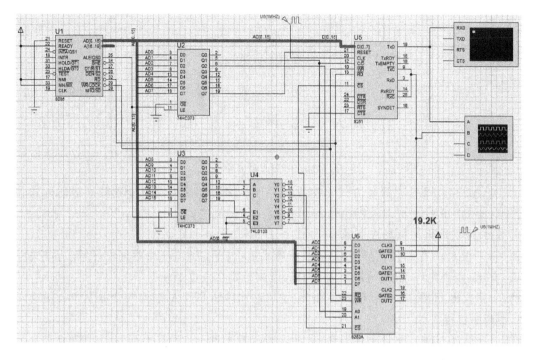

图 9-11 串行通信案例接口电路仿真效果图

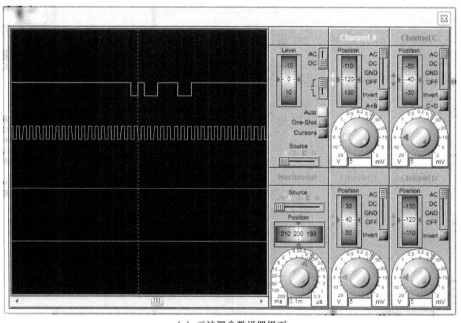

（a）示波器参数设置界面

（b）运行结果界面

图 9-12 串行通信案例示波器参数设置界面和运行结果界面

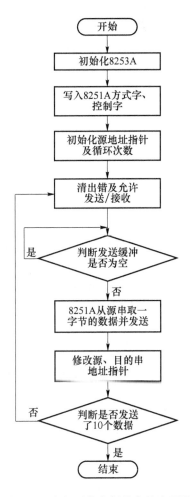

图 9-13 串行通信案例程序的流程图

```
CS8251R    EQU 0F080H    ;串行通信控制器复位地址
CS8251D    EQU 0F000H    ;串行通信控制器数据口地址
CS8251C    EQU 0F002H    ;串行通信控制器控制 CR 址
TCONTRO    EQU 0A006H
TCON0      EQU 0A000H
CODE       SEGMENT
           ASSUME DS:DATA,CS:CODE
START:
       MOV    AX,DATA
       MOV    DS,AX
       MOV    DX,TCONTRO    ;8253A 初始化
       MOV    AL,16H        ;计数器 0,只写计算值低 8 位,方式 3,二进制计数
       OUT    DX,AL
       MOV    DX,TCON0
       MOV    AX,52         ;时钟为 1 MHz ,计数时间 = 1 μs×50 = 50 μs,输出频率为
                            ;20 kHz
```

```
        OUT DX,AL
        NOP
        NOP
        NOP
        MOV     DX, CS8251R        ;8251A 初始化
        IN      AL,DX
        NOP
        MOV     DX, CS8251R
        IN      AL,DX
        NOP
        MOV     DX, CS8251C
        MOV     AL, 01001101B      ;1 个停止位,无校验,8 个数据位, x1
        OUT     DX, AL
        MOV     AL, 00010101B      ;清出错标志,允许发送/接收
        OUT     DX, AL
START4: MOV     CX,10
        LEA     SI,STR1
SEND:                              ;串口发送'0123456789'
        MOV     DX, CS8251C
        MOV     AL, 00010101B      ;清出错,允许发送/接收
        OUT     DX, AL
WaitTXD:
        NOP
        NOP
        IN AL, DX
        TEST    AL, 1              ;发送缓冲是否为空
        JZ WaitTXD
        MOV     AL, [SI]           ;取要发送的字
        MOV     DX, CS8251D
        OUT     DX, AL             ;发送
        PUSH    CX
        MOV     CX,8FH
        LOOP    $
        POP     CX
        INCSI
        LOOP    SEND
        JMP     START4
        JMP     START
CODE            ENDS
DATA            SEGMENT
```

```
STR1            DB '0123456789'
DATA            ENDS
      END START
```

习　题

9.1　串行通信的主要特点是什么?

9.2　串行通信有几种传输方式?各自有哪些特点?

9.3　设异步传输时,每个字符对应1个起始位、7个数据位、1个奇校验和1个停止位。若波特率为1 200,则每秒传输的最大字符数为多少?

9.4　异步通信时采用什么方法使发送方和接收方的信息得到同步?用图示说明异步通信协议一帧数据的格式。

9.5　RS-232-C是哪两种设备之间的通信接口的标准?RS-232-C专用的接口信号有哪些?

9.6　简述8251A的内部结构及各部分的作用。

9.7　8251A在接收和发送数据时,分别通过哪个引脚向CPU发中断请求信号?

9.8　8251A与外设之间有哪些接口信号?

9.9　说明8251A异步方式与同步方式初始化编程的主要区别?

9.10　设某系统中使用串行I/O接口,8251A工作在异步方式,8位字符,带偶校验,1个停止位,波特率系数为16,允许发送,也允许接收。若已知其控制端口地址为0FFFH,数据端口地址为0FF2H,试编写初始化程序。

第 10 章　D/A 和 A/D 转换接口

案例 10-1　A/D 转换

用 8086 CPU 控制 ADC0809 接收模拟信号,经其转换成数字信号后通过 8255 在 LED 灯上显示出来。

案例 10-2　D/A 转换

用 8086 CPU 控制 DAC0832 输出连续的锯形波。

10.1　基 本 知 识

在实际工业控制和测量系统中,通常遇到的是温度、速度、压力、流量、电流、电压等一些连续变化的模拟量。而微型计算机只能接收数字量并进行运算和处理,因此必须将这些模拟量转换为数字量(简称 A/D 转换)。而微型计算机运算的结果也只能以数字量输出,但大多数被控设备不能直接接收数字量,所以还需将微型计算机输出的数字量转换成模拟量(简称 D/A 转换),去控制或驱动被控设备。上述两个过程需要通过模拟量输入/输出通道来完成。A/D 转换器和D/A 转换器是模拟量输入/输出通道中的重要部件。

10.1.1　模拟量输入/输出通道

模拟量输入/输出通道的一般结构如图 10-1 所示。

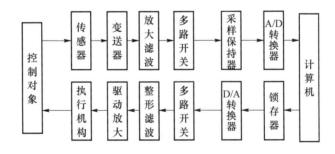

图 10-1　模拟量输入/输出通道的一般结构

1. 模拟量输入通道

在计算机控制系统中,需要通过模拟量输入通道将生产现场的模拟量信号转换为数字量信号。模拟量输入通道主要包括下列环节。

① 传感器。其是将工业生产现场的非电物理量转换为电量的器件。例如温度、压力、位移、速度、流量等多种传感器。

② 变送器。通过变送器将传感器输出的信号转换成统一要求的电信号,如 0~10 mA、4~20 mA 的电流信号,或者 0~5 V 的电压信号。

③ 放大滤波。通过放大滤波环节将信号放大并去除干扰信号。

④ 多路转换开关。使多个模拟信号共用一个 A/D 转换器进行采样和转换。在模拟量输出通道中,为实现多回路控制,通过多路开关将控制信号分配到各输出控制回路。

⑤ 采样保持电路。在数据采样期间,保持输入信号不变的电路称为采样保持电路。由于 A/D 转换过程需要一定时间,为了保证 A/D 转换精度,对于变化较快的模拟量信号必须在 A/D 转换进行期间保持该值不变,而在 A/D 转换结束后又能跟踪输入信号的变化。因此,在 A/D 转换器前面增加采样保持电路。

⑥ A/D 转换器。其将输入的模拟量信号转换成计算机能够识别的数字量信号。A/D 转换器又称为模/数转换器。

2. 模拟量输出通道

计算机输出的是数字量信号,而控制系统要求使用电压或电流信号进行控制。因此,需要将计算机输出的数字信号转换为模拟信号。这个过程的实现由模拟量输出通道来完成。

模拟量输出通道中的核心部件是 D/A 转换器,它将计算机送出的数字量信号转换成与此数值成正比的电压或电流信号,从而控制执行机构。D/A 转换器又称为数/模转换器。

由于计算机运行速度很快,其输出的数据在数据总线上稳定的时间很短。因此,在计算机与 D/A 之间增加锁存器来保持数字量信号的稳定;整形滤波用低通滤波器来平滑输出波形。用驱动放大来放大模拟信号以驱动执行机构。

10.1.2　D/A 转换器

1. D/A 转换器的基本原理

为了将数字量转换成模拟量,将每一位代码按权大小转换成相应的模拟输出分量,然后根据叠加原理将各位代码对应的模拟输出分量相加,其总和就是与数字量成正比的模拟量,由此完成 D/A 转换。典型的 D/A 转换器基本电路由模拟开关、电阻网络和运算放大器组成,如图 10-2 所示。

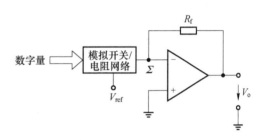

图 10-2　D/A 转换器基本电路

其中,模拟开关和电阻网络用来构成解码网络,是实现 D/A 转换的核心部件。V_{ref} 为基准电压,R_f 为反馈电阻,计算机输出的数字量通过解码网络和运算放大器后转换为输出电压 V_o。D/A 转换器通常有两种形式的解码网络:二进制权电阻型 D/A 解码网络和 R-$2R$ 梯形 D/A 解码网络。

首先,我们来介绍运算放大器的原理,然后引出 D/A 转换器原理。一个简单的运算放大器电路如图 10-3(a)所示。

运算放大器的同相输入端(+)接地,由于运算放大器的输入阻抗非常大,流入反相输入端的电流几乎为 0。又由于运算放大器同相端与反相端之间的电流非常小,Σ 点被称为虚地点。基本运算放大器输出电压与输入电压的关系如式(10-1)所示。

$$V_o = -\frac{R_f}{R}V_{in} \qquad (10\text{-}1)$$

式(10-1)中,R 为输入电阻,R_f 为反馈电阻,V_{in} 为参考电压,V_o 为输出电压。

若基本运算放大器的输入端有 n 个支路,如图 10-3(b)所示,则输出电压与输入电压的关系如式(10-2)所示。

$$V_o = -R_f \sum_{i=1}^{n} \frac{1}{R_i}V_{in} = -R_f V_{in} \sum_{i=1}^{n} \frac{1}{R_i} \qquad (10\text{-}2)$$

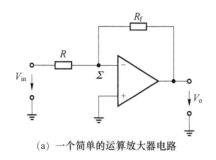 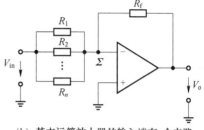

（a）一个简单的运算放大器电路　　　　　（b）基本运算放大器的输入端有n个支路

图 10-3　基本运算放大器电路

（1）二进制权电阻型 D/A 解码网络

在图 10-3(b)中，如果使各支路上的输入电阻 $R_1,R_2,R_3,\cdots,R_n$ 分别等于 $2^1R,2^2R,2^3R,\cdots,2^nR,2^jR$，即称为加权电阻值，则有

$$V_{\text{o}} = -R_{\text{f}} \sum_{i=0}^{n-1} \frac{1}{2^iR} V_{\text{ref}} = -\frac{R_{\text{f}}}{R} V_{\text{ref}} \sum_{i=0}^{n-1} \frac{1}{2^i} \qquad (10\text{-}3)$$

如果每个支路都接入一个开关 S_i，开关闭合时用 $S_i=1$ 表示，开关断开时用 $S_i=0$ 表示，开关状态由二进制数字量来控制，就构成了二进制权电阻型 D/A 解码网络。图 10-4 所示是一个 8 位权电阻型 D/A 解码网络，则输入电压和输出电压的关系如式(10-4)所示。

$$V_{\text{o}} = -\frac{R_{\text{f}}}{R} V_{\text{ref}} \sum_{i=0}^{n-1} \frac{1}{2^i} S_i \qquad (10\text{-}4)$$

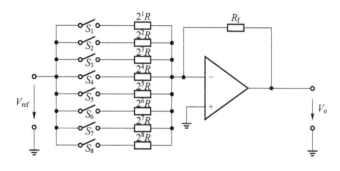

图 10-4　8 位权电阻网络

在图 10-4 中，如果用二进制数的各位来控制权电阻网络中的权电阻开关 $S_i(i=0\sim7)$，当输入一个 8 位二进制数字量时，二进制数字量的最高位 D_7 使开关 S_7 闭合，二进制数字量的次高位 D_6 使开关 S_6 闭合，依次顺序进行，二进制数字量的 D_0 使 S_0 闭合。因此，二进制数字量通过权电阻网络来控制开关的通断，使电路输出对应的电压信号，从而实现了二进制数字量到模拟量的转换，这就是 D/A 转换器的基本原理。

通过式(10-4)可以看出，当所有开关 S_j 断开时，$V_{\text{o}}=0$；当所有开关 S_j 闭合时，输出电压 V_{o} 为最大，即 $V_{\text{o}} = -\dfrac{2^j-1}{2^j} V_{\text{ref}}$。当输入数字量 $B = D_7D_6D_5D_4D_3D_2D_1D_0$ 时，则输出电压为

$$V_{\text{o}} = -\frac{V_{\text{ref}}}{2} \sum_{j=1}^{8} \frac{1}{2^{j-1}} S_j$$

$$= -\frac{V_{\text{ref}}}{2} \times (D_7 \times \frac{1}{2^0} + D_6 \times \frac{1}{2^1} + D_5 \times \frac{1}{2^2} + D_4 \times \frac{1}{2^3} + D_3 \times \frac{1}{2^4} + D_2 \times \frac{1}{2^5} +$$

$$D_1 \times \frac{1}{2^6} + D_0 \times \frac{1}{2^7})$$

D/A 转换器的精度与基准电压 V_{ref} 和权电阻的精度以及数字量的位数有关。位数越多,转换精度就越高,但权电阻数量以 2 的加权形式递增。由于制造高阻值的精密电阻比较困难,容易带来较大的转换误差,所以在实际中常用 R-$2R$ 梯形 D/A 解码网络。

（2）R-$2R$ 梯形 D/A 解码网络

图 10-5 所示是一个 R-$2R$ 梯形 D/A 解码网络,使用两种阻值的电阻 R 和 $2R$,由于 R-$2R$ 接成梯形,故称为梯形网络。整个电路是由相同支路组成的,每个支路都有两个电阻、一个开关,每个开关由对应的二进制数位来控制,即一位二进制数控制一个支路。

R-$2R$ 梯形 D/A 解码网络的输出电压和输入电压的关系如式（10-5）所示。

$$V_o = -\frac{R_f}{2R} \times V_{ref} \sum_{i=0}^{n-1} \frac{1}{2^{n-i-1}} \tag{10-5}$$

n 为电阻网络的支路数。

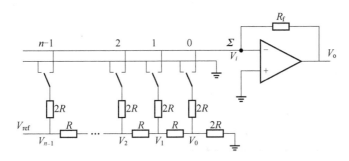

图 10-5　R-$2R$ 梯形 D/A 解码网络

由式（10-5）可知,输出电压 V_o 正比于输入的数字量,若输入 8 位的数字量,则式（10-5）可简化为式（10-6）,即 D/A 转换器的输出电压和数字量的关系式。

$$V_o = -\frac{R_f}{2R} \times V_{ref} \sum_{i=0}^{7} \frac{1}{2^{7-i}} \tag{10-6}$$

当一个二进制数为 $B = D_7 D_6 D_5 D_4 D_3 D_2 D_1 D_0$ 时,输出的电压为

$$V_o = -\frac{R_f}{2R} \times V_{ref}(D_7 \times \frac{1}{2^0} + D_6 \times \frac{1}{2^1} + D_5 \times \frac{1}{2^2} + D_4 \times \frac{1}{2^3} +$$

$$D_3 \times \frac{1}{2^4} + D_2 \times \frac{1}{2^5} + D_1 \times \frac{1}{2^6} + D_0 \times \frac{1}{2^7})$$

可见,R-$2R$ 梯形 D/A 解码网络输出电压 V_o 的绝对值正比于输入的二进制数字量,所以该网络可以实现二进制数字量到模拟电压的转换,并且随着位数的增加,误差减小,转换精度增高。

2. D/A 转换器的主要技术指标

（1）分辨率

分辨率指能够分辨最小量化信号的能力。它表示输入数据发生 1 LSB（最低一位二进制数）的变化时所对应的输出模拟量的变化值,可用数字量的位数来表示,如 8 位、10 位等。

（2）转换时间

转换时间指当输入数字量满刻度变化（如数字量从全 0 到全 1）时,从数字量输入到输出模拟量达到与最终值相差 $\pm 1/2$ LSB（最低有效位）相当的模拟量值所需要的时间。一般在几纳秒到几百微秒之内。

（3）转换精度

当一个确定的数字量输入 D/A 后,它的实际输出值与该数字量所对应的理论输出值之间会

有一定的误差,这就是 D/A 转换器精度,通常用此差值与满量程输出电压或电流的百分比来表示。例如,某一 D/A 转换器的电压满量程为 10 V,精度为 0.02%,则输出电压的最大误差为 10.00 V×0.02%=20 mV。一般 D/A 转换器的误差不大于 1/2 LSB。

（4）线性度

线性度是指 D/A 转换器输入的数字量变化时,其输出的模拟量按比例关系变化的程度。模拟输出偏离理想输出的最大值称为线性误差。

（5）输出电平

D/A 转换器的输出电平主要有电压型和电流型,电压型为 5～10 V,高电压为 24～30 V;电流型为 4～20 mA 或 0～20 mA,最高可达 3 A。

3. 典型 D/A 转换器芯片

常用的 D/A 转换器芯片根据转换位数有 8 位 D/A 转换器芯片、10 位 D/A 转换器芯片、16 位 D/A 转换器芯片等;根据输出模拟量信号类型有电流输出 D/A 转换器芯片和电压输出 D/A 转换器芯片;根据内部结构分为含数据锁存器的 D/A 转换器芯片和不含数据锁存器的 D/A 转换器芯片两类。

（1）8 位 D/A 转换器 DAC0832

DAC0832 是 CMOS 单片 8 位 D/A 转换器,采用 20 引脚双列直插式封装,片内有一个 T 型电阻解码网络,用于对基准电流进行分流以完成 D/A 转换。其内部具有数据输入寄存器,可以直接与 8086、8088 等 CPU 连接。其内部结构和外部引脚如图 10-6 所示。

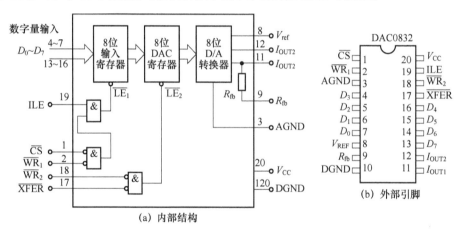

图 10-6　DAC0832 内部结构及外部引脚

① 内部结构

从图 10-6 可以看出,DAC0832 具有双缓冲工作方式,可以在输出模拟信号的同时采集下一个数字量,以提高转换速度。多个 D/A 转换器同时工作,输出多个模拟量信号,每一种参数用一片 DAC0832。

② DAC0832 各引脚的功能

- $D_7 \sim D_0$：为 8 位数据输入端,与系统数据总线相连,接收计算机输出的数字量。
- ILE：允许输入锁存信号,输入,高电平有效,与 $\overline{CS}$、$\overline{WR}_1$ 一起将要转换的数据送入输入寄存器。
- $\overline{CS}$：片选信号,输入,低电平有效,选中该芯片。
- $\overline{WR}_1$：写信号 1,为输入寄存器的写信号,输入,低电平有效。

- $\overline{WR}_2$：写信号 2，为 DAC 寄存器写信号，输入，低电平有效。
- $\overline{XFER}$：数据传送控制信号，输入，低电平有效。当 $\overline{WR}_2$、$\overline{XFER}$ 同时为低电平时，将输入寄存器的信息锁存在 DAC 寄存器中。
- I_{OUT1} 和 I_{OUT2}：DAC0832 的两个模拟电流输出端。当 DAC 寄存器中的内容为 0FFH 时，输出电流最大；当 DAC 寄存器中的内容为 00H 时，I_{OUT1} 为 0。I_{OUT2} 为一个常数和 I_{OUT1} 的差，即 $I_{OUT1} + I_{OUT2} =$ 常数。因而，常把 I_{OUT2} 接地，将 I_{OUT1} 作为输出端。
- R_{fb}：反馈内阻引出端，接运算放大器的输出。
- V_{ref}：基准电压输入端，在 −10～+10 V 范围内选用。
- V_{CC}：电源输入端，在 5～15 V 范围内选用，最佳工作状态是 15 V。
- AGND 和 DGND：AGND 是芯片模拟电路接地端；DGND 是芯片数字电路接地端。

D/A 转换器内部主要是模拟电路，属于模拟电路芯片。而 CPU、锁存器、译码器则属于数字芯片。这两类芯片要用两组独立电源供电，在系统中要把"模拟地"连接在一起，"数字地"连接在一起，但两种"地"不连接在一起。

③ DAC0832 的工作方式

DAC0832 的工作过程如下：CPU 执行输出指令，输出 8 位数据给 DAC0832，并使 ILE、$\overline{WR}_1$、$\overline{CS}$ 都有效，8 位数据锁存在 8 位输入寄存器中；当 $\overline{WR}_2$、$\overline{XFER}$ 都有效时，8 位数据再次被锁存到 8 位 DAC 寄存器，这时 8 位 D/A 转换器开始工作，8 位数据转换为相对应的模拟电流，从 I_{OUT1} 和 I_{OUT2} 输出。DAC0832 有 3 种工作方式。

1）单缓冲方式。使两个寄存器中的任意一个处于直通状态，另一个工作在受控锁存状态。例如，要想使输入寄存器受控，DAC 寄存器直通，将 $\overline{WR}_2$、$\overline{XFER}$ 接数字地，ILE 接 V_{CC}。此时，将 $\overline{CS}$ 接端口地址译码器输出，$\overline{WR}_1$ 接 $\overline{WR}$ 信号，当 CPU 向输入寄存器的端口地址发出写命令时，数据就写入输入寄存器并立刻进行 D/A 转换，如图 10-7 所示。

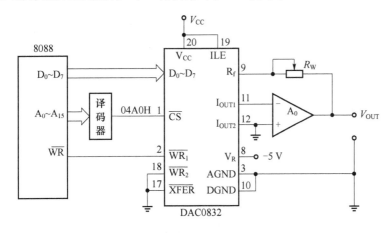

图 10-7 DAC0832 单缓冲方式下的电路连接

2）双缓冲方式。数据通过两个寄存器锁存后送入 D/A 转换电路，执行两次写操作才能完成一次 D/A 转换。数据接收和启动转换异步进行，在进行 D/A 转换的同时，接收下一个数据，以提高模/数转换效率。双缓冲方式常用于多个通道进行 D/A 转换，输出多个模拟量信号的场合。DAC0832 双缓冲方式接线如图 10-8 所示。

3）直通方式。将 $\overline{CS}$、$\overline{WR}_1$、$\overline{WR}_2$ 以及 $\overline{XFER}$ 引脚都直接接数字地，ILE 接 V_{CC}。芯片处于直通状态。数据直接送入 D/A 转换器电路进行 D/A 转换，模拟量输出始终跟踪输入端 $D_0 \sim D_7$

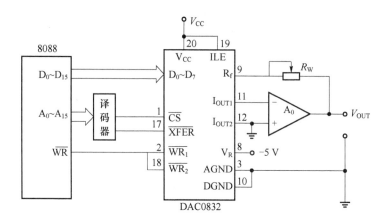

图 10-8　DAC0832 双缓冲方式下的电路连接

变换。由于 DAC0832 不能直接与 CPU 数据总线相连,所以直通方式在实际工程中很少使用。

④ DAC0832 主要技术参数

主要技术有:分辨率为 8 位;转换时间为 1 μs;线性误差为(0.05% ～0.2%)FSR;参考电压为±10 V;功耗为 20 mW。

(2) 12 位 D/A 转换器 DAC1210

DAC1210 的内部结构及引脚功能简介请扫二维码

4. CPU 与 D/A 转换器芯片的接口设计

DAC0832 是一种 8 位数据锁存器的 D/A 转换器芯片,可以直接与系统总线相连,是输出端口。CPU 向该端口输出一个 8 位数据,输出端是一个相应的输出电压。在 8088 CPU 与 DAC0832 的接口设计中,地址线通过译码器产生片选信号与其 $\overline{CS}$ 端相连,既是片选信号,也是输入寄存器的控制信号。CPU 的写信号 $\overline{WR}$ 与 DAC0832 的 $\overline{WR_1}$ 相连,当执行 OUT 指令时,将输出数据锁存到输入寄存器中。图 10-7 是 DAC0832 工作在单缓冲方式下的接口电路,在微机的控制下可产生各种变化规则的控制电压波形。

例 10-1　采用并行接口芯片 8255A 作为 DAC 与 CPU 之间的接口电路,如图 10-9 所示。

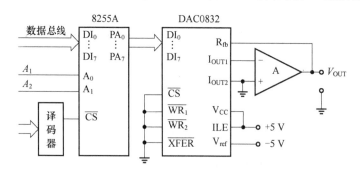

图 10-9　8255A 控制的 DAC0832 接口电路

通过 8255A 的 A 口将数据传送到 DAC0832 进行 D/A 转换。设 8255A 的端口地址为 0FFF0H～0FFF3H,程序如下。

```
;8255A 初始化
MOV     DX, 0FFFF3H        ;8255A 的控制口地址
MOV     AL, 10000000B      ;8255A 的方式字
```

DAC1210 的内部结构及引脚功能简介

```
        OUT     DX, AL
        ;生成三角波的循环
        MOV     DX, 0FFF0H          ;8255A 的 A 口地址
        MOV     AL, 00H
L1：OUT     DX, AL
        INC     AL
        JNZ     L1
L2：OUT     DX, AL
        DEC     AL
        JNZ     L2
        JMP     L1
        ;生成锯齿波的循环
        MOV     DX, 0FFF8H          ;8255A 的 A 口地址
        XOR     AL, AL
L3：INC     AL
        OUT     DX, AL              ;AL 加 1 后输出
        JMP     L3                  ;齿高为 FFH 对应的电压
        ;注:改变锯齿波的频率,只需在"JMP L3"前插入延时程序即可实现
        ;矩形波的循环程序
        MOV     DX, 0FFF0H          ;8255A 的 A 口地址
L4：MOV     AL, 10H             ;置输出矩形波下限
        OUT     DX, AL
        CALL    DELAY1              ;调用 DELAY1 延时程序
        MOV     AL, 0C0H            ;置输出矩形波上限
        OUT     DX,AL
        CALL    DELAY2              ;调用 DELAY2 延时程序
        JMP     L4
        ;梯形波的循环程序
        MOV     DX, 0FFF0H          ;8255A 的 A 口地址
        MOV     AL, 20H             ;置下限
        OUT     CX, AL
L5：INC     AL
        OUT     DX, AL
        CMP     AL, 0D0H            ;与上限进行比较
        JC      L5
        CALL    DELAY3              ;为上限延时程序
L6：DEC     AL
        OUT     DX, AL
        CMP     20H
        JNC     L6
```

JMP   L5

10.1.3 A/D 转换器

A/D 转换器是指通过一定的电路将模拟量转换为数字量,以便于计算机进行处理。A/D 转换器常用于数据采集系统。

1. A/D 转换器的工作原理及技术指标

常见的 A/D 转换器有计数型 A/D 转换器、逐次逼近型 A/D 转换器和双积分型 A/D 转换器 3 种。目前常用后两种方法。这里以逐次逼近型 A/D 转换器为例来介绍 A/D 转换器的工作原理。

(1) 逐次逼近型 A/D 转换器的工作原理

图 10-10 所示为 8 位逐次逼近型 A/D 转换器的内部结构,其由时序控制逻辑电路、SAR 逐次逼近寄存器、D/A 网络以及缓冲寄存器等组成。设 V_x 是要转换的模拟量电压输入信号。

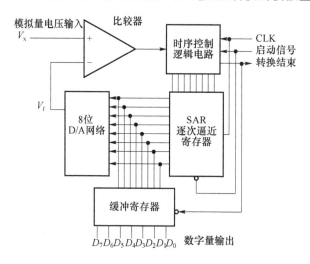

图 10-10　8 位逐次逼近型 A/D 转换器的内部结构

逐次逼近型 A/D 转换器的工作原理如下:由 CPU 发出启动信号,时序控制逻辑电路工作,并清零 SAR 逐次逼近寄存器,这时 D/A 网络的输出电压为 0;时序控制逻辑电路采用设置试探值的方法,首先从最高位开始,将 D_7 置"1"(比如 8 位 A/D 转换器),其余位为 0,送入 SAR 逐次逼近寄存器;依据逐次逼近寄存器内容控制 D/A 网络开关的闭合与断开,D/A 网络根据输入的二进制量输出一个模拟量电压 V_f;V_f 与输入电压 V_x 通过比较器进行比较,如果 $V_f \leqslant V_x$,则保留 SAR 寄存器 D_7 位的置 1,并使 $V_x - V_f$ 的值赋给 V_x,若 $V_f > V_x$,则将 SAR 逐次逼近寄存器 D_7 位复位;接下来使 SAR 次高位 D_6 置 1,其他位仍为 0,根据相同的原理判断置位是否保留,这样一直比较至最低位 D_0,当 D_0 比较结束后 A/D 转换过程结束,此时 $D_7 \sim D_0$ 即 A/D 转换输出的数字量。同时,A/D 转换器输出转换结束信号去申请中断或提供 CPU 程序查询信号来读取数据。

例如,某个 8 位的 A/D 转换器,如果输入的模拟电压为 0～5 V,则输出对应的值为 00H～FFH,并且最低有效位所对应的输出电压为 $5/(2^8 - 1) \approx 19.61$ mV。现设输入模拟电压为 3.5 V,其变换过程如下:

位序号	比较表达式	二进制值
D_7	$3.5\,V - 2^7 \times 19.61\,mV = 0.99\,V > 0$	$D_7 = 1$
D_6	$0.99\,V - 2^6 \times 19.61\,mV = -0.265\,V < 0$	$D_6 = 0$
D_5	$0.99\,V - 2^5 \times 19.61\,mV = -0.362\,V > 0$	$D_5 = 1$
D_4	$0.362\,V - 2^4 \times 19.61\,mV = 0.048\,V > 0$	$D_4 = 1$
D_3	$0.048\,V - 2^3 \times 19.61\,mV = -0.109\,V < 0$	$D_3 = 0$
D_2	$0.048\,V - 2^2 \times 19.61\,mV = -0.03\,V < 0$	$D_2 = 0$
D_1	$0.048\,V - 2^1 \times 19.61\,mV = 0.009\,V > 0$	$D_1 = 1$
D_0	$0.009\,V - 2^0 \times 19.61\,mV = -0.187\,V < 0$	$D_0 = 0$

这样就把 3.5 V 模拟量转换成了数字量 10110010B。

(2) A/D 转换器的主要技术指标

A/D 转换器的主要技术指标有分辨率、转换误差、转换时间、量程、输出电平、输出编码、工作温度等。

① 分辨率。分辨率指 A/D 转换器可转换成数字量的最小输入电压值。例如 1 个 10 位 A/D 转换器,满量程输入电压为 5 V,则分辨率为 $\dfrac{5\,000\,mV}{2^{10}} = \dfrac{5\,000\,mV}{1\,024} \approx 5\,mV$。若模拟输入电压值的变化小于 5 mV,则 A/D 输出保持不变。当最大输入电压一定时,输出位数越多,分辨率越高。

② 转换误差。转换误差通常以输出误差的最大值形式给出,表示 A/D 转换器实际输出的数字量和理论输出数字量之间的差别,常用最低有效位的倍数表示。

③ 转换时间。转换时间是指 A/D 转换器从转换控制信号到来开始,到输出端得到稳定的数字信号所经过的时间。转换时间与转换电路类型有关,并行式 A/D 转换器的转换速度最高,转换时间可达到 50 ns 以内,逐次逼近型 A/D 转换器次之,一般在 10~50 μs 之间,间接 A/D 转换器最慢,大都在几十毫秒至几百毫秒之间。

④ 量程。量程是 A/D 转换器所能够转换的模拟量输入电压的范围,如 0~5 V、0~10 V。

⑤ 输出电平。一般与 TTL、CMOS 电平兼容。

⑥ 输出编码。输出的数字量编码有二进制或十进制(BCD)。

⑦ 工作温度。一般工业级环境要求 -40~+85 ℃。

2. 典型 A/D 转换器芯片 ADC0809

为便于用户构成多通道数据采集系统,将多路模拟开关和 8 位 A/D 转换器集成在一个芯片内,构成多通道 ADC。下面以 ADC0809 为例,介绍其工作原理和使用方法。

(1) ADC0809 的内部结构及工作原理

ADC0809 是 8 位 8 通道逐次逼近型 A/D 转换器,片内有 8 路模拟开关,可以同时连接 8 路模拟量输入信号,单极性,量程为 0~5 V。ADC0809 的内部结构如图 10-11 所示。

ADC0809 的内部结构由 256R 电阻分压器、树状模拟开关阵译码器、电压比较器、逐次逼近寄存器、逻辑控制和定时电路组成。其基本工作原理是采用对分搜索方法逐次比较,找出最逼近于输入模拟量的数字量。256R 电阻分压器外接正负基准电源 $V_{ref}(+)$ 和 $V_{ref}(-)$。CLOCK 端外接时钟信号,A/D 转换器的启动由 START 信号控制,转换结束时控制电路将数字量送入三态输出锁存器锁存,并产生转换结束信号 EOC。

(2) ADC0809 引脚的功能

ADC0809 引脚的排列如图 10-12 所示,各引脚的功能如下。

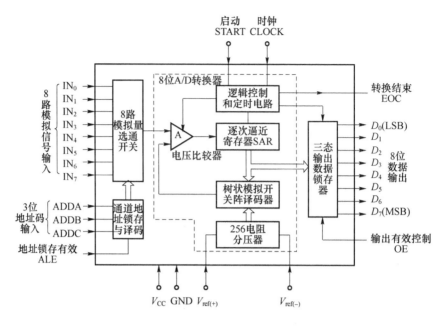

图 10-11 ADC0809 的内部结构

- $IN_7 \sim IN_0$：8 路模拟量输入端。
- $D_7 \sim D_0$：数字量输出端，其中 D_7 为最高有效位 MSB，D_0 为最低有效位 LSB。
- START：为 A/D 转换的启动信号，输入，当该引脚加高电平时，即开始转换。
- EOC：转换结束信号。在 A/D 转换过程中，EOC=0，当 A/D 转换完成时，EOC 输出高电平时，可用作中断请求信号或程序查询信号。
- OE：输出允许信号。转换结束后，OE 输入一个高电平，打开三态缓冲器输出门，读数据。
- ADDA、ADDB、ADDC：通道选择输入端，加电平编码为 000～111 时，分别对应选通通道 $IN_7 \sim IN_0$。地址译码与对应通道的关系如表 10-1 所示。
- ALE：通道号锁存控制端。当 ALE=1 时，由 ADDA、ADDB、ADDC 选中的通道号锁存，并使该通道的模拟开关处于闭合状态，进行 A/D 转换。在实际使用时，常把 ALE 和 START 连在一起，在 START 端加高电平启动信号的同时，将通道号锁存起来。

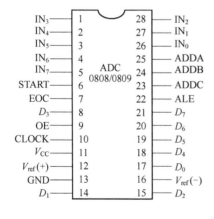

图 10-12 ADC0809 引脚图

表 10-1 ADC0809 地址译码与对应通道的关系

通道地址	ADDA	ADDB	ADDC
IN_0	0	0	0
IN_1	0	0	1
IN_2	0	1	0
IN_3	0	1	1
IN_4	1	0	0
IN_5	1	0	1
IN_6	1	1	0
IN_7	1	1	1

- CLK：时钟脉冲输入端，频率不高于 640 kHz。一般将外部时钟脉冲分频后接入该端。
- V_{CC}、$\pm V_{ref}$、GND：V_{CC} 和 GND 分别为电源端和接地（数字地）端，$V_{CC} = +5$ V。$\pm V_{ref}$ 为基准电压输入端，一般 $+V_{ref} = +5$ V，$-V_{ref}$ 接地。

（3）ADC0809 的工作过程

对指定的通道采集一个数据的过程为：首先将通道号编码送入 ADDA、ADDB、ADDC 端，选择当前转换通道；START 和 ALE 端加一正脉冲信号，锁存该路通道选择码并启动 A/D 转换；转换开始后，EOC=0，表示转换正在进行，经过 63 个时钟周期后，转换结束，数据已保存到 8 位锁存器中，此时 EOC=1；转换结束后，可通过执行 IN 指令，打开输出缓冲器的三态门，转换后的数字量送数据总线，并读入 CPU 中。

实际使用 ADC0809 构成数据采集系统时，要考虑采样频率的控制、转换结束检测方法和合适的通道选择方法。例如，可用软件延时、定时中断或周期脉冲控制采样频率，以及用延时程序、查询 EOC 电平或用 EOC 正跳变请求中断来判断某个通道转换是否结束。

3. A/D 转换器与 CPU 的接口应用

使用 A/D 转换芯片主要涉及数据输出、启动转换、转换结束、时钟和参考电平等引脚。当 ADC0809 用来做多通道数据采集时，要考虑 ADC0809 通道地址选择的问题。一种是 ADC0809 直接与 CPU 相连，ADDA、ADDB、ADDC 与 CPU 地址总线 A_0、A_1、A_2 相连，每个模拟量输入端都对应一个端口地址，即 8 个端口地址。另一种是 ADC0809 芯片通过并行接口芯片来控制启动转换和通道选择，如图 10-14 所示。

其编程首先要给出各通道地址，选择要转换的模拟信号；接着给出通道锁存和启动转换信号；等待转换结束。当转换结束后，使 OE 有效，ADC0809 输出转换好的数据并存放在某个地址单元或寄存器中。

（1）ADC0809 与 CPU 直接连接

例 10-2 要求顺序采样 $IN_0 \sim IN_7$ 8 个输入通道的模拟信号，并将结果依次保存在从 ADD-BUF 开始的 8 个内存单元中；每隔 100 ms 循环采样一次，设 DELAY 为延时 100 ms 子程序名。

解 模拟输入通道 $IN_0 \sim IN_7$ 由 $A_0 \sim A_2$ 决定其通道选择；端口地址为 300H~307H，用来向 ADC0809 输出模拟通道号并锁存；端口 308H 为查询端口。ADC0809 与 CPU 直接连接如图 10-13 所示。

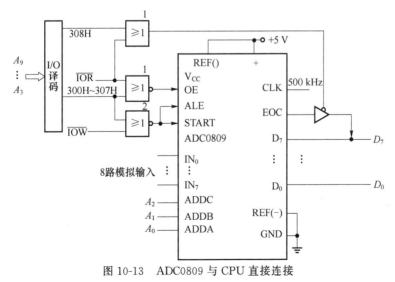

图 10-13　ADC0809 与 CPU 直接连接

A/D 转换程序段如下。

```
...
        ADDBUF  DB  8  DUP(?)
...
LOP:    MOV     CX,0008H              ;通道计数单元,,初值等于8
        MOV     DI,OFFSET   ADDBUF    ;转换结果存储区
START:  MOV     DX,300H               ;取 IN₀启动地址
LOP1:   OUT     DX,AL                 ;启动 A/D 转换,AL 可为任意值
        PUSH    DX                    ;保存通道地址
        MOV     DX,308H               ;取查询 EOC 状态的端口地址
WAIT:   IN      AL,DX                 ;读 EOC 状态
        TEST    AL,80H                ;测试 A/D 转换是否结束
        JZ      WAIT                  ;未结束,则跳到 WAIT 处
        POP     DX                    ;取读 A/D 转换结果寄存器的端口地址
        IN      AL,DX                 ;读 A/D 转换结果
        MOV     [DI],AL               ;保存转换结果
        INC     DI                    ;指向下一保存单元
        INC     DX                    ;指向下一个模拟通道
        LOOP    LOP1                  ;未完,转入下一通道采样
        CALL    DELAY                 ;延时 100 ms
        JMP LOP                       ;进行下一次循环采样
```

（2）ADC0809 通过并行接口芯片 8255A 与系统连接

ADC0809 通过并行接口芯片 8255A 与系统连接,对 8 路模拟量分时进行数据采集,转换结果可采用查询方式或中断方式传送。使用 8255A 的一个端口做输入端口,接收 ADC0809 的转换结果;用一个端口做输出端口,控制 8 个模拟量的通道选择信号,再用一个端口作控制及状态端口。具体实例及程序清单请扫二维码。

具体实例及程序清单

10.2 案例实现

10.2.1 案例 10-1 的实现

用 8086 CPU 控制 ADC0809 接收模拟信号,经其转换成数字信号后,通过 8255A 在 LED 灯上显示出来。

1. 原理图

电路连接 Proteus 仿真效果图如图 10-14 所示。

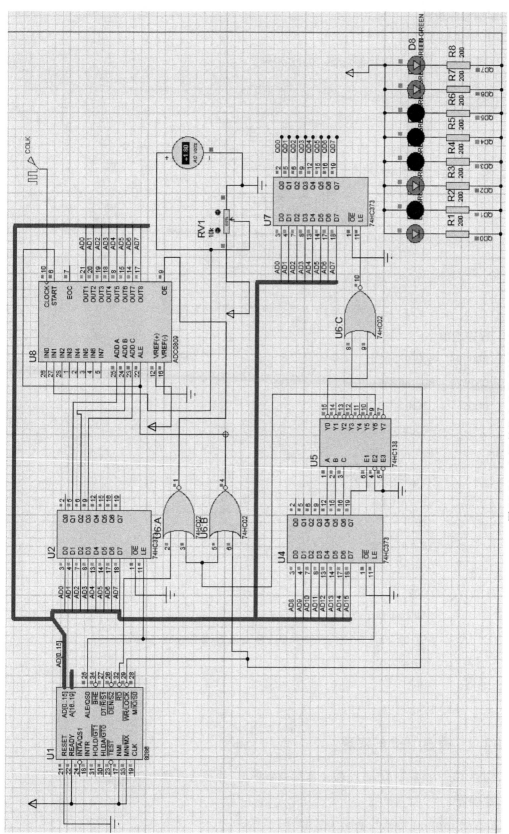

图 10-14 A/D 转换实验仿真效果图

2. 案例程序设计

（1）程序流程图

A/D 转换实验程序的流程图如图 10-15 所示。

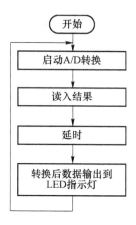

图 10-15　A/D 转换实验程序的流程图

（2）程序清单

```
AD0809    EQU 0E002H
OUT373    EQU 8000H
CODE      SEGMENT
          ASSUME CS:CODE
START:    MOV AL, 00H
          MOV DX, AD0809
          OUT DX, AL          ;启动 A/D 转换
          NOP
          IN  AL, DX          ;读入结果
          MOV CX, 10H
          LOOP $              ;延时大于 100 μs
          MOV DX, OUT373
          OUT DX, AL          ;转换后数据输出到 LED 灯
          JMP START
CODE      ENDS
          END START
```

10.2.2　案例 10-2 的实现

用 8086 CPU 控制 DAC0832 输出连续的锯形波，并在示波器中显示波形。

1. 原理图

电路连接 Proteus 仿真效果图如图 10-16 所示。

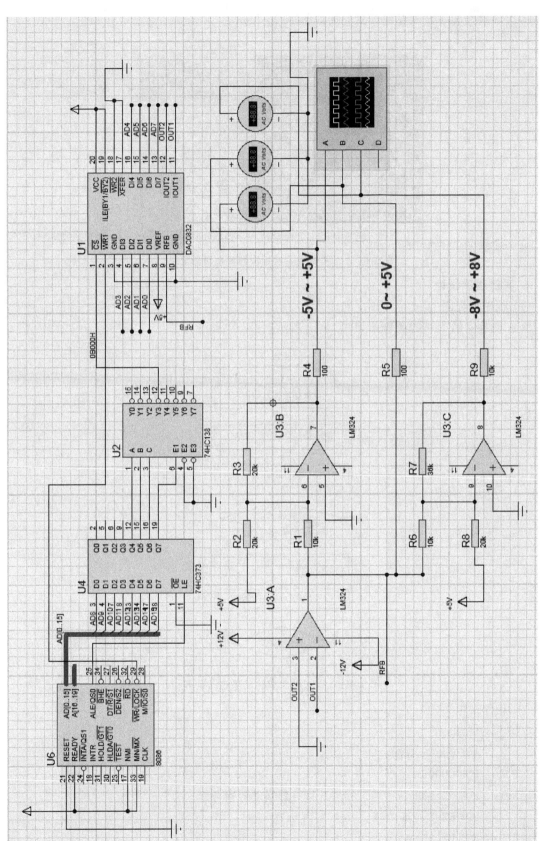

图 10-16 D/A 转换实验仿真效果图

D/A 转换实验示波器参数设置界面如图 10-17 所示。

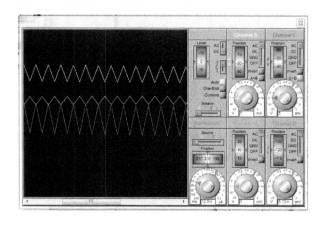

图 10-17 D/A 转换实验示波器参数设置界面

2. 案例程序设计

（1）程序流程图

D/A 转换实验程序的流程图如图 10-18 所示。

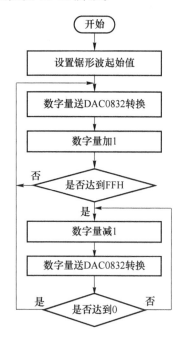

图 10-18 D/A 转换实验程序的流程图

（2）程序清单

```
CODE    SEGMENT
        ASSUME CS:CODE
IOCON   EQU 0B000H
START:  MOV AL,00H               ;锯形波的起始值
        MOV DX,IOCON
OUTUP:  OUT DX,AL                ;产生锯形波
```

```
              INC AL                    ;数字量加1
              CMP AL,0FFH                ;判断数字量是否达到FFH
              JE OUTDOWN                 ;达到后则数字量开始减1
              JMP OUTUP                  ;未达到,则循环
OUTDOWN:      DEC AL                     ;数字量减1
              OUT DX,AL                  ;产生锯形波
              CMP AL,00H                 ;判断是否达到0
              JE OUTUP                   ;达到0则转向数字量加1
              JMP OUTDOWN                ;未减到0时继续输出锯形波
CODE     ENDS
     END START
```

习　题

10.1　请画出 DAC0832 与微处理器的接口连接图,并编制产生锯齿波、三角波和梯形的程序。

10.2　画出 DAC0809 与微处理器的接口连接图,在什么情况下宜采用查询方式? 在什么情况下宜采用中断方式?

10.3　一个完整的微机系统的 A/D 通道和 D/A 通道应包括哪几个环节? 它们的功能是什么?

10.4　说明 A/D 转换器的电路及其工作原理。

10.5　求逐次比较式 A/D 转换器在输入电压等于 2 V、4 V、1.5 V、−2.5 V、−4.5 V 时,输出的二进制编码等于多少?(设输入电压的范围为 −5～+5 V)

10.6　试编制一段源程序。要求通过 ADC0809 采用中断方式采集 50 个数据,并画出系统连接图。

10.7　试编制一段源程序。要求采用查询方式,从 ADC0809 转换器的 0～7 通道轮流采集 8 路模拟信号的电压量,并把转换后的数据存入从 0100H 开始的单元,画出连接图。

10.8　利用 ADC0809 和 8255A 接口芯片编制一段采集和显示程序,并画出硬件接线图。要求通过 ADC0809 采集 2 通道转换后的数据,再把采集的数据转换成对应的电压量,通过 8255A 输出到 4 个 LED 显示器显示。(ADC0809 占用地址 04A0H～04A7H,8255A 占用地址 04B0H～04B6H,设输入电压的范围为 0～+5 V。)

10.9　使用 8253A 控制 A/D 采样,定义通道 0 作计数脉冲,计数值为 1 000,计数器计到 0 向 CPU 发一次中断申请,每接到一次中断申请,CPU 采集一次 A/D 转换结果,并把数据存入从 0100H 开始的单元,采集 100 个数据后停止工作。

参 考 文 献

［1］ 姚燕南,薛均义. 微型计算机原理. 4 版. 西安:西安电子科技大学出版社,2004.
［2］ 周明德. 微型计算机系统原理及应用. 4 版. 北京:清华大学出版社,2002.
［3］ 冯博琴. 微型计算机原理与接口技术. 北京:清华大学出版社,2002.
［4］ 李伯成. 微型计算机原理及接口技术. 北京:清华大学出版社,2005.
［5］ Abel P. IBM* PC 汇编语言与程序设计. 4 版. 北京:清华大学出版社,1998.
［6］ 仇玉章. 32 位微型计算机原理与接口技术. 北京:清华大学出版社,2000.
［7］ 吴秀清. 微型计算机原理与接口技术. 合肥:中国科学技术大学出版社,2001.
［8］ 顾晖,陈越,梁惺彦. 微机原理与接口技术——基于 8086 和 Proteus 仿真. 2 版. 北京:电子工业出版社,2015.
［9］ 马维华. 微机原理与接口技术. 2 版. 北京:科学出版社,2009.
［10］ 朱有产,刘淑平,王桂兰. 16/32 位微机原理及接口技术. 北京:中国电力出版社,2009.

附录　常用伪指令、传送指令、算术运算指令、处理器控制指令、DEBUG 常用命令

表 1　其他常用伪指令

伪指令名称	指令格式	功能及说明
LABEL	变量/标号 LABEL 类型	定义变量、标号等的类型。变量类型有 BYTE、WORD、DWORD;记录名或结构名和标号类型有 NEAR 或 FAR
PUBLIC	PUBLIC 符号[,…]	说明符号可被另外源文件引用,符号可以是数、变量或标号(过程名)、寄存器名,或者是用 EQU 或"="定义的符号
EXTRN	EXTRN 名字:类型 [,名字:类型]… [,名字:类型]	表示该名字由另外源文件定义并由 PUBLIC 说明。类型可以是 BYTE、WORD、DWORD、NEAR、FAR,或者是用 EQU 定义的符号
NAME	NAME 模块名	给程序模块命名。一个指令只能有一个 NAME,若没有则从 TITLE 中取或从程序源文件名中取。模块名不能是保留字
COMMENT	COMMENT 定界符注释,定界符	指示注释部分,可自定义定界符。定界符为 COMMENT 之后第一个非空字符
EVEN	EVEN	使当前地址从偶数地址开始
GROUP	组名 GROUP 分段名[,分段名]…,…[,分段名]	表示所说明的分段全部分配在一个物理段中
INCLUDE	INCLUDE 文件说明	源程序级引用源文件,把它调入该语句处
RADIX	RADIX 表达式	指定汇编常数的基数,标准的是十进制数
RECORD	记录名 RECORD 域名:宽度[=值][,宽度][=值]]…[,…]	定义一字节长或一个字长的记录,域的信息从右边开始存放,可用"=值"赋值,这样每个引用它的变量的域都赋了值
STRUC	结构名 STRUC 域名 DB … [若干数据定义语句] 结构名 ENDS	定义一个结构形式。其中域名可用 DB～DT 之间的任意一个定义,形式和数据定义语句完全一样,如果有赋值,则引用该结构的变量都赋了值
IF	IF…条件 …(语句串 1) [ELSE] …(语句串 2) ENDIF	在条件汇编中,如果满足条件则汇编语句串 1;否则,汇编语句串 2。如果不选择 ELSE,就不汇编这些语句
	IF 表达式…	表达式不为零为满足条件
IFE	IFE 表达式…	表达式是零为满足条件

伪指令名称	指令格式	功能及说明
IF1		如果是第一遍扫描则为真
IF2		如果是第二遍扫描则为真
IFB	IFB<变量>	其中变量为空格时为真
IFNB	IFNB<变量>	其中变量为非空格时为真
IFIDN	IFIDN<字符串1>,<字符串2>	其中"字符串1"与"字符串2"相等为真
IFDIF	IFDIF<字符串1>,<字符串2>	其中"字符串1"与"字符串2"不相等为真
IFDEF	IFDEF 符号	其中符号有定义(包括用EXTRN说明)为真
IFNDEF	IFNDEF 符号	其中符号无定义为真
ENDIF	ENDIF	表示条件汇编语句定义结束
ELSE	ELSE	表示条件不真时应汇编下面语句
LOCAL	LOCAL 符号1[,符号2]…[,…]	把要出现在宏体中的标号/变量定义成局部标号/变量,符号1、符号2等只在宏展开中有意义且是第一条语句
REPT	REPT 表达式 …(被重复语句) ENDM	"被重复语句"按表达式的值重复
IRP	IRP 参数,<参数值…> …(被重复语句) ENDM	"被重复语句"按其参数值重复
IRPC	IRPC 参数,<字符串>	"被重复语句"按参数值的"字符串"中字符个数重复
EXITM	EXITM	该语句用于MACRO及重复块中。它表示撤离该部分扩展,即退出宏定义
.CREF	.CREF	表示输出交叉参考信息
.XCREF	.XCREF	表示不输出交叉参考信息
.LALL	.LALL	列出所有宏扩展文本
.SALL	.SALL	删掉列出的所有扩展及其目标代码
.XALL	.XALL	凡产生目标代码的就列出其相应源程序
.LIST	.LIST	表示从以下源文件行开始产生列表文件,除非遇到.XLIST
.XLIST	.XLIST	从以下源文件行开始不产生列表文件,除非遇到.LIST
%OUT	%OUT text	在汇编时遇到"%OUT"则显示text部分,如该显示与其他显示同时产生,则删掉该部分
PAGE	PAGE[每页行数],[每行字符数]或PAGE+	表示列表文件为页式。没参数时表示准备打印新页,页数加"1",每页行数在10~255之间,标准数是50;每行字符数在60~132之间,标准数是80
SUBTIL	SUBTIL 子标题 或 SUBTIL	表示每页标题后打印子标题。如果是SUBTIL表示以后不打印子标题

续 表

伪指令名称	指令格式	功能及说明
TITLE	TITLE 标题	表示每页第一行要打印"标题",每个文件只能有一个 TITLE 语句,标题最长为 80 个字符
. LFCOND	. LFCOND	表示列出虚假条件的源程序行
. SFCOND	. SFCOND	表示删掉虚假条件的源程序行
. TECOND	. TECOND	改变打印虚假条件的标准方式,置成与当前标准的方式相反的一种方式

表 2 其他传送指令

指令类型	汇编格式	指令的操作	举例或说明
全部通用寄存器压栈/出栈指令	PUSHA	将所有 16 位通用寄存器内容压入堆栈。压入堆栈的顺序是 AX、CX、DX、BX、SP、BP、SI 和 DI。其中 SP 入栈内容是本条指令未执行前的 SP 值	
	PUSHAD	将所有 32 位通用寄存器内容压入堆栈。压入堆栈的顺序是 EAX、ECX、EDX、EBX、ESP、EBP、ESI 和 EDI。其中 ESP 入栈内容是本条指令未执行前的 ESP 值	
	POPA POPAD	弹出由 PUSHA 和 PUSHAD 指令保存在堆栈中的全部 16 位或 32 位内容,返回到相应的通用寄存器中。出栈顺序与上述压栈顺序相反。但弹出(E)SP 值丢弃,不再返回到(E)SP 中	
标志传送指令	LAHF	将标志寄存器 FLAGS 的低 8 位传送到 AH 中	设 SP＝1,ZF＝0,AF＝1,PF＝1,CF＝0,执行指令 LAHF,则 AH 各位内容为 10×1×1×0,其中×为任意值
	SAHF	将 AH 的内容传送到 FLAGS 的低 8 位	
符号扩展指令(此 4 条指令一般用在累加器作为被除数,在执行除法指令前使被除数位数符合运算规则)	CBW	将 AL 的符号位扩展到 AH 的所有位,由字节数扩展成字	MOV AL,7FH CBW;结果 AX＝007FH
	CWD	将 AX 的符号位扩展到 DX 的所有位,由字扩展成双字	MOV AX,9F45H CWD;结果 AX＝9F45H, DX＝FFFFH
	CWDE	将 AX 的符号位扩展到 EAX 的高 16 位,由字扩展成双字	
	CDQ	将 EAX 的符号位扩展到 EDX 的所有位,由双字扩展成四字	

表 3 其他算术运算指令

指令类型	汇编格式	指令的操作	举　例
交换加法指令	XADD reg/mem, reg	先将 reg、mem 与 reg 互换，然后完成 reg/mem＋reg，和值送 reg/mem。结果影响 6 个标志位	XADD AX,CX ;AX 与 CX 内容互换 ;AX＋CX→AX
比较交换指令	CMPXCHG reg/mem,reg	完成目的操作数 reg/mem 减累加器 AL、AX 或 EAX 操作，源操作数和目的操作数值不变。若相等(ZF=1)，则将源操作数 reg 复制到目的操作数 reg/mem 中；若不相等(ZF=0)，则将目的操作数 reg/mem 送入 AL、AX 或 EAX 中	设 AL = 11H，BL = 22H，(2000H) = 12H；执行"CMPXCHG [2000H],BL"，执行后 AL = 12H，(2000H) = 12H，BL =22H
有符号数乘法指令	IMUL reg/mem IMUL reg,reg/mem/ imm IMUL reg,reg/mem,imm	在单操作数 IMUL 中，被乘数为 AL、AX、EAX，乘数为 reg/mem，乘积对应放在 AX、DX、AX、EDX、EAX 中 　在双操作数 IMUL 中，reg←reg * reg/mem/imm 　在三操作数 IMUL 中，reg←reg/ mem * imm	设 AL=FEH,CL=11H 为有符号数,执行: 　IMUL CL ;AX=FFDEH=－34 因 AH 中内容为 AL 中的符号扩展,故 CF=OF=0
有符号数除法指令	IDIV reg/mem	功能和操作与 DIV 指令类似，商和余数均为有符号数，且余数符号与被除数符号相同	执行: 　IDIV CX ;DX、AX 中的 32 位数除以 CX,商在 AX 中,余数在 DX 中

非压缩 BCD 码乘法调整指令	AAM	对两个非压缩的 BCD 码相乘结果(AX 中)进行调整，得到正确的非压缩 BCD 码结果，高位在 AH 中，低位在 AL 中	MOV AL,07H
			MOV BL,09H
			MUL BL　;AX=003FH
			AAM
			;结果：AX=0603H,即非压缩 BCD 码数 63

非压缩 BCD 码除法调整指令	AAD	在进行非压缩 BCD 码除法之前执行。将 AX 中的非压缩 BCD 码（十位数放在 AH 中，个位数放在 AL 中）调整为二进制数，并将结果放入 AL 中	MOV AX,0203H;AX=23
			MOV BL,4
			AAD　;AX=0017H
			DIV BL　;结果:AH=03H,
			;AL=05H

表4　其他处理器控制指令

类　别	指令格式	功　能	说　明
条件设置字节指令	SETC/SETB/SETNAE OP	CF＝1 置 OP 为 01H,否则为 00H	有进位/低于/不高于且不等于
	SETNC/SETAE/SETNB OP	CF＝0 置 OP 为 01H,否则为 00H	无进位/高于或等于/不低于
	SETO OP	OF＝1 置 OP 为 01H,否则为 00H	溢出
	SETNO OP	OF＝0 置 OP 为 01H,否则为 00H	无溢出
	SETP/SETPE OP	PF＝1 置 OP 为 01H,否则为 00H	校验为偶
	SETNP/SETPO OP	PF＝0 置 OP 为 01H,否则为 00H	检验为奇
	SETS OP	SF＝1 置 OP 为 01H,否则为 00H	为负数
	SETNS OP	SF＝0 置 OP 为 01H,否则为 00H	为正数
	SETA/SETNBE OP	CF＝ZF＝0 置 OP 为 01H,否则为 00H	高于/不低于且不等于
	SETBE/SETNA OP	CF＝1 或 ZF＝1 置 OP 为 01H,否则为 00H	低于或等于/不高于
	SETE/SETZ OP	ZF＝1 置 OP 为 01H,否则为 00H	等于/为零
	SETNE/SETNZ OP	ZF＝0 置 OP 为 01H,否则为 00H	不等于/非零
	SETG/SETNLE OP	ZF＝0 且 SF＝OF 置 OP 为 01H,否则为 00H	大于/不小于且不等于
	SETGE/SEGNL OP	SF＝OF 置 OP 为 01H,否则为 00H	大于或等于/不小于
	SETL/SETNGE OP	SF≠OF 置 OP 为 01H,否则为 00H	小于/不大于且不等于
	SETLE/SETNG OP	ZF＝1 或 SF≠OF 置 OP 为 01H,否则为 00H	小于或等于/不大于
外同步类和空操作类指令	HLT	程序停止执行,处理器进入暂停状态	不影响任何标志位。只有复位或外部中断重新执行程序。常在程序中用于等待中断
	ESC	使协处理器从 CPU 的程序中取一条指令或一个存储器操作数,以完成主处理器对协处理器的某种操作要求	不影响任何标志位。协处理器完成任务后,经 TEST 状态线向 CPU 送一个低电平信号,CPU 检测到此信号后,继续执行后续指令
	WAIT	使处理器处于等待状态	不影响任何标志位。出现外部中断能重新执行程序
	LOCK	锁住指令中目的存储器操作数,使该指令执行期间一直被保护,其他主控器不能访问	在共享存储器的多处理机中使用。加在目的操作数为存储器的指令前。80386/80486 的 BT/BTS/BTR/BTC、XCHG、ADD/ADC、SUB/SBB、AND、OR、XOR、NOT、NEG、INC、DEC 等指令可加前缀 LOCK
	NOP	CPU 保持原状态不做任何工作	一是延时,CPU 每执行一条 NOP 指令,80386 需要 3 个时钟周期,80486 需要 1 个时钟周期,重复多次 NOP 指令实现延时;二是程序中多加几条 NOP 指令,需要时将 NOP 指令改成其他指令,在调试程序时常用到

表 5　DEBUG 常用命令

名　称	含　义	命令格式
A(Assemble)	逐行汇编	A[address]
C(Compare)	比较两内存块	C range address
D(Dump)	显示内存单元(区域)内容	D[address] D[range]
E(Enter)	修改内存单元(区域)内容	E address list
F(Fill)	填充内存单元(区域)	F range list
G(GO)	连续执行程序	G[=address] [address]
H(Hexarthmetic)	两参数进行十六进制运算	H Value Value
I(Input)	从指定端口地址读取并显示一字节值	I port address
L(Load)	装入某个文件或特定磁盘扇区的内容到内存	L[address]
M(Move)	将内存块内容复制到另一个内存块	M range range
N(Name)	指定要调试的可执行文件参数	N[d:[path]filename[.exe]]
O(Output)	将字节值发送到输出端口	O port address byte
Q(Quit)	退出 DEBUG	Q
R(Register)	显示或修改一个或多个寄存器内容	R[register name]
S(Search)	在某个地址范围搜索一个或多个字节值	S range list
T(Trace)	单步/多步跟踪	T or T[address][Value]
U(Unassmble)	反汇编并显示相应原语句	U[address] or U[range]
W(Write)	文件或数据写入特定扇区	W[address[drive sector sector]]
?	显示帮助信息	?